本书系2017年度山西省高等学校哲学社会科学
研究项目（2017266）的成果

节俭文化

与消费转型研究

褚海萍 著

人民出版社

序

2016年5月17日,习近平总书记在哲学社会科学工作座谈会上发表重要讲话,强调:坚定中国特色社会主义道路自信、理论自信、制度自信,说到底是要坚定文化自信,文化自信是更基本、更深沉、更持久的力量。青年学者褚海萍的心血之作《消费转型与节俭文化研究》是遵循、符合、看齐总书记讲话精神的。

古今中外,任何伟大的民族无一不坚定文化自信。这个必须坚定自信的文化,不是抽象的、而是具体的,不是暂时的、而是持续的,不是一成不变的、而是不断发展进步的。节俭就是这样的文化。

在当代中国,在消费领域出现各种错综复杂问题的今天,我们讲坚定文化自信,不能不讲节俭这个老话题。节俭是中华民族的传统美德,同时也是中国共产党的政治本色。节俭是中华民族上下五千年繁衍至今的法宝、传家宝,同时也是中国共产党领导中国人民取得革命、建设、改革一系列伟大胜利、辉煌成就的法宝、传家宝。节俭是我们文化的核心和基因,任何时候、任何情况下,节俭都不能丢,否则必然亡党亡国。

节俭本身为一种克己文化,是人们对自身的约束和限制。虽然今天人们对节俭的理解更多地体现在生活消费领域,认为节俭是进行日常生活消费时根据消费需要和收入水平进行的必需消费和可支付能力消费,但我们不能忽视这种消费理念深层次的文化意蕴。节俭以人的判断力和意志力为支撑,依靠人的自制力对消费什么、怎样消费进行选择,体现了人对自身欲望和消费行为的控制,体现了人的主体性,是人能主宰自身的社会主义文化的人格支撑。

节俭的人,不会让个人的消费欲望无限膨胀,能有效克制自身,将自己对丰富消费品的渴望和优裕生活的祈愿控制在自身能力所能及处,不会为了不合理的欲望做伤人伤己、枉道速祸之事。这种对消费欲望的控制,逐渐形成一种自制力。这种自制力是对自身情况和社会要求合理分析后进行的行为选择,能使自身情况和社会要求形成最佳互动的言行便去实践,反之则放弃。这种自制力的培养会逐渐地折射到包括消费的各种行为上,使得个人可以随时随处有效控制自己的情感、性格、语言、行为,提升个人修养,促成人与人之间的和谐相处。

同时,节俭这种消费方式以约束人的消费欲望为起点,以一种消费理念和生活方式约束人们的消费行为,使人们减少破坏自然环境的消费行为,从而保护自然界,保护人类生存发展的环境,维护人与自然的友好共存。从这个意义上讲,节俭这一传统美德具有重要的生态价值。

专著选题好,论点正确、鲜明,论据权威、翔实,论述充分、有力,较好地做到了融会贯通马克思主义的资源、中华优秀传统文化的资源、国外哲学社会科学的资源,古为今用、洋为中用,究天人之际,通古今之变,成一家之言,是一部联系实际、服务实践,有重要理论意义和应用价值的力作佳作。

节俭是一个永恒的话题。节俭,永远在路上。希望作者继续努力,深入研究,不断取得新的成果。

段若鹏

2017年5月于中共中央党校

目　　录

前　　言

党的十八大报告第一次把“生态文明建设”纳入中国特色社会主义建设“五位一体”的总体格局中,并明确指出要“不断开拓生产发展、生活富裕、生态良好的文明发展道路”。生产发展、生活富裕、生态良好是建设美丽中国的内在要求,是实现中华民族伟大复兴的现实路径。美丽中国,不仅是国家实力提高的强壮美,还是人民生活富裕的幸福美,更是碧海蓝天的生态美。中华民族的伟大复兴,不仅是国家富强,还是民族振兴,更是人民幸福。不管是美丽中国的建设,还是中华民族的伟大复兴,都离不开走一条文明发展的道路。文明发展注重生产、生活、生态的良性互动,强调发展生产的同时提高人们的生活水平、保护人们所处的自然环境。生态文明建设就是要在中国特色社会主义建设的宏伟蓝图中为生产发展、生活富裕、生态良好寻找一个平衡点,转型不合理的消费方式,以实现社会的文明发展。

生态文明建设是生产、生活、生态的和谐发展,是生产发展、生活富裕、生态良好的共同体。生态所体现的自然是人类赖以生存繁衍的前提,也是人类发展进步的前提。同样,人类的生存繁衍也好,发展进步也好,不能不顾生态承受力,不能肆无忌惮地消耗生态、满足自我。从人与生态这两个方面关系看,生态文明建设既是人类发展生产、富裕生活的前提基础,也是他们的目的归宿。是前提基础,就要允许人们利用生态自然,开发生态自然;是目的归宿,就要提醒人们保护生态自然,平衡生态自然。人与自然的关系看似矛盾,实可和平共处。在谋划生产发展、憧憬生活富裕时,要有一个重要的考量,这就是必须"把生态文明建设放在突出地位"。如果不考虑生态盲目地生产,无节制地向自然界索取,既忽视客观实际,又会破坏人类赖以生存的自然环境,最终吃子孙饭、断子孙路,生产发展难以为继,生活富裕更无从说起。人类历史发展的得失成败已深刻地启示人们,要选择科学地使用物质资料的观念和行为,即要合理消费。

消费,是人们消耗和使用物质资料的理念和行为。从存在状态来看,消费可分为消费理念和消费行为。消费理念存在于人的大脑中,是人们在消耗和使用物品时所持的观念、观点。消费行为是消费理念的外在表现,是人们在消耗和使用物品时采取的具体行动。消费理念是消费行为的先导,人们所持的消费理念直接决定人们的消费行为。可见,消费理念至关重要。人类的消费最终指向自然界,是对自然界的开发和使用。如何使人类的消费既能促进生产发展和生活富裕,又能保持生态良好,是生态文明建设必须首先考虑的问题。引导社会树立一种科学、健康、合理的消费理念,是生态文明建设的内在要求。

节俭是一种消费观,强调人们在消费时持审慎态度,从个人支付力和自然承受力出发进行消费。《晏子春秋·谏下十四》有云:"法其节俭则可",唐代白居易《太平乐词》又曰:"岁丰仍节俭,时泰更销兵",后司马迁《史记·平津侯主父列传》中进一步指出:"盖闻治国之道,富民为始;富民之要,在于节俭"。节俭是中华民族的传统美德。从中华民族传统文化中汲取营养,确立符合国人思维习惯和生态文明建设理念的消费观,既是发扬传统文化、树立文化自信的必然要求,也是推动生产发展、生活富裕、生态良好的现实需要。必须强调的是，节俭不仅是中华民族传统文化的重要组成部分，也是国外经济学界、伦理学界、社会学界关注的热点问题。亚当·斯密、大卫·李嘉图、马克斯·韦伯、艾伦·杜宁等都曾对节俭进行过研究。学者们从不同的角度探讨了节俭的重要价值，包括对生态文明建设的重要意义。深刻认识节俭这一中华民族的传统美德，坚持和发展节俭文化，是生态文明建设的需要，是中国特色社会主义事业发展的需要。

“生态环境保护是功在当代、利在千秋的事业。”生态文明建设是容生产、生活、生态于一体的系统工程。在经济全球化深入发展的今天，如何既能充分有效地利用自然促进发展、满足人的需求，又能在实现又好又快发展的基础上保护好生态，即如何建设好生态文明，是一个严峻而颇具挑战性的时代课题。要解决生态文明建设这个课题，不能孤立进行，只有走一手抓发展，一手抓生态的道路，别无他途。因为，这个道路既把生态与发展做了系统考量，又把长远发展、持续发展作为目标追求，同时依托创新支撑，所以，这条道路也是生产发展、生活富裕、生态良好的文明发展之路。在坚持这条道路时，要时刻清醒并牢固铭记，为这条路铺路搭桥、夯实基础的，是节俭的消费理念。

第一章　节俭的丰厚底蕴及历史作用

人类社会早期，生产力水平低下，人们的物质生活匮乏，节俭成为调节人与自然关系、人与人关系的生活规则，这使得人类社会得以在恶劣的自然条件中存在下来。随着生产力水平的提高，人们生活逐步改善，节俭成为社会的重要德目，代代传承，继续发挥其经济价值，并充分展现其道德价值，成为中华民族的传统美德。

一、节俭的内涵界定

节俭，是人类对自身生存状况理性认识的结果，是消费主体对自身经济状况和物质需要进行考量后进行的消费，是人类理性精神的体现，是一种理性消费。这种消费反映了消费主体对自身主体性的把握，是对个人生活的合理规划。

（一）节俭的词源词义考察

中国古代的文字使用多以单音词为主，“节俭”一词在古代文献资料中最初以“节”和“俭”两个单音词出现。“节”和“俭”两字在表示节制、节约、俭省含义时意思相通，在汉字演变过程中逐渐融合，形成“节俭”这一双音词。

1. 节

“节”不见于甲骨文，但在金文中有迹可考，战国陈猷釜、子禾子釜的铭文中都有，两者只是在字形上略有不同。

战国子禾子釜

战国陈猷釜

节的本义为竹节，即竹子各段之间相连突出的部分，后泛指草木枝干间连接的部分，也用来指人或动物的骨节。西晋时期著名文学家左思创作了《三都赋》，其中一篇《吴都赋》中“苞笋抽节，往往萦结”[①]中的“节”，即指竹节。《晋书·杜预传》：“譬如破竹，数节之后，皆迎刃而解”[②]也在此意义上使用“节”。《庄子·养生主》中有：“彼节者有间而刀刃者无厚。”[③]此处的“节”，指牛的骨节。另外，关节、节日、节气、季节等用法都在“竹节”的本义上引申而得。节还常与“大”相连，表示起关键作用的环节。《论语·泰伯》中：“可以托六尺之孤，可以寄百里之命，临大节而不可夺也——君子人与？君子人也。”[④]可以把年幼的君

---

① 于学仁：《于湜之小楷书三都赋》，天津杨柳青画社 2007 年版，第 22 页。

② （唐）房玄龄等：《晋书》，吉林人民出版社 1995 年版，第 591 页。

③ （西晋）郭象：《庄子注疏》，中华书局 2011 年版，第 66 页。

④ 杨伯峻：《论语译注》，中华书局 2006 年版，第 92 页。

主和国家的安危托付的人才是君子，这样的人在危急关头绝不动摇屈服。此处“节”为关节，“大节”为重大的环节，指关系国家存亡、个人生死的关键环节，可译为“关键时刻”“紧急关头”“危急时刻”等。此种用法也见于《荀子》中，如：“夫齐桓公有天下之大节焉，夫孰能亡之？”①节，有时候也独用，表“关键环节”之义。如，《吕氏春秋·察传》中：“夫乐，天地之精也，得失之节也”②。

因竹节在整个竹子中形如捆缚、缠束之貌，故有引申义：节制。东汉许慎《说文》曰：“节，竹约也，从竹即声。”③清段玉裁注：“约，缠束也。竹节如缠束之状。”④段玉裁用“约”释“节”，并指出：约，缠束之貌。这种解释容易使人对“节”的引申义“节制”有形象直观的认识。《周易·节》曰：“节：亨。苦节，不可贞。”⑤孔颖达和朱熹均从“节制”的意义上解释了此处的“节”。孔颖达在《周易正义》中为“节”注解：“节，止之义”⑥；朱熹在《周易本义》中也作解：“‘节’，有限而止也。”⑦节，节制，通过外在的力量约束人的行为，使人在既定的活动范围内行动。《荀子·不苟》有云：“君子大心则敬天而道，小心则畏义而节；”⑧，君子因敬自然而遵循规律，因敬道义而节制。此处的“节”，依道义而节，按照道义的要求节制自己的行为。另外，《荀子·修身》中根据不同性格、状况的人给出了不同的修身养性建议，对于行动快速急躁的人来讲，理气养心的方法就是要用举止安静来节制他，外在地为行

---

① 方勇、李波译注：《荀子》，中华书局2011年版，第82页。
② （东汉）高诱注：《吕氏春秋》，上海古籍出版社1996年版，第413页。
③ （清）段玉裁：《说文解字注》，成都古籍书店1981年版，第199页。
④ （清）段玉裁：《说文解字注》，成都古籍书店1981年版，第199页。
⑤ 杨天才、张善文译注：《周易》，中华书局2011年版，第517页。
⑥ （魏）王弼、（唐）孔颖达：《周易正义》，中国致公出版社2009年版，第234页。
⑦ （南宋）朱熹：《周易本义》，中央编译出版社2010年版，第168页。
⑧ 方勇、李波译注：《荀子》，中华书局2011年版，第29页。

动急躁之人设定行动标准，“齐给便利，则节之以动止”[①]。此处的“节”相对于“便利”而言，意为节制，节制的目的是使人的行为不再快速急躁。“节”把人们的行为限制在一定的范围内。这个限定的范围，我们称之为“度”。这个“度”就是“中道”，“刚柔分而刚得中”[②]，要避免过与不及。从这个意义上讲，“节”在表“节制”之义的同时，也可表示“适当，适度，分寸”。《荀子·仲尼》中援引孔子的话：“巧而好度必节”[③]，灵巧而又能把自己的行为限制在合理的范围内，就一定能做得恰到好处。此处的“节”即为适当、恰当。另，《荀子·修身》篇中“食饮、衣服、居处、动静，由礼则和节，不由礼则触陷生疾”[④]，饮食、服装、住所、活动如果遵循礼的要求就是恰当、合适、适当的，若不遵循礼的要求就会因触犯禁忌而生病。这两处的“节”都与“节制”之义相关，强调按照一定的要求节制自己的行为才是适当的。

儒家思想尊崇“礼”，在儒家思想占据主导地位的封建社会，这种节制人行为的外在力量即为“礼”。所以，节又常置于“礼”后，表约束人行为的礼仪规范。不过，“节”有时也单独使用，表“礼节”之义。《论语》曰：“不仕无义。长幼之节，不可废也；君臣之义，如之何其废之？”[⑤]子路认为，有能力做官的人不做官，是不义之举。长幼之间的礼节尚不能废弃，君臣之间的关系更不能废弃。该句表达了子路对路遇老翁归隐山林、不做官的不满。《荀子·乐论》：“三揖至于阶，三让以宾升，拜至，献酬，辞让之节繁。”[⑥]乡中请人喝酒的礼节实在繁缛，主人向贵宾

---

① 方勇、李波译注：《荀子》，中华书局 2011 年版，第 16 页。
② 杨天才、张善文译注：《周易》，中华书局 2011 年版，第 517 页。
③ 方勇、李波译注：《荀子》，中华书局 2011 年版，第 87 页。
④ 方勇、李波译注：《荀子》，中华书局 2011 年版，第 14 页。
⑤ 杨伯峻：《论语译注》，中华书局 2006 年版，第 220 页。
⑥ 方勇、李波译注：《荀子》，中华书局 2011 年版，第 332 页。

拱手作揖三次才来到厅堂的台阶前，再谦让三次才能进得厅堂。“行礼要节而安之若生四枝”①，奉行礼法要像舒展四肢一样遵循礼节而习以为常。此几处，“节”单独使用，表“礼节”之意。多数情况下“节”置于“礼”后，形成双音词“礼节”。如：《礼记·儒行》：“礼节者，仁之貌也”②。《荀子·非十二子》：“遇友则修礼节辞让之义，遇贱而少者则修告导宽容之义。”③《管子·牧民》：“仓廪实则知礼节，衣食足则知荣辱”④。礼节，以礼节之，以外在的礼仪规范节制人的行为。

由上述可知，“节”之引申义“节制”“礼节”等，主要强调外界因素对人行为的限制、约束。

2. 俭

俭，不见于甲骨文、金文。目前发现的最早提到“俭”的是商初大臣伊尹，伊尹把“俭”作为一个重要的德目，希望为政者能够俭以修身治国。他的论述记载于《尚书》中，《尚书·太甲上》有语：“慎乃俭德，惟怀永图”⑤。

俭，在古代汉语中有自我克制、不放纵之义，“广较自敛谓之俭”⑥。许慎在《说文》中用“约”注“俭”，指出：“俭，约也，从人佥声。”⑦段玉裁注曰：“约者，缠束也；俭者，不敢放侈之意。”⑧意在指明，用“约”解释“俭”，不是用“约”的本义，而是用“约”的喻义，即不敢放纵之意说明“俭”的含义。可见，“俭”的含义应为自我约束、自我收敛、自我克制，

---

① 方勇、李波译注：《荀子》，中华书局 2011 年版，第 101 页。
② 杨天宇：《礼记译注》（下），上海古籍出版社 2004 年版，第 798 页。
③ 方勇、李波译注：《荀子》，中华书局 2011 年版，第 75 页。
④ 孙波：《管子：注释本》，华夏出版社 2000 年版，第 1 页。
⑤ 冀昀主编：《尚书》，线装书局 2007 年版，第 77 页。
⑥ （西汉）贾谊：《贾谊集》，上海人民出版社 1976 年版，第 138 页。
⑦ （清）段玉裁：《说文解字注》，成都古籍书店 1981 年版，第 398 页。
⑧ （清）段玉裁：《说文解字注》，成都古籍书店 1981 年版，第 398 页。

使自己的行为不放纵。《左传・僖公二十三年》记载了楚成王对晋公子重耳的赞誉:"晋公子广而俭,文而有礼"①,说重耳志向远大而不放纵自己,说话温文尔雅且有礼貌,并把这作为依据之一,得出"天将兴之"②的结论。此处,把"广"和"俭"放在一起道出了"广"和"俭"之间的关系,即"不放纵自己"和实现"远大志向"间的关系。《论语》中有一段子禽和子贡间的对话。子禽问孔子的弟子子贡:"为什么孔子每到一国都能了解该国的政事呢?是孔子主动打听的,还是别人主动告知的?"子贡回答他:"夫子温、良、恭、俭、让以得之。"③是孔子自身良好的修养赢得了别人的信任。温、良、恭、俭、让是孔子在与人交往过程中表现出来的美好德行。温,温和;良,善良;恭,恭敬;俭,克制;让,谦让。孔子正是因为这些德行获得了别人的好感,赢得了别人的信任。俭是与温、良、恭、让并行的美德。《孟子・离娄上》曰:"恭者不侮人,俭者不夺人。侮夺人之君,惟恐不顺焉,恶得为恭俭?"④恭敬别人的人不会侮辱人,自我约束的人不会掠夺人。侮辱和掠夺别人的人,唯恐别人不顺从自己,又怎么能做到恭敬和自我约束呢?此处的"俭"在杨伯峻先生的译文中为"节俭",但这种译法很牵强,不合逻辑。"难道自己节俭的人就不会掠夺别人吗?"⑤把"俭"理解为"自我克制、自我约束"更符合逻辑。《礼记・乐记》:"恭俭而好礼者,宜歌《小雅》"⑥。子赣向乐师请教适合自己歌唱的音乐,乐师指出要根据不同情况通过歌唱表达自己的心声,对于恭敬、克制、喜好礼节的人,适合歌唱《小雅》。

---

① 冀昀主编:《左传》(上),线装书局2007年版,第121页。
② 冀昀主编:《左传》(上),线装书局2007年版,第121页。
③ 杨伯峻:《论语译注》,中华书局2006年版,第7页。
④ 杨伯峻:《孟子译注》,中华书局1960年版,第162页。
⑤ 傅永聚:《中华伦理范畴丛书》(第1函),中国社会科学出版社2006年版,第3页。
⑥ 杨天宇:《礼记译注》(下),上海古籍出版社2004年版,第506页。

由上述可知，俭指克制、不放纵，是个人对自身行为的控制、节制，强调个体主观因素对自身的约束。

3. 节俭

“节”和“俭”最初以单音词的形式出现，“节”强调客观因素对人行为的限制，“俭”强调主观因素对人行为的克制。不管是客观因素形成的限制，还是主观因素引起的克制，都突出对行为的管控、节制。因二者在表达上有相同或相近之义，古人有时会用“节”释“俭”，或者用“俭”释“节”。东汉高诱曾用“俭”为“节”作注。《吕氏春秋·召类》中：“相平公、元公、景公以终其身，其唯仁且节与！”[①]高诱注曰：“节，俭也。”[②]《篇海类编》用“节”为“俭”作释：俭，省节也。在汉语演化过程中，因丰富的意思表达，“节”和“俭”两个单音词一直使用至今。不过由于这两个单音词单独使用时都有节制、克制之义，两者还逐渐融合，形成一个双音词：节俭，意指节约俭省。《晏子春秋》中，景公想通过穿古代圣王那样的衣服、住古代圣王那样的宫室，吸引诸侯归顺。晏子谏曰：“法其节俭则可，法其服，居其室，无益也。”[③]学习、效仿其节约俭省的精神即可，一味地模仿其服饰、居室，没有任何益处。景公之所以为了获得诸侯的拥戴要效仿古代圣王之服、要居古代圣王之室，是因为古代圣王之服、之室体现了节俭。节俭可以表示人们在服装、居室方面的俭省节约。《史记》中记载，汉平帝的祖母王政君的诏书中有“盖闻治国之道，富民为始；富民之要，在于节俭”[④]一句。该句以治国、富民、节俭的逻辑思路，指出了节俭与富民的关系，肯定了节俭在“治国之道”中的基础性地位。富民，使民众富裕。民众的富裕体现在两个方面：一

---

① （东汉）高诱注：《吕氏春秋》，上海古籍出版社 1996 年版，第 373 页。
② （东汉）高诱注：《吕氏春秋》，上海古籍出版社 1996 年版，第 373 页。
③ 王思平注释：《晏子春秋：注释本》，华夏出版社 2002 年版，第 57 页。
④ （西汉）司马迁：《全本史记》（第 4 卷），中国华侨出版社 2011 年版，第 698 页。

是生活资料的富足，二是货币的积累。节俭可以使民众富裕，说明节俭可以积累生活资料，可以积累货币。可见，节俭体现在生活资料耗费上的俭省节约和货币使用上的俭省节约。唐代白居易《太平乐词》："岁丰仍节俭，时泰更销兵。"①丰收之年仍要俭省节约，太平之年更要防范战争。丰收之年，粮食收成好的年景。粮食丰收了，人们有了足够多的粮食，仍要爱惜粮食，不能浪费一粥一饭。此处，节俭指食用粮食上的节约俭省。在"节俭"的语义中，服装、住房、粮食、货币……都要有节制地消耗和使用。服装、住房、粮食、货币等的消耗和使用，实际上是人们进行物质资料消费的过程。由上可知，节俭与消费密切相关。

（二）节俭与消费的逻辑联系

现代意义上的"节俭"属于消费的范畴，是人们使用和消耗物质资料的一种主观态度和具体行为。使用和消耗物质资料的活动是消费的活动，所以认识"节俭"，首先必须对"消费"有个清醒的认识。

1. 消费

消费存在于人类社会发展的任一阶段，是人类重要的活动。离开了消费，人类无法获得维持其生理机能发挥作用的基本前提，人类的生存难以维系，人类的发展更难以企及。

（1）消费的内涵

从广义上讲，消费是指人们为了满足生产和生活需要消耗物质资料和劳务的活动，包括生产消费和生活消费。生产消费是生产过程中消耗劳务和原材料、工具、机器等生产出产品的活动，包含在生产中。也可以

---

① （唐）白居易：《白居易集》，岳麓书社1992年版，第308页。

理解为,生产的过程就是生产消费的过程。生活消费是人们为满足自己的物质生活需要消耗物质资料的活动。我们通常讲的消费,就是指生活消费。这也是狭义上讲的消费。本书所讲的消费专指狭义消费,即生活消费,也就是构成社会生产过程四环节之一的消费。消费和生产、交换、分配共同构成了社会生产过程。人类社会要生存就不能停止消费,要消费就必须有相应的生产、交换、分配。生产、交换、分配、消费的不断重复、不断更新,构成了社会再生产。社会再生产的过程就是不断再生产出人类社会的过程。消费是社会再生产过程的一个重要环节。

(2)消费的要素

消费是人的社会活动,是人在社会生活中为满足自身直接或间接的需要,针对各种物质资料的特性对之进行的使用和消耗。消费由若干个消费过程组成。消费过程是消费主体在一定的消费环境中通过消费介体消耗消费客体实现消费目的的过程。任何一个消费过程,都包括消费主体、消费客体、消费环境等因素。

消费主体,也叫消费者,是对物质资料和劳务进行使用和消耗以满足自身需要的人。作为消费主体的人,可以是个人,也可以是家庭、社区、工作单位等集体,还可以是进行公共消费的全体社会成员。消费主体的以下因素会影响消费:第一,消费需要。需要是一种未被满足的状态,是人们对某种目标的渴望。需要是人的生理机能和社会生活的反映。人具有双重属性:自然属性和社会属性,不同的属性赋予了人不同的消费需要。人的自然属性,指人受生命规律支配的基本的生命属性。这些属性赋予了人满足生存的消费需要,如:人饿了就有吃的需要,渴了就有喝的需要。这种需要源于人的自然属性,但又“不是纯粹的自然需要”①,

① 《马克思恩格斯全集》第32卷,人民出版社1998年版,第57页。

而是随着社会历史条件的变化不断地发生变化的需要。如：茹毛饮血时代的饮食和面包可乐时代的饮食都能满足人基于自然属性的需要，但具体内容却打上了深深的时代和社会烙印。人的社会属性，指人在社会活动过程中形成的不同于其他动物的属性。这些属性赋予了人追求发展的消费需要，如：人要融入社会就有学习的需要，要信息通达就有获取信息的需要。需要是人消费的原动力，满足需要是消费的目的。需要的产生是现实生活状况在人头脑中的反映。有些需要是现实生活状况的真实反映，有实现的可能性，在现实中能找到实现的依据；有些需要是现实生活状况的虚假反映，难以实现，在现实中找不到实现的依据。这些依据如：货币支付能力、相对应的消费品等。从主体方面讲，消费者的货币支付能力是制约消费的主要因素。消费需要形成现实的消费，必须依靠消费者的货币支付能力作为支撑，也即受到收入水平的限制。第二，收入水平。收入有广义和狭义之分。广义的收入指个人、集体、政府在一段时期内通过提供劳务、经营产品、管理社会等方式获得经济利益的总流入。狭义的收入指企业在日常活动中形成的经济利益的总流入。个人、集体、政府都有使用和消耗物质资料和劳务的需要，所以此处的收入指广义的收入。收入一般以货币形式表现。商品经济时代，大部分的消费品通过商品流通满足消费者的消费需求，商品流通的实现必须借助货币。获得货币的多少，即收入水平的高低，直接制约着消费。消费者必须在获得收入的范围内进行消费，在不同的消费品上分配收入份额。大部分情况下人们还会选择储蓄一部分收入，以备不时之需。当前随着社会信贷的发展，人们可以贷款进行提前消费，但贷款的数额总要参考收入水平以及由此而来的偿还能力。收入水平直接决定了消费需要能否转化为消费需求。消费需求指有货币支付能力的使用和消耗物质资料的欲望。消费需求最终促成消费的实现。

消费客体,也叫消费对象,是消费主体的消费活动指向的对象。消费客体自身的特性决定了其由潜在的消费客体转化为现实的消费客体的可能性。这种特性就是其能满足人的某一种或某几种需要的属性。这些属性能引起消费主体的关注,并进而做出消费的决定。消费客体可以是自然界本身就存在、没有经过人类劳动加工的物品,也可以是劳动产品。自然界自身存在的物品和劳动产品的区别在于:前者因为能满足人们某种需要的自然属性成为消费客体,后者则是为了成为满足人们某种需要的消费客体而生产出来。消费客体可以是物质产品,也可以是以物质形态出现的精神产品。物质产品满足人物质生活方面的需要,精神产品满足人精神世界发展的需要。物质产品可以提供饮食服装,维持人的生理机能;可以提供居室住所,满足人的居住需要;可以提供代步工具,便利人的交通往来。精神产品可以陶冶人的情操,丰富人们的精神世界;可以鼓舞人的斗志,塑造人们的精神生活;可以提高人的品德涵养,提升人们的精神境界。物质产品以物质形态出现。精神产品有以物质形态出现的(如CD),也有以非物质形态出现的(如现场讲座)。以物质形态出现的精神产品以物质资料为载体,但物质资料仅是物质承载者,真正发挥作用的是其内含的精神产品。物质产品在消费中会不断耗尽其使用价值。精神产品不会在任何一次使用中减弱其使用价值,可以反复使用,多次发挥作用。以物质形态出现的精神产品会因载体磨损程度、使用寿命等因素影响其作用的发挥。

任何消费活动都是在一定的环境中进行的。消费环境是消费主体使用和消耗消费客体的活动得以进行的自然条件和社会条件的总和。消费环境可分为消费的自然环境、经济环境、政治环境和文化环境。第一,消费的自然环境。消费的自然环境指消费进行的自然条件,包括环绕在人们周围的各种自然因素的总和，如气温、气压、风、云、雾、雨、晴等天气情况，江河湖海、山川平原等地理条件，森林、土壤、矿物、油气等资源条件。自然环境是人类一切活动的基础，是人类社会存在和发展的前提。消费受自然环境的影响。自然资源的区域分布影响人们生产某种消费品的能力，影响人们对相关消费品的消费；地形地貌与人们获得消费品的便利程度相关，影响人们的消费欲望；日照气温的地区差异影响动植物的生长，影响人们获取消费品的品种、质量、数量；等等。第二，消费的经济环境。消费的经济环境指消费进行的经济条件，包括社会生产力水平、社会经济制度等。生产力是人们认识和改造自然界的能力。社会生产力水平是人们认识和改造自然界的能力达到的高度。社会生产力水平直接决定了能提供给人们消费的消费品的数量和质量。生产力水平低，提供给社会的消费品有限，人们满足物质生活和精神生活需要的消费会受到很大的限制。生产力水平不断提高，消费品数量不断增多、质量不断提高，能不断地提升人们的物质文化生活水平。人类社会的发展史是生产力水平从低到高不断发展的生产史，也是人们的物质文化生活水平不断提高的消费史。社会经济制度是人类社会发展到一定历史阶段占统治地位的生产关系的总和。生产资料的所有制形式、人们在社会生产生活中的相互关系、社会分配方式构成了社会经济制度的主体。社会经济制度中，生产资料的所有制形式直接规定了生产资料归谁所有，确定了人们在生产资料占有和社会生活中的相互关系，标明了社会分配的基本形式，勾勒了人们消费的大致图景。第三，消费的政治环境。消费的政治环境指消费进行的政治条件，包括社会政治制度、现实政治状况等。社会政治制度建立在社会经济制度之上，是社会经济制度的反映。社会政治制度为社会经济制度中确立的人与人之间的关系提供了合法性，人们的消费要按照社会政治制度制定的规则进行。如《礼记》中对宗教性消费的规定："天子以牺牛，诸侯以肥牛，大夫以索牛，士以羊豕"①，明确提出要按照社会政治制度的等级性进行消费。社会政治制度的确立需要一个不断完善的过程，在这个过程中，现实的政治状况会与预设的政治制度之间有差别，人们的消费也会与制度设定的消费要求不一致。如《论语》中，季孙氏以大夫而僭用周天子八佾之礼，"八佾舞于庭"②。第四，消费的文化环境。消费的文化环境指消费进行的文化条件，包括风俗习惯、宗教信仰、价值观念等。如彝族忌食狗、马、熊的肉，这些肉类的消费在彝族聚居的区域受到制约；伊斯兰教禁食猪肉，信教人员对猪肉的消费受到禁止；崇尚消费的价值观念会导致大量消费，西方消费主义便是例证。不同的文化背景产生不同的消费观念。

2. 节俭是消费应有之义

古汉语中，"节"和"俭"均强调对行为的管控、节制。汉字演化过程中形成的"节俭"一词最初表达的是人对自身欲望的约束、限制，后在使用过程中词义范围有缩化的趋势，意思基本上固定在表示人在消费方面的克制、节制和约束。

（1）从逻辑上讲，节俭是消费的本义

消费是人们为满足自己的物质生活需要消耗物质资料的活动。消费具有明确的目的性。目的，即人的活动的指向性，指人的活动要达到的一种未来状态。人类活动不是随意盲目，而是有目的性的。"任何事情的发生都不是没有自觉的意图，没有预期的目的的。"③消费目的，是人的消费活动要达到的未来状态。从消费者来讲，消费的目的在于

① 杨天宇：《礼记译注》（上），上海古籍出版社 2004 年版，第 49 页。
② 杨伯峻：《论语译注》，中华书局 2006 年版，第 24 页。
③ 《马克思恩格斯文集》第 4 卷，人民出版社 2009 年版，第 302 页。

满足自身物质生活的需要。从整个社会来讲,消费的目的主要有两点:一是再生产出社会活动的主体。社会活动的主体是人,是有认识世界和改造世界能力的人。人的存在必须满足其生存的需要,保证人的肉体机能正常运行,为人认识世界和改造世界的活动奠定基础。每个人出于自身需要的消费保证了人的生存和发展,保证了人类社会的绵延。二是推动社会再生产的顺利进行。消费使生产得以实现,“因为产品只是在消费中才成为现实的产品”①,为新的生产过程产生新的劳动力和新的需求。只有能够满足人的物质生活需要、再生产出社会活动的主体、推动社会再生产顺利进行的物质产品的耗费,才属于消费的范畴。超出人的物质生活需要,不能有助于人的体力脑力恢复、不能再生产出社会活动的主体、不能推动社会再生产顺利进行的物质产品的耗费,不是真正意义上的消费。消费是根据人们的物质生活需要进行的必需消费,是充分利用物质资料再生产社会活动主体的科学消费,是能促进生产过程不断循环、不断更新的合理消费。必需消费、充分利用物质资料的消费,是为了满足自身生活需要对物质资料进行有节制的使用和消耗的活动。为了满足自身生活需要对物质资料进行有节制的使用和消耗,是节俭的具体体现。消费要求人们正确地认识自身的需要,正确地认识消费对象的功用,充分地利用消费对象。作为社会再生产重要环节的消费,要求人们克制自己无限膨胀的消费欲望,根据自身生活需要在可支付能力范围内对物质资料进行有节制的使用和消耗,要求人们节俭。所以,节俭是消费的本义,是消费的题中应有之义。

(2)从实践来讲,节俭是人类生存和发展的需要

节俭是促进人与自然和谐共生的消费观,是推动人类社会和谐稳

---

① 《马克思恩格斯文集》第8卷,人民出版社2009年版,第15页。

定的消费观。节俭在人类漫长的历史长河中是必要的，这种必要性基于资源有限性和欲望无限性、收入有限性和需求无限性的现实矛盾。

资源的有限性，又叫资源的稀缺性，是指相对于人的无穷欲望来讲，资源总是不足的。资源是用以生产满足人们物质和精神需要的物质资料的物资。资源是人的消费最终指向的对象。消费主体把物质资料当做消费对象，这些物质资料不是凭空产生的，是由资源通过各种途径转化而来的。资源是所有的生产资料、生活资料的最终来源。资源的有用性源自于人的需要，人利用各种资源是因为资源能满足人的需要。人需要资源，资源服务于人的需要。地球上的资源是丰富的，但丰富的资源相对于人的无限的欲望是有限的、稀缺的。资源的有限性不是指资源绝对数量的多少，而是从人类社会欲望的无限性角度来看，再多数量的资源也显得不足。人的欲望的无限性，有两层含义：一是人欲望的满足总是相对的，人原有的欲望获得满足后，又会产生出新的欲望，人的欲望总不能得到完全满足。例如，人吃穿住行的基本要求得到满足后，人们就会对吃穿住行的质量提出高的要求，产生吃好、穿好、住好、行好的新要求，会产生出要过上更好生活的新的其他需要。要满足这些欲望，就需要有更多的生产物质资料和劳务的资源。二是某一个人的需要是具体的、有限的，但整个人类社会从过去到现在再到未来漫长的历史征程中有无数个单个人，这无数个单个人的欲望是无法计量的，而且随着生产力水平的提高，这种欲望在不断地膨胀。从整个人类社会看，可分配给每个人、每个时代的资源是有限的，每个时间、空间范围内的资源是有限的，资源的可再生能力也是有限的。某个人、某个时期对资源的大肆浪费，就是对其他人和其他时期的不公平，所以要协调人与人之间的矛盾、要维持代际公平，要调节人与资源之间的矛盾冲突，必须克制人们的欲望，尽量减少人们对资源的使用和消耗。而节俭从根本意义上讲就是要克制人们的消费欲望、减少人们对资源的消耗。节俭是缓和资源有限性和欲望无限性矛盾的必然要求。

收入的有限性是指消费主体通过各种途径获得的收入总是有一定量的规定性,而不是无限多。在自给自足的小农经济时代,消费者在很大一部分情况下是自身所需必需品的生产者,只有部分不能自给自足的消费品的消费需要通过商品交换实现。随着社会分工的不断发展,商品经济条件下货币成为连接消费主体和消费客体的媒介物。人们要想获得满足自己需要的消费品,要生存和发展,必须通过各种途径获取收入,使用收入来购买消费品。个人如此,集体、政府亦如此。每个消费主体要存在、要维持下去,就必然有支出,要支出就必须有收入。收入的获得必须以承担相应的义务为前提。个人由于向社会提供了劳动力、土地等,获得了工资、地租等收入;集体(如企业)由于向社会提供了产品,获得了利息收入、股利收入等,政府由于向社会承担了组织、管理方面的义务,获得了以税收为基本形式的收入。不管何种形式的收入都是对人们付出的回报,是有限的。人的需求是无限的,满足了原有的需要又会产生各种各样的新需要,有限的收入面对不断增长的需要显然是不够的。所以,人们必须根据自己的收入状况规划消费,在收入水平可以接受的范围内消费。可见,节俭是解决收入有限性和需求无限性矛盾的必然要求。

(三)节俭的内涵

准确地说,节俭是人们为了满足自身生活需要在可支付能力范围内对物质资料进行有节制的使用和消耗的观念和行为。

1. 节俭是消费主体的观念和行为

节俭的主体是消费主体，是消费中的人。消费主体可以是个人，也可以是家庭、单位、社区等集体，还可以是代表公众行使国家和社会管理职能的政府。同样，节俭的主体可以是个人，也可以是家庭、单位、社区等集体，还可以是代表公众行使国家和社会管理职能的政府。节俭是消费主体在消费中所持的一种观念，这种观念体现了消费主体珍惜社会财富、合理利用社会财富、尊重财富创造者的道德品质。节俭的消费观念在实践中表现为节俭行为，是消费主体根据收入获得生活必需品，充分利用消费品的活动。节俭观念引导节俭行为，节俭行为体现节俭观念。节俭是节俭观念和节俭行为的辩证统一。节俭观念不是节俭行为，节俭行为也不是节俭观念。有节俭观念并不必然有节俭行为，节俭行为内在地包含节俭观念。节俭观念和节俭行为共同构成节俭。节俭的最终实现体现在节俭行为上，而不是停留在节俭观念上。从这个意义上讲，人们常说的“某人很节俭”，实际上表达的是某个人的行为很节俭，指的是人的节俭行为。但我们不能忽视节俭观念的重要价值，因为观念是行为的向导。要倡导节俭，首先要引导人们树立节俭观念，由这一观念引导人们的节俭行为。在物质匮乏的时代，节俭观念是人们维持自身生存的必然选择，节俭成为人们不得不遵守的道德规范。在物质资料相对丰裕的时代，这种外在的资源匮乏压力减小（准确地讲，是不易为人们直接感知），人们很便捷地就能够得到各种消费品，节俭从屈从于外界的道德选择变成了一种内生性道德观念，这就更加突出了节俭观念的重要性。有节俭观念才可能有节俭行为，节俭观念是节俭行为的内在依据。倡导节俭，必须引导人们树立节俭观念。

对于消费主体来讲，节俭不是一时一事，而是在每一消费过程中一以贯之的消费习惯。在消费观念的引导下，人们量入为出，节约用度，珍惜社会财富,久而久之就成为一种消费习惯。在一次消费过程中,节俭不仅体现在消费的起点,也体现在消费的中间阶段和终点。起点节俭,中间阶段和终点不节俭,不是真正的节俭。就是说,从准备消费的那刻起,消费主体精打细算,合理地拥有(购买或者自产)了消费品,这是使用和消耗消费品的开始,体现了消费主体的节俭,是起点节俭。当消费主体拥有了消费品后,不加以珍惜,导致消费品不能充分发挥效用,最终随意弃置,污染环境,是中间阶段和终点不节俭。这样的节俭不能贯穿消费的整个过程,造成了个人财富和社会财富的极大浪费,和节俭的初衷相悖,不是真正意义上的节俭。节俭是贯穿于消费全过程的观念和行为,是消费起点的精打细算、量入为出,消费中间阶段的珍惜爱惜消费品,和消费终点的物尽其用。节俭是观念和行为的一致,也是消费起点、中间阶段和终点的一致。一次消费过程的节俭,在节俭观念的强化下会不断地催生多次消费过程的节俭,逐渐成为消费主体的一种消费惯性、消费习惯,内化为消费主体的行为品质。

节俭与浪费相对。《现代汉语词典》将"浪费"解释为:对人力、财物、时间等用得不当或没有节制。从消费的角度简单来讲,浪费就是消费了不该消费的资源,也即实际使用和消耗的资源超过了应该使用和消耗的资源,超出部分的消费就是浪费。节俭涉及人们对自己财富的合理规划,要求以最少的支出获得最大的收益、以最少的财富消耗获得最好的物质、精神满足。浪费破坏了合理规划的节俭规则,在消费时使用了远大于应该支出数额的货币购买了消费品,或者在使用中没有让消费品充分发挥效用,更有甚者将消费品弃置不用。浪费产生的原因有这样几方面:一是对自己的需要没有明确的认识,消费的随意性很大;二是没有全面了解消费品的功用,不能做到物尽其用;三是消费心理不成熟,把浪费看做个人经济实力的象征。综观产生浪费的原因,可以看到节俭观念对减少浪费的重要意义。

2. 节俭是必需消费和绿色消费

从人类社会的现实和长远发展来看，节俭体现为必需消费和绿色消费。

必需消费，即只进行必需消费品的消费。必需消费品，是维持自身生存和发展必不可少的消费品，没有这样的消费，人的生存和发展难以顺利进行。按照消费目的，消费可分为生存性消费、享受性消费和发展性消费。生存性消费指用于维持人自身生存和繁衍抚育后代的消费，如衣、食、住、行等方面的消费。这部分消费用于恢复人的体力、脑力，抚育子女，维持个人和家庭的存在。享受性消费指用于满足人们享受需要的消费。这部分消费能使人身体舒适、精神愉悦，有助于人的身心健康。发展性消费指用于发展人们的体力和智力的消费。这部分消费能增进人的才干，提高人的能力。生存性消费、享受性消费、发展性消费的划分是相对的，在不同的历史时期、不同的生产力水平条件下标准不同。生产力水平低下时的享受性消费可能在生产力水平发展后会成为维持个人和家庭的生存性消费。"所谓生存斗争不再单纯围绕着生存资料进行，而是围绕着享受资料和发展资料进行。"①生存性消费、享受性消费和发展性消费是保证劳动者以抖擞饱满的生理和心理状态进行社会活动的前提和基础，是维持社会再生产必需的消费。在这些消费过程中，要尽量地减少对物质资料的耗费，尽量以最少的物质资源耗费获得最大的生活满足。为了便于操作，可以把必需消费简单表述为：可以不用的尽量不用，可以少用的尽量少用。一定时期消费品的数量总是有限的，部分人对消费品的过多占有意味着另外一部分人对消费

---

① 《马克思恩格斯文集》第9卷，人民出版社2009年版，第548页。

品拥有权的丧失。必需消费是和谐社会关系的内在要求。

绿色消费,即选择资源消耗少、环境污染小的消费。节俭强调绿色消费,看重的是消费对生态的影响。消费以生产为前提,生产必然要耗费自然资源,造成对自然的破坏。自然是人们生存的家园,超过自然可承受力的生产会给自然和人类带来灭顶之灾。要减少对自然的破坏,就要减少对资源消耗大的产品的生产,就要减少对资源消耗大的产品的消费。选择资源消耗小的消费品的消费,是对自然和人类生存的义不容辞的义务。消费主体对消费品的使用和消耗,也会对自然环境造成影响。有些消费品使用过程中会对环境造成污染;有些消费品使用和消耗结束后会产生废弃物,这些废弃物也会对环境造成污染。要尽量减少对这些消费品的消费。绿色消费,是从人类和自然的长远发展方面考虑提出的要求。

3. 节俭是可支付能力消费和物尽其用消费

从消费主体的购买力和消费客体的功用方面讲,节俭体现为可支付能力消费和物尽其用消费。

可支付能力消费,即在可支付能力范围内进行消费。消费的前提是生产,没有生产,就无法提供满足人们生活需要的消费资料,消费就无法开展。人们要获得消费资料,有两种途径:一是自己生产,二是通过各种途径获得别人的劳动成果。不管是对于自己生产的物品,还是通过各种途径获得别人的劳动成果,消费主体都要把消费限制在可支付能力范围内,这是节俭的基本要求。对于自己生产的物品,消费主体应该尽量做到消费小于生产,使劳动产品有所结余。当然节俭消费的这种要求在具体实践中必须灵活掌握。对于不易储存的劳动产品则不做这样的硬性要求,因为储存结余的劳动产品可能要花费更大的成本,或者因保存不善会导致大量的浪费。对于别人的劳动成果,有消费需要的人必须通过交换才能获得消费品。这种交换可以是物物交换,也可以是以货币为媒介的商品交换。货币作为商品交换的一般等价物出现后,人们必须通过货币来获得本不属于自己的劳动产品。要获得别人的劳动成果,必须支付一定的货币(可以是货币符号)。也就是说,对于别人的劳动成果,有消费要求的人必须通过支付一定的货币来获得。这就必须考虑人的支付能力了。节俭要求人们必须在可支付能力范围内进行消费,即消费主体应该在自己已有的货币支付能力范围内进行购买并消费,最好能有结余。也即,节俭要求消费支出要小于货币收入。对于多出来的这部分没有用于消费的收入,人们可以用来储蓄,用于社会扩大再生产,也可以用于做其他对社会有益的事情。

物尽其用消费,即在使用消费品时把消费品的功用充分发挥出来。节俭要求消费主体进行消费品的选择时,首先要了解消费品的功用,考虑消费品的实用性。在认真了解了消费品的功用,并形成物有所值的主观体验后进行消费。对消费品功用的了解,是消费主体选择消费品的基础,也是消费主体使用和消耗消费品的基础。消费主体必须在产品的使用期内充分地使用消费品,使其充分地发挥功用,实现效用最大化,而不是将其弃置或中途废弃。由于消费品生产时消耗了很大一部分资源,废弃时又会对环境造成威胁,所以物尽其用消费一方面真正实现了物有所值,另一方面也是对资源和环境的保护。

节俭是消费的题中应有之义,是必需消费、可支付能力消费、物尽其用消费和绿色消费的有机统一。节俭在人类漫长的历史长河中是必要的,是人类维持自身存在、调整和处理人与自然关系必需的观念和行为。对过去如此,对现在如此,对将来亦如此。

二、节俭是中华民族的传统美德

中华民族的传统美德，是中华民族在长期历史发展进程中积淀的、可以继承并对后代发展有正面影响作用的价值规范和行为准则。中华民族传统美德内涵丰富，是中国人民族精神、民族品质、民族气节的具体体现，是中华民族绵延上下五千年、自强不息的生动写照。节俭是中华民族传统美德的重要内容，是在中华民族历史长河中历经考验沉积下来的重要德目。节俭品德的生命力在于它和中华民族众多美好德行相辅相成、相融相合。这些美好的德行有勤劳、孝顺、惜物、助人等。勤劳为节俭创造物质前提，孝顺为节俭拓宽道德境界，惜物展示节俭的本真含义，助人使节俭锦上添花。勤劳、孝顺、惜物、助人等为节俭注入的生机和活力，使得节俭成为中华民族源远流长、后继有人的美德。

（一）节俭是勤俭美德的重要内容

唐代诗人李商隐在《咏史》中慨叹的一句“历览前贤国与家，成由勤俭破由奢”①，道出了勤俭在人类生存、个人修养、家庭稳固、社会发展中的重要价值。勤，勤劳，是人们热爱劳动的自觉态度和努力劳动、不畏辛苦的行为品质。勤劳美德的形成基于人们对脑力劳动和体力劳动之社会价值的正确认识，体现为人们对劳动的爱好、热情、愉快等积极的情感体验和认真负责、尽心尽力、艰苦奋斗的道德行为，最终结果

① 叶葱奇：《李商隐诗集疏注》（上），人民文学出版社1985年版，第134页。

是生产出高质量和多数量的劳动产品。俭，节俭，是人类对自我生存状况理性认识基础上对自身消费进行克制的行为和品质。节俭美德的形成基于人们对自身生存状况的深刻认识，体现为人们对劳动产品珍惜和爱护的内在情感和消费时不随意浪费的外在行为。节俭以勤劳为基础，勤劳美德和节俭美德相辅相成，实现治生、修身、齐家、治国的个人理想和社会理想。勤劳创造财富，节俭积累财富，勤俭是以治生；勤劳获得对劳作的切身体验，节俭发自内心珍惜劳动成果，勤俭得以修身养性；勤俭能解决家庭生计之需，能使家庭富足、和睦，能传承传统美德，勤俭是以齐家；勤俭铸就勤俭国风、廉洁政治，成就国家富裕，勤俭是以治国。勤俭，历来为中华民族推崇。

1. 勤劳节俭，治生之道

朱用纯的《尚勤俭》阐述了“治生之道”，曰：“勤与俭，治生之道也”[①]，并把“勤”与“俭”何以能“治生”分析得清晰透彻，“不勤，则寡入；不俭，则妄费。寡入而妄费，则财匮；财匮，则苟取。愚者为寡廉鲜耻之事，黠者入行险徼倖之途。生平行止，于此而丧；祖宗家声，于此而坠：呜呼！生理绝矣！”[②]治生，谋生。治生之道，谋生的道理。勤劳与节俭，是谋生的基本途径和方法。不勤不俭，最终生平行业、祖宗家声丧失殆尽。所以，治生之道，首在勤俭。既勤且俭，才能获得生计。

《左传》有曰：“民生在勤，勤则不匮。”[③]民众的生计在勤劳，勤劳才能丰衣足食，使人不致缺衣少食，免于饥寒交迫，“是勤可以免饥寒”[④]。衣食是人的基本需要，人生命体征的维持离不开吃饱穿暖的生活需要。劳动是人获得衣食来源的唯一途径。劳动是人消耗自身劳动

① 陆林：《中华家训大观》，安徽人民出版社 1994 年版，第 470 页。
② 陆林：《中华家训大观》，安徽人民出版社 1994 年版，第 470—471 页。
③ 冀昀主编：《左传》（上），线装书局 2007 年版，第 214 页。
④ （清）王晫、（清）涨潮编：《檀几丛书》，上海古籍出版社 1992 年版，第 92 页。

力运用生产工具有目的地作用于劳动对象使之适合自身需要的过程，分为体力劳动和脑力劳动。体力劳动者的劳动直接创造满足人生产生活需要的物质消费品；脑力劳动者的劳动不直接创造物质消费品，但为获取体力劳动者创造的物质消费品创造条件。劳动保证了人生命体的存在，是人生存和发展的前提和保证。勤劳，勤于劳动，努力劳动，通过付出自己的辛勤劳动不断创造各种社会财富，为生计提供丰富的物质保障。中国历史上先贤智者多有褒扬勤劳的金言妙语流传至今。《墨子·非乐上》："赖其力者生，不赖其力者不生"①，指出人与动物的区别在于人要通过劳动才能满足衣食之需，才能生存。《韩非子·六反》盛赞勤苦劳作创造社会财富的人："力作而食，生利之民也"②。北魏贾思勰《齐民要术·序》有言："力能胜贫"③，辛勤劳动可以战胜贫困。此几处的"力"主要指体力劳动，强调勤于耕作，才能获得粮食、衣物等生活必需品，才能免于匮乏，才能获得生存的权力。《尚书·盘庚上》告诫农人不可懒惰，懒惰会招致没有黍稷收获，"惰农自安，不昏作劳，不服田亩，越其罔有黍稷。"④贾谊《论积贮疏》语言简洁明了、形象直白地阐述了农耕的重要性："一夫不耕，或受之饥；一女不织，或受之寒。"⑤只有勤于农业劳作，才能提供满足人类生存之需的基本消费品。在一些历史典籍中，我们看到的是前人对包括体力劳动和脑力劳动的"勤"的颂扬。王充《论衡·命禄篇》曰："勉力勤事以致富……废时失务，欲望富贵，不可得也。"⑥勤勉于事，奋发努力，才能获得财富，达到富有；

① 方勇译注：《墨子》，中华书局 2011 年版，第 279 页。
② 高华平、王齐洲、张三夕译注：《韩非子》，中华书局 2010 年版，第 655 页。
③ （北魏）贾思勰：《齐民要术》，团结出版社 1996 年版，第 1 页。
④ 冀昀主编：《尚书》，线装书局 2007 年版，第 93 页。
⑤ （西汉）贾谊：《贾谊集》，上海人民出版社 1976 年版，第 201 页。
⑥ （东汉）王充：《论衡》，上海人民出版社 1974 年版，第 10 页。

若荒废光阴，不辛勤付出，想得到富贵是不可能的。又曰："力作不求富，富自到矣。"[1]努力劳作，财富自到，必会使劳作者物资不匮。冯梦龙《醒世恒言》中："富贵本无根，尽从勤里得。"[2]富贵不是天定的，要靠勤劳获得。不管是体力劳动还是脑力劳动，只要勤于劳作，愿意付出，都能为个体的生存获得一席之地。民间也有很多谚语以其通俗易懂、言简意赅的风格向人们传递勤劳的价值。清代汪辉祖在《双节堂庸训·治家》中就曾引用民间谚语告诫子孙："男也勤，女也勤，三餐茶饭不求人。女也懒，男也懒，千百万亩终讨饭。"[3]民间口头流传的"一滴汗珠万粒粮，万粒汗珠谷满仓""人勤，穷不久；人懒，富不长""人勤肚饱，人懒饿倒"等谚语是人们在长期的社会实践中集体创造的智慧宝典，是人们对勤劳的深刻感悟。这些谚语代代相传，延续至今，影响着人们的劳动态度。

东汉严遵的《座右铭》曰："节俭者，不竭之源。"[4]只有节约俭省，衣食之物才能不致耗尽，才能足够满足人的生存需要，"俭所以足用也。"[5]这是因为：首先，衣食生产周期长。满足人饮食穿衣等基本生存需要的粮食、布匹等的生产不是短时间内可以完成的，大致要经过播种、发芽、出苗、成长、成熟、加工等一系列过程，要依靠日光、温度、水分等一系列条件。新旧衣食消费品供给的更替需要一个阶段，节俭能使新旧供给实现有效衔接，能使人常有衣食用度，不致衣不蔽体、食不果腹。其次，衣食消费品有限。人的消费欲望是无限的，但每个人获得的财富是有限的，每个人能获得的生活消费品也是有限的。如果不克制

---

① （东汉）王充：《论衡》，上海人民出版社 1974 年版，第 10 页。
② （明）冯梦龙：《醒世恒言》，上海古籍出版社 1996 年版，第 744 页。
③ （清）汪辉祖：《双节堂庸训》，天津古籍出版社 1995 年版，第 68 页。
④ （清）严可均辑：《全汉文》，商务印书馆 1999 年版，第 436 页。
⑤ 陈桐生译注：《国语》，中华书局 2013 年版，第 82 页。

自己的消费欲望，不节约俭省，随意浪费，衣食用度就会消耗殆尽，影响生计。只有节俭才能使人精打细算，把有限的消费品最有效地满足人的生活需要。《汉书·食货志》曰："粟米布帛生于地，长于时，聚于力，非可一日成也"[①]。粟米布帛，衣食之需，不是一时一日形成的，如果挥霍浪费，必会遭受青黄不接时饥馑之苦。葛洪《抱朴子·极言》中说："有尽之物，不能给无已之耗；江河之流，不能盈无底之器也。"[②]江河之水不能充盈无底的容器，有限的物品不能满足无尽的欲望。所以不能对有限的财富进行无休无止的耗损，必须爱物惜物，厉行节俭。明朝冯梦龙曰："惜衣有衣，惜食有食。"[③]对衣物常怀惜爱之心，衣物才能延长使用寿命；对粮食心存珍惜之意，粮食才不致匮乏短缺。清代钱泳也说："凡事一俭，则谋生易足"[④]，只要肯节俭，谋生度用足矣。明代周怡勉谕儿辈："常将有日思无日，莫待无时思有时，则子子孙孙常享温饱矣。"[⑤]日子富足时要想到贫困的日子，而不要贫困时再去回忆富足的生活，子孙若能谨记节俭便能时常享受温饱了。与此同时，与节俭相对的"不节""奢侈"成了众矢之的。唐代陆贽《均节赋税恤百姓六条疏》的第二条直指"不节"之弊端，"不节则虽盈必竭，能节则虽虚必盈。"[⑥]如果不节俭，虽然物用丰足，最终也会被耗尽；如果节俭，虽然物用匮乏，也会日渐充足。另，《晋书》有"奢侈之费，甚于天灾"[⑦]，把奢侈视作人生存之大敌。明朝洪应明更是发出了"奢者富而不足，何如俭者

---

① （东汉）班固：《汉书》，中华书局2007年版，第161页。

② （东晋）葛洪：《抱朴子》，上海古籍出版社1990年版，第94页。

③ （明）冯梦龙：《警世通言》，上海古籍出版社1996年版，第22页。

④ （清）钱泳：《履园丛话》，中华书局1979年版，第201页。

⑤ 殷正林等：《中国书信精典》，山东大学出版社1997年版，第441页。

⑥ 黄进、郭豫庆：《名臣奏表八十八篇》（上册），华艺出版社1992年版，第367页。

⑦ （唐）房玄龄等：《晋书》，吉林人民出版社1995年版，第773页。

贫而有余”[①]的感慨。再富有的人，如果奢侈无度，也会用度不足，那时的境况还不如贫家节俭有余的生活光景。今人中也流传着一些关于节俭的警世良言，如“思前顾后，吃穿常有”，“精打细算，油盐不断”，“会吃的吃千顿，不会吃的吃一顿”，“精打细算，有吃有穿；大吃大喝，当屋卖锅”，“饱时省一口，饿时得一斗”，“细水长流，遇灾不愁”。这些浅显易懂、紧贴民众生活的通俗语言，表达了人们对节俭于生计重要意义的认识。

勤则不匮，俭则不竭，勤俭治生。人类谋生之道，勤德和俭德唇齿相依，缺一不可。勤劳形成劳动成果，节俭积累生活财富，人类才能有源源不断的生活供给。勤劳提供衣食等生计之需，节俭则使用度细水长流，不致贫困拮据。只勤不俭，虽有一时的物质充裕，也会因挥霍破败，终是入不敷出，食尽粮绝；只俭不勤，少了物质供给之源，终会坐吃山空，穷困潦倒。且勤劳能使人在劳动中得到锻炼，延长人的寿命。所以，只有既勤劳又节俭，才能保证源源不断的物质创造和日渐丰厚的物质积累，保证人的生命存在。故曰：勤劳节俭，治生之道。荀子曾说：“强本而节用，则天不能贫”[②]，“本荒而用侈，则天不能使之富”[③]。重视生产，节约用度，就不会贫困；荒废生产，奢侈挥霍，就难以富足。勤能开源，俭能节流。《管子·形势解》也曰：“人惰而侈则贫，力而俭则富。”[④]懒惰而奢侈的人只能贫穷，勤劳而节俭的人才会富有。清代人石成金则系统地论述了勤与俭的关系：“勤俭两件，犹夫阴阳表里，缺一不可。勤而不俭，譬如漏卮，虽满积而亦无所存；俭而不勤，譬如石

① （明）洪应明：《菜根谭》，中央民族大学出版社2004年版，第42页。
② 方勇、李波译注：《荀子》，中华书局2011年版，第265页。
③ 方勇、李波译注：《荀子》，中华书局2011年版，第265页。
④ 孙波：《管子：注释本》，华夏出版社2000年版，第336页。

田，虽谨守而亦无所获。须知勤必要俭，俭必要勤。”[①]勤劳与节俭紧密相连，勤劳为节俭创造前提，节俭为勤劳积蓄成果。人们对勤劳和节俭之间这种相辅相成关系的认识，在民间流传的各种对联、谚语、故事中都有体现。如对联：勤是摇钱树，俭是聚宝盆；谚语：欲求温饱，勤俭为先；故事：苏轼“房梁挂钱”[②]、“勤”“俭”分家[③]等。中国历来有“勤俭”一词，“勤”和“俭”相连，既勤且俭，才能积聚财富、休养生息。

2. 勤劳节俭，修身之道

《礼记·大学》有云：“自天子以至于庶人，壹是皆以修身为本。”[④]如何修身呢？“欲修其身者，先正其心；欲正其心者，先诚其意；欲诚其意者，先致其知；致知在格物”[⑤]。格物致知诚意正心是修身的基本途径。格物，探究事物的原理；致知，获得对事物的正确认识；诚意，意念真诚；正心，端正内心。勤劳节俭何以为修身之道呢？辛勤劳作的过程是实践的过程，是探究事物发展的过程，是形成劳动果实的过程，是以格物；人们在辛勤劳作中认识到劳动果实来之不易，在内心形成了明确认识，是以致知；因而人们发自内心地珍惜劳动果实，即使在独处时也能洁身自律，节制自己的欲望不奢侈浪费，是以诚意；勤俭能保证个人富足的生活状态，则能不贪不卑，明志自强，是以正心。勤劳“而后知

① (清)石成金：《传家宝》(上册)，天津社会科学院出版社1992年版，第169页。

② 故事大意为：苏轼被降职贬官后生活穷困，就弄了一块地耕作，并把微薄的俸禄计算出来，分成12份，每月用一份，每月又分成30份，每天用一份。钱分好后挂在房梁上，每日取一份。使用时还精打细算，能省则省，省下的钱攒起来以备不时之需。

③ 故事大意为：一位勤俭持家的老人在临终前将写着“勤俭”二字的匾额给了两个儿子，告诫他们一定按照匾额上的字做才能不受饥挨饿。两儿子分家时将匾额一分为二，大儿子分了“勤”字，二儿子分了“俭”字。大儿子只记得勤，每日日出而作，日入而息，却不知节俭，日子过得紧紧巴巴，青黄不接时常揭不开锅。二儿子只记得俭，每日节衣缩食省吃俭用，却不思农事，不务农活，终落得讨饭为生。

④ 杨天宇：《礼记译注》(下)，上海古籍出版社2004年版，第801页。

⑤ 杨天宇：《礼记译注》(下)，上海古籍出版社2004年版，第800—801页。

至，知至而后意诚，意诚而后心正，心正而后身修”①。

勤劳致知。“致知在格物”②，只有接触事物、探究事物，才能对事物获得明确认识。劳动的过程集劳动者、劳动工具、劳动对象于一体，是劳动者探究劳动对象、劳动过程的实践活动。劳动者在辛勤劳作中获得很多认识，形成对劳动的明确认识。在中国传统农耕文化中，勤劳最初的意义体现在农业生产上，主要指勤于农业劳动。《墨子》中农夫“蚤出暮入，强乎耕稼树艺，多聚叔粟，”③农妇“夙兴夜寐，强乎纺绩织纴，多治麻丝麻葛绪捆布缲”④，在长期的劳动中知道“强必饱，不强必饥”⑤，“强必暖，不强必寒”⑥，明确只有辛勤劳动才能感受衣食富足带来的生活幸福度，也才能更乐于劳动。大家熟知的《悯农》：“锄禾日当午，汗滴禾下土。谁知盘中餐，粒粒皆辛苦”⑦，形象生动地展示了粮食来之不易，并道出：只有参加劳动实践，才能深刻体会每粒粮食中包含的汗水和辛苦。另外，在劳动中，人们可以发现农作物成长的规律，能对各种衣食原材料形成明确的认识，从而提高种植、加工的效率。除农业劳动外，勤劳还包含勤于学习、勤于家务、勤于政务等的意思。不管是哪一种意义上的勤劳都包含了劳动者的劳动付出，都能形成对事理的认知。勤于学习，获得书本知识；勤于家务，获得劳动艰辛的认识；勤于政务，获得对为政之道的认识。这些在劳动中形成的认知为节俭美德的形成奠定了基础。

---

① 杨天宇：《礼记译注》（下），上海古籍出版社2004年版，第801页。
② 杨天宇：《礼记译注》（下），上海古籍出版社2004年版，第800—801页。
③ 方勇译注：《墨子》，中华书局2011年版，第308页。
④ 方勇译注：《墨子》，中华书局2011年版，第308页。
⑤ 方勇译注：《墨子》，中华书局2011年版，第308页。
⑥ 方勇译注：《墨子》，中华书局2011年版，第308页。
⑦ 张志英：《唐诗宋词全鉴》，中国纺织出版社2011年版，第136页。

节俭意诚。“知至而后意诚”①,“所谓诚其意者,毋自欺也。”②使自己意念诚实,不自己欺骗自己最好的方法就是慎独,即在个人独处时也能严格要求自己。因对勤劳有切身的体验和深刻的认识,对劳动成果就会倍加珍惜。珍惜的直接表现就是节俭,与人交往和个人独处时都能做到节俭。节俭是人们对自身辛劳付出的认可,也是对消费品的节约俭省。“何以曰俭？量入为出,禁止华丽,撙节饮食”③。根据收入情况消费,不穿华丽的衣服,节制饮食,方能积聚财富。清朝康熙时人高拱京在《高氏塾铎》中指出人们在处理节俭与奢侈关系时在知行上出现的矛盾:“粒粒丝丝,皆是辛苦,人谁不知。而用度毕竟流于侈者,为门面故也。”④每个人都知道衣食之物为辛苦所得,但为了“体面”二字经常奢侈浪费。社会舆论评价是道德以其软约束力调整人们行为的基本手段。行为道德不道德、美不美、好不好,主要看人们对这种行为的评价。中国人历来爱面子,人们总是想把自己最光鲜的一面炫耀出来,外人往往也通过这光鲜的一面认识他们的财富、事业等成就。对外的节俭行为往往会给他人造成贫穷、小气的印象,遭人耻笑。可以说,中国人传统的爱面子思想使得节俭美德的展示显得羞羞答答。节俭与其他美德不同之处在于:其他美德(如勇敢、坚强等)以外在表现获得认可,节俭往往出现在个人、家庭独处时。独处时能做到节省俭朴,“一粥一饭,当思来处不易;半丝半缕,恒念物力维艰。”⑤这样的行为实则已表明对节俭的认识明确,意念真诚。若要是使“诚其意”的境界更上一层楼,那就是不仅自处时节俭,与人相处时也要节俭。季文子穿衣

---

① 杨天宇:《礼记译注》(下),上海古籍出版社 2004 年版,第 801 页。
② 杨天宇:《礼记译注》(下),上海古籍出版社 2004 年版,第 801 页。
③ 李振林、马凯:《中国古代女子全书·女儿规》,甘肃文化出版社 2003 年版,第 154 页。
④ (清)王晫、(清)涨潮编:《檀几丛书》,上海古籍出版社 1992 年版,第 92 页。
⑤ 陆林:《中华家训大观》,安徽人民出版社 1994 年版,第 469 页。

只求整洁，不用粮食喂马；司马文公待客经常三盘菜，最多时五盘；吴隐之不住朝廷配的豪宅，卖狗嫁女。这些伟大的历史人物能冲破世俗眼光，于内于外都奉行节俭，在中国人节俭美德的传承上起到了很好的引导作用。

勤俭正心。“意诚而后心正”①，春耕秋收，晨起昏息，知稼穑之苦，行节俭之事。勤俭的人能为自己积累足用的物质基础，能节制自己的欲望，所以勤俭之人能端正自己的心思，能修养良好的品行，能提高自己的道德水平，达到修身之目的，“不惰者，众善之师也”②，“俭，德之共也”③，勤俭能培养人的各种美好德行。勤劳节俭的人不会为生活困顿所累，明白勤劳创造财富的道理，不会希冀通过多贪多占获得财富，所以勤俭则不贪。勤劳节俭的人，不妄取苟求，明白通过个人努力获得成功的道理，不会卑躬屈膝索求外物，所以勤俭则不卑。“夫物俭则常足，常足则乐，而得美名，祸咎远矣。”④勤劳节俭的人，能从现实生活中获得充实的满足感，所以，勤俭则知足。“民劳则思，思则善心生；逸则淫，淫则忘善，忘善则恶心生。”⑤勤劳节俭的人，不会沉溺于淫逸无度的生活，常在思考中发出善良的想法，所以勤俭则向善。“非淡泊无以明志，非宁静无以致远。”⑥勤俭之人能克制自己的消费欲望，在克制消费中逐渐形成节制的习惯，把自己的行动控制在一个明确的志向上，为志向的实现不懈奋斗，所以勤俭则明志。勤俭是不贪、不卑、知足、向善、明志等美好德行的发源地，能陶冶心性、涵养人心，能提高人的思想

① 杨天宇：《礼记译注》（下），上海古籍出版社 2004 年版，第 801 页。
② （东晋）葛洪：《抱朴子》，上海古籍出版社 1990 年版，第 293 页。
③ 冀昀主编：《左传》（上），线装书局 2007 年版，第 63 页。
④ 《儒林公议》，中华书局 1985 年版，第 15 页。
⑤ 陈桐生译注：《国语》，中华书局 2013 年版，第 219 页。
⑥ 张霆：《历代家教宝典》，中州古籍出版社 2006 年版，第 16 页。

品德修养，能修身。

3. 勤劳节俭，齐家之道

《大学》指出，“所谓治国必先齐其家者，其家不可教，而能教人者无之。”①治理好家庭很重要，不能治理好家庭的人，是难以治理好国家的。齐家是治国的基础。在齐家的众多箴言诫语中，勤俭往往被摆在首位。北宋郑侠的《示女子》：“治家在勤俭”②，宋代陈录的《善诱文·省心杂言》：“成家之道，曰俭与勤”③，明代吕坤的《孝睦房训辞》：“兴家两字，曰俭与勤”④，明代冯梦龙《喻世明言》：“治家以勤俭为本”⑤，都强调勤劳节俭在家庭兴旺发达、家人和睦融洽中的重要作用。勤劳节俭何以能齐家？勤劳节俭能为家庭的生存提供物质基础，保障家人生计；勤劳节俭能为家庭创造财富、积攒财富，保证家人生活富足；勤劳节俭能使家人都尽力付出劳动，并克制欲望不争夺利益，实现家庭和睦；勤劳节俭能为子孙做出表率，引导子孙继承勤俭作风。中国传统社会中家庭、家族紧紧绑缚在一起，勤俭推动家庭的兴盛，家庭的兴盛推动家族的兴盛，为国家的兴盛添砖加瓦。

勤俭可以维持家庭生计。家庭成员的生计问题是家庭第一要务。若是没有生计来源，整个家庭缺衣少食，穷苦至极，家人的生命难以维系，家庭的存在就成为一件困难的事。要获得家庭成员的生计来源，方法只有一种：勤俭。通过勤劳创造衣食之需，通过节俭积蓄财货，才能使家庭成员不管在风调雨顺时还是天灾人祸时都能有衣穿，有饭食。勤苦劳作，按照时气播种耕耘，才能收谷获粮，提供生计之需。如果不

① 杨天宇：《礼记译注》（下），上海古籍出版社 2004 年版，第 806 页。
② 陆林：《中华家训大观》，安徽人民出版社 1994 年版，第 317 页。
③ （宋）陈录：《善诱文》，中华书局 1985 年版，第 13 页。
④ 张霆：《历代家教宝典》，中州古籍出版社 2006 年版，第 143 页。
⑤ （明）冯梦龙：《喻世明言》，上海古籍出版社 1996 年版，第 229 页。

劳作,贪图安逸,则会把祖宗基业损失殆尽,导致家道破败,流落街头。所以必须勤劳,该耕田时耕田,该播种时播种,该除草时除草,该收割时收割,千万不能偷懒懈怠,方能保障家庭供给。如若总是想把今天该做的工作推到明日,懒惰懈怠,明日复明日,不知不觉间家道衰微。"士、农、工、商,业虽不同,皆是本职。勤则职业修,惰则职业隳。修则父母妻子,仰事俯育有赖。隳则资身无策,不免姗笑于邑里。"①不管是从事何种职业的人,只有尽心尽力工作,才能在本职工作上取得成就,才有能力孝顺父母、扶养妻子、抚养孩子。否则自己的吃穿用度都无着落,更谈不上仰事俯育父母妻子。"不肯服布旧之衣,不肯食粗粝之食,若长而弗改,必致穷饿。"②勤劳所得之物,若不能加以珍惜,终日享受安逸的生活,时间久了,必会穷困潦倒。富家子的奢侈淫逸,导致家财耗尽,家道中落;贫家子的奢侈浪费,只会使生活更加困窘,甚而偷鸡摸狗维持生计。"凡人生而饮酒无算、食肉无度、好淫滥习博弈者,家富则致于破荡,家贫则必为盗窃。"③人有旦夕祸福,月有阴晴圆缺。如若遇上灾难凶险的年景,勤劳节俭储蓄起来的财货能给家庭提供衣食供给,渡过难关。故《后汉书》有语:"故古者急耕稼之业,致耒耜之勤,节用储蓄,以备凶灾,是以岁虽不登而人无饥色。"④

勤俭可以使家庭富足。财富像水一样,如果用堤坝限制的话,会储存起来,并因为不断地加注新水而更加充盈;如果让其决堤而下,会不断地流向他处,在一定时间内干涸。所以财富必须依靠积累。财富的积累必须依靠两条:一是创造财富,二是积攒财富。创造财富依靠勤

---

① 北京师联教育科学研究所:《中国教育名家名作精读丛书·第四辑》,中国环境科学出版社 2006 年版,第 281 页。

② 成晓军:《名臣名儒家训》(下册),重庆出版社 2008 年版,第 536 页。

③ (南宋)袁采:《袁氏世范》,中华书局 1985 年版,第 40 页。

④ (南朝宋)范晔:《后汉书》,团结出版社 1996 年版,第 32 页。

劳，积攒财富依靠节俭。勤劳节俭是财富的源泉，勤俭可以使家庭富足。中国有句谚语：勤俭黄金本。此处黄金是财富的代名词，强调要获得财富，必须勤于劳动，节俭持家。没有哪个人、哪个家庭生来注定是富贵的，只有勤劳节俭的人才能保证生活富足，“富贵本无根，尽从勤里来。”①不勤不俭，奢侈懒惰，必定会穷苦至极，勤劳富贵之本，懒惰贫贱之苗。勤劳靠双手，手松手紧现勤俭。中华谚语中的“富贵因从勤俭起，贫穷只为手头松”一句正是很好地运用了中国人对“手”的理解。手紧，拿起工具勤于劳动，家人便能衣食有靠；手松，不愿劳动，便无法为家人提供消费条件。手紧，抓好手中的财富，精打细算过日子，家庭才能长期富足；手松，肆意挥霍手中的财富，家人终有一日会衣食不足。“无论大家小家，士农工商，勤苦俭约，未有不兴，骄奢倦怠，未有不败”②。财富是一点点积累的。家庭成员的勤劳为财富的积累提供前提，家庭成员的节俭为财富的积累提供保障。只有勤俭节约，家庭才能富足。这个道理对于任何家庭来讲都是一样的。

勤俭可以向后代传递美德。勤俭在家庭发展中的重要意义在其教育价值。长辈的勤劳节俭能为晚辈的勤俭言行做出示范，能将勤俭美德传递给子孙后代，能在较长时期内保持节俭的家风。“一人知俭则一家富”③。家庭中，一个人勤劳节俭，就能在耳濡目染、潜移默化中感召其他人勤劳节俭。家庭成员共同辛勤劳动、节约俭省必然会带来家庭的富裕。在传递勤俭美德的过程中，身教示范和言语说教是最常见的做法。“居身务期质朴，教子要有义方。”④教育子女要用合理有效的方法，最有效的方法就是父母、长辈践行勤俭，带动子女、晚辈勤俭。

---

① （明）冯梦龙：《醒世恒言》，上海古籍出版社1996年版，第744页。

② 张惠民、李远、周树德：《曾国藩家书》，中州古籍出版社1994年版，第247页。

③ （五代）谭峭：《化书》，中华书局1996年版，第64页。

④ 陆林：《中华家训大观》，安徽人民出版社1994年版，第469页。

“家有千金，不如日进斗文”①。家中金银如山，不如每日都有微小的收入，原因在于父母在获得这些收入的过程中付出的艰辛，能让子女体会劳动的不易。南宋范成大的《田家》一诗淋漓尽致地刻画了一幅田家耕织、儿童参加劳动的图景，“昼出耘田夜绩麻，村庄儿女各当家。童孙未解供耕织，也傍桑阴学种瓜。”②古人除亲力践行外，为了在较长时间内对后世子孙起到教育作用，往往以家训的书体要求后人勤俭。北宋江端友在《家训》中言之凿凿，句句恳切，希望子孙能珍惜饮食之用，“凡饮食知所从来。五谷则人牛稼穑之艰难，天地风雨之顺成，变生作熟，皆不容易”③。元人郑太和告诫子孙“家业之成，难如登天，当以俭素自绳是准”④，并指出音乐、词曲、虫鸟、飞鹰猎犬一类玩物容易助长子孙懒惰骄奢之气，断不能让孩童接触，违背者要以不孝论处。勤俭是一种教育力量，能培养勤俭的后继者。

4. 勤劳节俭，治国之道

“治国之道，富民为始，富民之要，在于节俭。”⑤治理国家要把百姓生活富足放在重要的位置。百姓生活富裕是治理好国家的首要要求，也是治理好国家的集中体现。要使百姓生活富裕，必须重视勤俭美德。“理民之道，在于节用尚本”⑥。节用，节约用度；尚本，注重农桑，即注重农业劳动。治理国家、富裕百姓的方法是发展生产和节约用度。以勤俭治国理民，离不开国君的行为世范、官员的勤劳廉洁。国君和官员的勤俭，必会引导百姓的勤俭行为。国君的勤政节俭能为官员和百姓

---

① （明）洪楩：《清平山堂话本》，上海古籍出版社 1992 年版，第 26 页。
② 邓楚栋、邓亚文：《五朝千家诗》（中），中国广播电视出版社 2008 年版，第 56 页。
③ 陆林：《中华家训大观》，安徽人民出版社 1994 年版，第 324 页。
④ （明）郑太和：《郑氏规范》，中华书局 1985 年版，第 14 页。
⑤ （西汉）司马迁：《全本史记》（第 4 卷），中国华侨出版社 2011 年版，第 698 页。
⑥ （西汉）桓宽：《盐铁论》，上海人民出版社 1974 年版，第 6 页。

树立学习的典范，上行下效，在社会上形成勤俭的良好风气；官员的勤劳廉洁能从百姓生活出发为百姓做实事，政通人和，整个社会生活欣欣向荣；百姓的勤劳节俭能不断丰富社会的物质财富，富国裕民，国家呈现一片繁荣。

统治者勤俭可以导社会勤俭之俗。《大学》指出："所谓平天下在治其国者：上老老而民兴孝，上长长而民兴弟，上恤孤而民不倍，是以君子有絜矩之道也。"①天下太平的根本在于治理好国家。国君的言语行动对整个国家有很大的影响。国君尊重老人，孝顺之风便会在百姓中兴起；国君尊敬长辈，敬长之风便会在百姓中流行；国君怜恤救济孤儿，助人之风便会在百姓中传递。所以，"人君能俭，则百官化之，庶民化之"②。如果国君勤于政务，俭于消费，勤俭之风便会在百姓中兴盛。"王者知俭则天下富。"③国君的勤俭不是国君一人之事，它影响着百官能否勤俭，影响着百姓能否勤俭，关系着整个国家的兴衰荣辱。国君勤俭，意味着官员勤俭，带动着百姓勤俭，最后带给整个国家勤俭的良好风气和丰富的社会财富。若国君不勤俭，百官便会失去勤俭的行为参照系，助长其懒惰奢靡之气，百姓的骄逸之风也会增长。宋代大文学家欧阳修曾对五代时后唐庄宗得天下又失天下的历史发出感慨："忧劳可以兴国，逸豫可以忘身，自然之理也。"④这对历代统治者来讲都是警世良言。艰苦奋斗、励精图治、忧虑劳苦才能振兴国家，不思进取、贪图安逸、奢侈淫荡只会导致国破家亡。唐太宗对其子孙曾有肺腑之言："朕每一食，便念稼穑之艰难；每一衣，则思纺绩之辛苦"⑤。纵观后唐

① 杨天宇：《礼记译注》（下），上海古籍出版社2004年版，第807页。
② （明末清初）唐甄：《潜书》，中华书局1963年版，第107页。
③ （五代）谭峭：《化书》，中华书局1996年版，第64页。
④ （北宋）欧阳修：《新五代史》（卷1—74），吉林人民出版社1995年版，第223页。
⑤ （唐）吴兢：《贞观政要》，中州古籍出版社2008年版，第170页。

庄宗的身破国亡和唐太宗的贞观之治，足以见国君的勤俭在国家治理中的重要性，所以为政者必须“居安思危，戒奢以俭”①，勤于政务，力行节俭。

为官者勤俭可以助清廉政治风气。“仕官之法，清廉为最。”②步入仕途，为一方官员，掌一方民生，最重要的是要有兢兢业业、清正廉洁的德行，要把国事、民事放在首要位置，急国所急，想民所想，廉勤为本，造福一方。勤俭生活作风可以培养官员廉勤的工作作风。勤劳的官员每日忙于了解民生疾苦，自是对百姓的酸甜苦辣非常熟悉，故能勤于事务，为民众排忧解难；节俭的官员不索求奢侈的生活，没有过多私心杂念，故能不贪不占，心系百姓。孟子讲：“可以取，可以无取，取伤廉”③，清代张廷玉也讲：“为官第一要‘廉’。养廉之道，莫如能忍。”④廉，简言之就是不贪。不贪的品格从哪里来？勤俭。勤劳则知劳动成果来之不易，才会节约用度，不肆意浪费。在消费上的节俭会使人逐渐形成克制自身欲望的能力，不去奢望过多财富。不奢望过多财富，就能在“可以取”和“可以无取”间做出正确选择，就不会占有属于别人的东西，就不会贪，就能做到廉。如果做不到节俭，官员的廉洁就无从谈起。奢则必贪。奢侈必然需要大量的财货供人消费，大量的财货从何而来？一靠官员收入，二靠贪占百姓财货。官员的微薄收入往往不能满足其奢侈生活的要求，贪占百姓财货就成了官员奢侈的重要物质来源。官员的贪婪在中国历史上甚是为人所不齿。包拯用“贼”字表示对贪官的愤怒，“臣闻廉者，民之表也；贪者，民之贼也。”⑤古人有流传至今表达

---

① （唐）吴兢：《贞观政要》，中州古籍出版社2008年版，第22页。

② 陆林：《中华家训大观》，安徽人民出版社1994年版，第304页。

③ 杨伯峻：《孟子译注》，中华书局1960年版，第178页。

④ （清）张英、（清）张廷玉：《父子宰相家训》，安徽大学出版社1999年版，第108页。

⑤ 陈友冰等：《国策论辩》，安徽人民出版社2000年版，第448页。

对勤俭与廉洁官德关系的名言,如“勤能补拙,俭以养廉”[①],“惟淡可以从俭,惟俭可以养廉。”[②]这些言语是对勤俭美德的歌颂,也是对官员廉洁美德的褒扬,更是对历代官员廉洁行为的期盼。

举国勤俭可以使国家富裕。“富国由崇俭”[③]。国家的富裕离不开上至君王、下至百姓勤俭风气的形成。君王勤俭、官员勤俭、百姓勤俭,就能积累大量的社会财富,就能使国家富裕。虽然历史上有“藏富于民”还是“藏富于国”的争论,但这丝毫不影响勤俭能使国家富裕的现实意义,区别只在于财富的归属问题。国家由民众组成,民众的生活富裕是国家治理得当的基本表现,民众的富裕意味着国家的富裕和兴盛。所以不管是“藏富于民”,还是“藏富于国”,都意味着勤俭能使国家富裕。“生财有大道,生之者众,食之者寡,为之者疾,用之者舒,则财恒足矣。”[④]生产财富的人众多,且勤于劳动,消费时又俭省节约,则国家的财富会经常保持充足。统治者以身作则,勤俭行事,百姓就能勤俭节约,百姓的生活就会日渐富裕,国家富强就有了坚实的基础。“百姓足,君孰与不足？百姓不足,君孰与足？”[⑤]百姓的勤俭和百姓的富足紧紧联系在一起,百姓的富足和国家富足紧紧相连。一国之内,上行下效,都能厉行勤俭,国家就会富足。

(二)节俭是孝顺美德的内在品质

节俭作为一种美德,不仅与勤劳紧紧相连,还是孝顺美德的内在要

① (清)金缨:《格言联璧》,延边大学出版社2003年版,第182页。
② 刘大杰编:《明人小品集》,北新书局民国23年版,第98页。
③ (清)王文浩辑注:《苏轼诗集》,中华书局1982年版,第1933页。
④ 杨天宇:《礼记译注》(下),上海古籍出版社2004年版,第808页。
⑤ 杨伯峻:《论语译注》,中华书局2006年版,第142页。

求。子女和父母关系中涉及最多的字眼是“孝”。百善孝为先,孝顺是中国传统文化中非常重要的德目。《尔雅》对孝做出解释:“善父母为孝”①。善事父母,即好好侍奉父母。善事父母有两个基本的内容:一是养亲,二是敬亲。养亲,即供养父母;敬亲,即尊敬父母。曾子把养亲的具体做法表述得直截了当:“以其饮食忠养之”②。能满足父母的衣食之需就做到了孝,虽然是最低层次的孝,但也是孝最基础的内容。曾子也谈到了敬亲:“乐其心,不违其志”③,使父母心情愉快,不违背父母的意愿。

不管是养亲还是敬亲,都与节俭有着千丝万缕的联系。供养父母生计所需,离不开子女春耕夏耘秋收冬藏的辛勤劳作,离不开子女勤俭节约的生活品德。子女必须把消费能力的一部分让渡给父母,或者说,子女必须节制自己的消费,来供养父母生活所需。人生在世,除了物质需求外,还有精神需求。子女对父母的孝,还表现为能克制自己的需求和情绪,顺从父母意愿,常使父母感受到子女对自己的敬爱,从而保持精神愉悦的状态。所以,谨身节用,约束自己,节俭用度,是孝养父母的内在要求,节俭是孝顺美德的内在品质。节俭,为人子对父母尽孝奠定了物质基础和精神基础。为了供养父母,节俭之人缩衣简食;为了敬养父母,节俭之人处事谨顺。

1. 谨身节用,孝养父母之基

父母年老体衰,逐渐失去劳动能力,照顾老人的生活是子女应尽的义务。照顾老人生活中,最基本的一条就是要满足父母的衣食之需。这个要求看似简单,但在生产力水平较低的条件下,也是很难做到的。

---

① (晋)郭璞:《尔雅注疏》,山东画报出版社2004年版,第98页。
② 杨天宇:《礼记译注》(上),上海古籍出版社2004年版,第347页。
③ 杨天宇:《礼记译注》(上),上海古籍出版社2004年版,第347页。

古人往往通过节俭自己的方式为父母提供衣食之需，贫困的家庭或灾荒饥馑之年尤其如此。《孝经·庶人章》曰："用天之道，分地之利，谨身节用，以养父母，此庶人之孝也。"①普通人的孝，体现为据天时地利耕耘收获，修身饬行，节约用度，来供养父母。孟子曾提出五"不孝"，这五"不孝"中前三种情况都与为人子不能节俭尽孝有关。这三种情况是："惰其四支，不顾父母之养，一不孝也；博弈好饮酒，不顾父母之养，二不孝也；好货财，私妻子，不顾父母之养，三不孝也。"②懒于生产，喜好下棋饮酒，贪恋钱财，都不能孝顺供养父母。懒于生产，自不知稼穑艰难，便不会节俭，若苦于生计不得不节俭，也会因无创造财富之源而不足以养父母；喜好下棋饮酒，不会节俭度日，也难以提供父母生计之需；贪恋钱财，不愿意把钱物花费在父母生活上，节俭过度成了吝啬，父母生计同样无着。这些行为与中华民族传统的孝德背道而驰，受到世人诟病。

在传递俭和孝这两种美德的历史长河中，人们多是用正面例子从正面引导世人的行为。中国历史上，有很多子女通过辛苦劳作、谨身节用，千方百计供给父母充足的衣食、孝养父母的例子。汉代茅容留客郭林宗住宿，"旦日，容杀鸡为馔，林宗谓为己设，既而以供其母，自以草蔬与客同饭。"③郭林宗以为茅容要款待自己，但吃饭时茅容却把菜蔬端上来和客人共食，而把鸡肉单独给母亲吃。茅容把好的饮食给母亲，而自己却情愿进食蔬菜。这是茅容精打细算过日子的节俭表现，也是茅容节俭自己、供养母亲的孝行表现。郭林宗很是为茅容的行为感动，"林宗起拜之曰：'卿贤乎哉！'"④南北朝时期的徐孝克因天灾人祸拿

① 黄得时：《孝经今注今译》，（台湾）商务印书馆1972年版，第10页。
② 杨伯峻：《孟子译注》，中华书局1960年版，第184页。
③ （南朝宋）范晔：《后汉书》，团结出版社1996年版，第639页。
④ （南朝宋）范晔：《后汉书》，团结出版社1996年版，第639页。

不出粥饭赡养母亲，被迫卖妻，得来的钱物都用于供养母亲。后又出家，常拿乞讨的食物给母亲补充给养，“兼乞食以充给焉。”[①]还俗后，入朝为官，常将陪侍宴席上的珍果拿回家给母亲吃。高宗知道详情后，嗟叹良久，并命令管事人员，以后宴会时，徐孝克桌前的食物让他全部带回给母亲吃。徐孝克卖妻的行为在今天看来可能难以接受，但从中我们可以看出他对母亲的孝顺。那种自己舍不得吃、把东西都省下来给母亲的孝心确实让人感动。清朝时福建泰宁人邓成珠年幼丧父，十四五岁时便外出做长工，因勤快能干，向主人为母亲求得一日一碗饭，每日给母亲送回家。“昧旦送母所，还执佣。母盲不能炊，乃负母依主家傍舍，朝夕为具食。主或以为言，成珠曰：‘成珠自减餐奉母，不敢重累主人也。’”[②]后来母亲眼睛瞎了，邓成珠把母亲带到了身边，日夜伺候。主人感觉供养不起二人吃饭，邓成珠承诺每餐只要一碗饭。他每次都吃一小半，把一大部分留给母亲吃。邓成珠勤劳自俭，只为能赡养母亲。他的勤劳、节俭、孝顺堪称典范。另外，江革行佣供母、郭巨埋儿奉母、蔡顺拾葚异器等故事中都涉及了儿子节衣缩食供养母亲的感人行为，方其明、杨梦益、张长松等人都因节俭自己孝养父母的行为而在历史上留下了自己的名字。这些人尽到了养亲之责，在父母有生之年做到了小孝；他们因勤俭、孝顺行为，使其父母扬名后世，在父母身后做到了大孝。

2. 克己节制，敬养父母之基

父母对子女有生养之恩，子女当对父母尽孝。子女对父母的孝道，除表现为满足父母的衣食需要外，还有更高层次的要求，即尊敬父母，

---

① （唐）李延寿：《南史》（卷 38—80），吉林人民出版社 1995 年版，第 874 页。

② 《二十五史·清史稿》（下），中州古籍出版社 1996 年版，第 2170 页。

敬养父母。“君子生则敬养”①,“居则致其敬,养则致其乐”②,尊敬父母的言行能给父母带来精神上的愉悦。但要做到敬亲,却不是一件容易的事,“养可能也,敬为难。”③

敬养父母的最基本要求是,对父母“和颜色,说言语,敬进退”④。要做到这三者,节俭的品格在其中起重要作用。我们在前面谈到,消费上的节俭会使人逐渐增强对个人言行的控制力。这种控制力,体现在处理与父母的关系时能约束自己的言行,克己节制,“乐其心,不违其志”⑤,顺从父母的意愿,使父母愉悦。当然,这种顺从父母、取悦父母、尊敬父母的行为不应该是子女一时的表面行为,而应该是以子女发自内心对父母的敬爱为基础。“悦亲有道,反身不诚,不悦于亲矣。”⑥如果不是发自内心的真诚感情,长期克制自己的言行,随时做到脸色和顺、言辞谦逊、举止恭敬也是不可能的。与此同时,我们也不能否认,对自己言行的克制在敬养父母方面的重要作用。虽然发自内心感念父母、孝顺父母,但如果不能克制自己的言行,在日常生活中就避免不了和父母的磕磕碰碰,难以真正做到孝。

《论语·为政》中,子夏向孔子请教孝道。孔子回答:“色难。”⑦尽孝,很难做到的是和颜悦色地奉养父母。《荀子·子道》中,子路问孔子:“为什么有的人没日没夜地劳动,用辛苦所得奉养父母,却没有获得孝子的名声。”孔子曰:“意者身不敬与?辞不逊与?色不顺与?”⑧是

---

① 杨天宇:《礼记译注》(下),上海古籍出版社2004年版,第608页。
② 黄得时:《孝经今注今译》,台湾商务印书馆1972年版,第21页。
③ 杨天宇:《礼记译注》(下),上海古籍出版社2004年版,第621页。
④ (东汉)高诱注:《吕氏春秋》,上海古籍出版社1996年版,第207页。
⑤ 杨天宇:《礼记译注》(上),上海古籍出版社2004年版,第347页。
⑥ 杨伯峻:《孟子译注》,中华书局1960年版,第158页。
⑦ 杨伯峻:《论语译注》,中华书局2006年版,第16页。
⑧ 方勇、李波译注:《荀子》,中华书局2011年版,第485—486页。

不是他的举止不恭敬？言辞不谦逊？或者脸色不和顺？如果不能做到举止恭敬、言辞谦逊、脸色和顺，那么即使付出更多的劳动也难以成为孝子。所以克制自己的情绪，做到悦亲，才能敬亲。这应该就是“夙兴夜寐，耕耘树艺，手足胼胝，以养其亲，然而无孝之名”①的原因。

《礼记·坊记》中有语：“父母在，不称老，言孝不言慈。”②春秋时期楚国隐士老莱子“孝养二亲，行年七十，婴儿自娱，著五色采衣。尝取浆上堂，跌仆，因卧地为小儿啼”③。七十多岁的老莱子为了使父母过得开心快乐，经常想着法子让父母高兴。他穿着五彩斑斓的衣服，像婴儿一样玩耍，摔倒后像小孩一样啼哭，其情其状让人想来亦是非常感人的。

《晋书》载：“延事亲色养”④，“尹少履清苦，事亲色养，历职内外，公廉无私”⑤，《世说新语·德行》载：“王长豫为人谨顺，事亲尽色养之孝”⑥。色养，和颜悦色承顺父母。人总是有一定情绪的，随时都能和颜悦色对待父母，全在乎对个人情绪的克制。在中华传统家训中大多都提到，子女要早睡早起，梳洗整洁，向父母长辈请安；进餐时，父母动筷，子女才能开始吃饭；在父母面前不能大声说话；父母不让进不能进、父母不让离开不能离开、父母不让说话不能说话。这些行为一直被作为子女的基本行为规范，所以历史典籍中并没有敬亲的专门人物或事迹记录。但我们从这些家训中依然可以感受到：要做到这些，需要为人子者有很好的自我约束能力。自我约束能力的形成，得益于个体平日生活中节制自己的欲望、节约用度的节俭精神。

① 方勇、李波译注：《荀子》，中华书局2011年版，第485页。
② 杨天宇：《礼记译注》（下），上海古籍出版社2004年版，第681页。
③ （唐）欧阳询：《艺文类聚》（下），中华书局1965年版，第369页。
④ （唐）房玄龄等：《晋书》，吉林人民出版社1995年版，第1381页。
⑤ （唐）房玄龄等：《晋书》，吉林人民出版社1995年版，第821页。
⑥ （南朝宋）刘义庆：《世说新语》，浙江古籍出版社1998年版，第11页。

(三)节俭是惜物美德的具体表现

《诗经》中“敦彼行苇,牛羊勿践履。方苞方体,维叶泥泥”①,描绘了一幅芦苇枝叶繁茂的亮丽风光,更展现了古人热爱大自然的真挚情感。芦苇正值成长繁盛期,不能让牛羊采食践踏,破坏芦苇的正常生长。爱物惜物是中华民族的一贯传统。中华儿女爱物惜物,是对自身生存境遇的正确认知。这种认知引导人们逐步认识人与自然的关系,并努力实现人与自然的和谐相处。

人们在认识自然界的过程中,逐渐明白:大自然能提供给人类的物质资源是有限的,而且这有限资源的提供也是有前提的。这个前提就是人类能善待自然,顺应自然规律办事,对大自然不强取豪夺。要做到这些,人们必须控制自己的行为,在合适的时间配合自然界的变化进行生产;必须克制自己的欲望,不在不合适的时节向自然界提出消费的要求。节俭的品格能很好地满足这两方面的要求。节俭的人,是勤劳的人,能依四季变化春种、夏耘、秋收、冬藏,发展生产,最大限度地利用自然界为人的生存和发展服务,维护生态和谐和人的和谐。节俭的人,是不奢侈的人,不会挥霍浪费粮食、财物,不会无节制地向自然界索取,努力不去破坏生态和谐和人的和谐。

在努力发展生产的基础上,有节制地使用和消耗消费品,取用有节,能很好地表现人们的爱物惜物情怀,是爱物惜物的具体体现。节俭的人和自然界的相处,能既发展生产又取用有节,既注重外在生产力的发展,又注重自然界的保护,是中华民族惜物美德的完美诠释。人们因

---

① 姚小鸥:《诗经译注》(下册),当代世界出版社 2008 年版,第 502 页。

爱物惜物而节俭,因节俭而真正做到了爱物惜物。节俭是人们爱物惜物美德的具体表现。

1. 取物有时,惜物之魂

节俭的人不是简单的少吃少用,而是能从人类社会发展的长远着眼,按照自然界的规律发展生产,取物有时。这既能推动生产力的不断发展,又能促进人与自然的和谐相处,是爱物惜物的力量之源,是中华民族惜物美德之魂。

大自然孕育万物生长。万事万物皆按照自然界的规律存在和发展。按照自然界万事万物生长的规律,在合适的时间进行相应的劳动,才能获得丰硕的劳动成果。只有按照规律办事,大自然才能不断汲取物质变换的力量,人类也才能获得足够的物质资源。如果不按照规律办事,违背动植物生长的时间进行生产,大自然就会给人类以严厉的惩罚。所以,发展农业生产,必须根据时令进行。人们必须节制自己的欲望,不随性消费,按照动植物的生长规律创造条件促成其孕育。按照自然界的规律进行生产,一则能充分利用自然界的有利条件促进动植物生长,推动生态平衡;二则能为人类创造丰富的物质资源,满足人的生活需要。

传统农业生产中,农时有着非常重要的地位。农时,指适合农作物耕作、收获的时间。按照农作物适宜的时间进行播种、耕耘、收获,就会有吃不完的粮食,"不违农时,谷不可胜食也"①。不按照适宜的时间进行播种、耕耘、收获,粮食的生产就无法进行,"非天时,虽十尧不能冬生一穗"②。"得天时,则不务而自生"③,在适宜的时间进行播种,农作

① 杨伯峻:《孟子译注》,中华书局1960年版,第5页。
② 高华平、王齐洲、张三夕译注:《韩非子》,中华书局2010年版,第309页。
③ 高华平、王齐洲、张三夕译注:《韩非子》,中华书局2010年版,第309页。

物会在充足的阳光、适宜的温度和湿度下自然成长。“顺天时，量地利，则用力少而成功多。任情返道，劳而无获。”①顺应了自然界的规律进行的农业生产，虽然出力少，但能收获大量的农产品。不顺应自然规律，任由个人性情和消费欲望驱使进行农业生产，虽然付出了大量劳动，但却不会有任何收获。

《庄子·在宥》中提到黄帝曾向广成子请教：“吾欲取天地之精，以佐五谷，以养民人。吾又欲官阴阳以遂群生，为之奈何?”②黄帝想获得天地的精华，帮助五谷的成长，又想主宰阴阳，让众多生命遂心生长。他的想法把人的欲望强加于自然界之上，违背了自然界发展的规律，故受到了广成子的批评，“自而治天下，云气不待族而雨，草木不待黄而落，日月之光益以荒矣”③。

《吕氏春秋·孟春纪》中对不符合自然规律的行为造成的严重后果进行了描述：“孟春行夏令，则风雨不时，草木早槁，国乃有恐。行秋令，则民大疫，急风暴雨数至，藜莠蓬蒿并兴。行冬令，则水潦为败，霜雪大挚，首种不入。”④当政者根据自己的主观意志，在孟春时节发布本应在夏天、秋天、冬天发布的政令，自然界就会给人类以沉重的回击。《吕氏春秋》有多处提到违背自然规律给人们带来的灾难，意在提醒人们必须按照自然规律进行农业生产。按照自然规律进行农业生产，农作物的产量就会不断增多，就能不断满足人们生存和发展的需要，“夫天地之生万物也，固有馀足以食人矣；麻葛、茧丝、鸟兽之羽毛齿革也，固有馀足以衣人矣。”⑤

① （北魏）贾思勰：《齐民要术》，团结出版社1996年版，第15页。
② （西晋）郭象：《庄子注疏》，中华书局2011年版，第207页。
③ （西晋）郭象：《庄子注疏》，中华书局2011年版，第207页。
④ （东汉）高诱注：《吕氏春秋》，上海古籍出版社1996年版，第13页。
⑤ 方勇、李波译注：《荀子》，中华书局2011年版，第147页。

自然界万事万物都有其生长周期。根据不同的节气，对允许捕杀、伐木和禁止捕杀、伐木做出相关的规定，以时禁发，是中国传统文化的一个重要内容。在植物的生长期进行踩踏、收割等行为会阻止植物的生长，在动物的生长发育期进行捕捞、狩猎等行为会影响动物的顺利生长和繁衍后代。这些都会导致自然界难以保证提供给人们充足的生活资料。以时禁发，一是为了保护自然资源，二是为了人类自身的生存。以时禁发，保护动植物的孕育繁殖，能促进自然资源的正常循环，能为人类提供充足的生活资料来源。

以时禁发的依据，一是自然界的规律，二是动植物自身生长的规律。自然界有春夏秋冬四季，禁止人们在能促进动植物生长的最佳时期对动植物进行收割、狩猎等行为，就能使动植物得到充分生长。动植物的生长有孕育、成长、成熟等生长周期，禁止人们在动植物孕育和成长的时期进行收割、狩猎等行为，动植物的充分生长就能得到保证。以时禁发是古人在对自然界生长规律和周期形成明确认识的基础上提出的，是对人们为了满足消费需要采取的行为的一种控制。

以时禁发主要针对树木、鱼类和飞禽走兽等。针对树木的言论在《孟子》《管子》《逸周书》《礼记》中都能看到。“工尹伐材用，毋于三时”①，砍伐树木不能在树木成长的春夏秋三季进行。“山林虽广，草木虽美，禁发必有时”②，虽然山林广阔，草木生长旺盛，但砍伐一定要选择合适的时间。“山林非时不升斤斧，以成草木之长”③，不到合适的时间不要对树木进行砍伐，要让它们茁壮成长。“草木零落然后入山林”④，

---

① 孙波：《管子：注释本》，华夏出版社2000年版，第166页。
② 孙波：《管子：注释本》，华夏出版社2000年版，第80页。
③ 黄怀信、张懋镕、田旭东：《逸周书汇校集注》（上册），上海古籍出版社2007年版，第239页。
④ 杨天宇：《礼记译注》（上），上海古籍出版社2004年版，第149页。

“草木未落，斤斧不得入山林”①，花草树木飘落凋零的时候，才能进山林砍伐树木，草木未凋零，禁止进山砍伐。“斧斤以时入山林，材木不可胜用也。”②只有按照树木生长、采伐的时节进行劳作，才会有足够用的木材。

针对鱼类的言论也很多。“鼋鼍、鱼鳖、鳅鳣孕别之时，罔罟毒药不入泽，不夭其生，不绝其长也”③，鼋鼍、鱼鳖、鳅鳣等水中生物孕育繁殖之时，不能撒网捕捞，不能用药捕捉，不能破坏它们的生长。“川泽非时不入网罟，以成鱼鳖之长”④，不到合适的时间不能下网捕鱼，以使鱼类能顺利成长。这个合适的时间古人多以“獭祭鱼”的时间确定。“獭祭鱼，然后虞人入泽梁”⑤，“獭未祭鱼，网罟不得入于水”⑥，獭祭鱼后，人们才能捕捞鱼类，否则不行。“汙池、渊沼、川泽谨其时禁，故鱼鳖优多而百姓有余用也”，只有做到了以时禁发，鱼类才会越多越好，百姓才能有充足的鱼类供应。

针对飞禽走兽的言论也不少。“禽兽以时杀焉”⑦，飞禽走兽到合适的时间才可以猎杀。这个合适的时间，兽类以“豺祭兽”的时间确定。“豺祭兽，然后田猎”⑧，“豺未祭兽，罝罦不得布于野”⑨，豺祭兽后，人们才可以捕捉野兽；豺未祭兽，不可以设网捕杀野兽。对于禽类来讲，“鸠化为鹰，然后设罻罗”⑩，“鹰隼未挚，罗网不得张于溪谷”⑪，

① （西汉）刘安：《淮南子》，中州古籍出版社2010年版，第154页。
② 杨伯峻：《孟子译注》，中华书局1960年版，第5页。
③ 方勇、李波译注：《荀子》，中华书局2011年版，第128页。
④ 黄怀信、张懋镕、田旭东：《逸周书汇校集注》（上册），上海古籍出版社2007年版，第239页。
⑤ 杨天宇：《礼记译注》（上），上海古籍出版社2004年版，第149页。
⑥ （西汉）刘安：《淮南子》，中州古籍出版社2010年版，第154页。
⑦ 杨天宇：《礼记译注》（下），上海古籍出版社2004年版，第622页。
⑧ 杨天宇：《礼记译注》（上），上海古籍出版社2004年版，第149页。
⑨ （西汉）刘安：《淮南子》，中州古籍出版社2010年版，第154页。
⑩ 杨天宇：《礼记译注》（上），上海古籍出版社2004年版，第149页。
⑪ （西汉）刘安：《淮南子》，中州古籍出版社2010年版，第154页。

只有禽类长到成熟凶猛时，才可捕捉。

以时禁发，保证自然界生命体获得生长、繁育的时机和条件，自然界才能为人类提供源源不断的消费资源。不以时禁发，自然界生命体不能获得有利的生长、繁育条件，生物圈的生态链被破坏，人类会失去生存保障。这带给人类的灾难是难以想象的。所以，人们节俭，根据自然界的规律克制自己的消费要求，不盲目向自然界索取，很大程度上维护了自然界的生态平衡和人类的生存发展。

2. 取用有节，惜物之要

人生命的延续是一个漫长的过程。人的寿命有长有短，但不管是寿命长的人还是寿命短的人，满足他的生存都需要不断地生产出新的消费品维持其生命机体。不断地生产，意指不是一个劳动过程就能满足人的终身消费需要，必须通过周而复始、循环往复的生产、消费、再生产、再消费的过程才能满足。从整个人类来讲，一代又一代的人都生活在共同的地球上，必须依靠大自然不断地提供资源维持人类的存在。不断地提供资源，意指不是一次性提供资源就能维持人类的长期存在，必须依靠自然界不断地再生出资源才能维持。所以，试图一次或者短时间内耗尽自然资源的行为是极端错误的。这种行为剥夺了自然资源生长和喘息的机会，剥夺了自然界再生产资源的权利，也剥夺了人类生存的权利。一次或者短时间内耗尽自然资源的行为，使自然界为人类提供的资源失去了后继补充。人类失去了相应的资源支持，便会在日益匮乏中走向衰亡，最终消失。人不能随心所欲地向自然界索取，而应该约束、限制、克制自己对消费品的欲望，在自然界允许的范围内进行消费。不随心随欲地向自然界索取，取物有度，用物有节，是中华民族惜物美德的基本表现，也是人们惜物行为的关键点。

取物有度。“地力之生物有大数”①,自然界能提供给人们的资源是有限的,人类对自然界的索取不能恣意妄为,不能仅从一时一事出发贪图享受,必须要有节制。人只有节制自己的消费欲望,根据自然界规律做事,爱惜万事万物,给自然界以充分发展的自由,自然界才能为人类提供享用不尽的资源。如果不节制自己的消费欲望,竭泽而渔,杀鸡取卵,虽然能满足一时的享受,但无法获得长久的生存保障。人类必须认识自然界发展的规律,认清事物发展的限度,向自然界的索取不突破限度,才能在人与自然的和谐相处中为人类生存谋得权益。取物有度的“度”指两个方面:一是质的方面,一是量的方面。质的方面指资源是否成熟,只有成熟了的资源才可以作为消费对象。量的方面指资源的数量,从自然界索取资源的数量不能超过该种资源存在的总量,要小于或大大小于总量。

财富的源泉来自两个方面的结合:一是自然界,二是劳动。人们通过劳动从自然界获取财富。但勤劳的人们并不能贪婪地向自然界索取,“竭泽而渔,岂不获得?而明年无鱼。焚薮而田,岂不获得?而明年无兽。”②把水抽干了捕鱼,肯定会有收获,但没有了水,明年也就再捕捞不到鱼了;烧毁树林打猎,肯定会有收获,但没有了兽类生存的树林,明年也就再捕捉不到兽了。不能因为贪图眼前的利益,而失去了长远的发展。所以不能毁坏动植物生存的环境,不能一次性用尽自然资源。

《孟子·梁惠王上》中说:“数罟不入洿池,鱼鳖不可胜食也”③,不用很细密的渔网捕鱼,水中幼年鱼鳖类能存活下来,并不断成长,就会

① 黄进、郭豫庆:《名臣奏表八十八篇》(上册),华艺出版社1992年版,第367页。

② (东汉)高诱注:《吕氏春秋》,上海古籍出版社1996年版,第219页。

③ 杨伯峻:《孟子译注》,中华书局1960年版,第5页。

有吃不完的鱼鳖。如果用细密的渔网捕鱼，幼小的鱼也被捕捉殆尽，那么鱼的繁殖就没有了条件，人们也就再没有机会把鱼作为消费品。中国历史上，贤明的君王往往会在所管辖范围内下令“畋不掩群，不取麛夭，不涸泽而渔，不焚林而猎”[①]，要求人们打猎时不把兽群一网打尽，不捕捉幼兽，不把水抽干了捕鱼，不焚烧树林打猎；规定“孕育不得杀，鷇卵不得探。鱼不长尺不得取，彘不期年不得食”[②]，怀孕哺乳的牲畜不能杀，幼鸟和鸟卵不能掏取，鱼没长到一尺不能捕捞，猪没长够一年不能宰杀。人们必须对自己的消费要求进行限制，不要把消费目标定位在幼小的动植物上，而一定要等动植物成长成熟之后才进行收割捕杀。

用物有节。消费，归根到底是对自然资源的消耗。生活不节俭，用物不节制，最终都是对自然资源的浪费。自然资源是有限的，自然资源再生的能力也是有限的，所以必须用物有节。用物有节，自然资源的耗费相对较小，同等数量的自然资源就能服务于更多的人，让更多的人享受自然界提供的消费。用物有节，对作为消费主体的人提出了一定的要求。人必须有自制力，能对自身的消费行为进行控制；人必须有恒心，能长期地坚持用物有节；人必须敬物爱物，珍惜自然资源和劳动产品。“生物之丰败由天，用物之多少由人。”[③]资源的多寡受自然条件的制约，但用物多少的主动权却全在人。用最少的资源消耗获得最大的生活享受，是人处理人与自然关系、维持人与自然和谐共存的最佳状态。要达到这一最佳状态，人必须“不得从事奢侈，暴殄天物。”[④]任何一种奢侈的行为，都是对自然资源的糟蹋损害。“宫室奢侈，林木之蠹

① （西汉）刘安：《淮南子》，中州古籍出版社2010年版，第154页。
② （西汉）刘安：《淮南子》，中州古籍出版社2010年版，第154页。
③ 黄进、郭豫庆：《名臣奏表八十八篇》（上册），华艺出版社1992年版，第367页。
④ （清）蒋伊：《蒋氏家训》，中华书局1985年版，第1页。

也。……衣服靡丽，布帛之蠹也。狗马食人之食，五谷之蠹也。口腹从恣，鱼肉之蠹也。”①宫室奢侈豪华，是对树木森林的暴殄；衣服奢华靡丽，是对布匹丝绸的暴殄；狗和马吃人的粮食，是对五谷的暴殄；任由口腹之欲，是对鱼肉的暴殄。这些奢侈浪费行为都会给自然界带来沉重的负担。所以，为了实现人与自然的和谐相处，人们必须节俭，而且必须长期节俭。“当每事以节俭为意，则积久累日，国用自饶。”②中华民族重视节俭在维持人与自然关系中的重要作用，强调只有时时事事都能做到节俭，自然资源才能不断再生，社会财富才能不断得以积累，人和自然才能融洽相处。

（四）节俭提升助人美德的道德境界

节俭作为一种美德，不仅在于它与勤劳、孝顺、惜物等美德紧紧相连，还在于节俭的人能把节省下来的财物用在有价值的用途上。为了赈济灾祸饥馑之人，节俭之人简衣素食；为了周济日常生活困难之人，节俭之人勤俭节约。济困助危是儒家“仁爱”精神的一种具体体现。子贡曾向孔子请教：“如有博施于民而能济众，何如？可谓仁乎？”③如果有一个人乐善好施，广济百姓，是不是就达到仁了？孔子答曰：“何事于仁，必也圣乎！”④在孔子看来，广施博爱，使民受惠的人不仅做到了仁，甚至可以称之为圣。可见，济困助危的人在孔子那里有着很高的地位。仁者爱人，仁爱的人是爱人的人，是内心充满爱意的人。若能广施于人，就能帮助别人渡过难关，也能使自己得到别人的尊敬。生活节

---

① （西汉）桓宽：《盐铁论》，上海人民出版社 1974 年版，第 71 页。
② 耿相新、康华：《二十五史·宋史》（下），中州古籍出版社 1996 年版，第 1582 页。
③ 杨伯峻：《论语译注》，中华书局 2006 年版，第 72 页。
④ 杨伯峻：《论语译注》，中华书局 2006 年版，第 72 页。

俭的人乐善好施更值得称道。

《颜氏家训》曾对“俭”和“吝”进行了明确的区分。这个区分不是以“度”为基本衡量标准，而是以能不能济困助危为标准。“俭者，省约为礼之谓也；吝者，穷急不恤之谓也。”[①]按照礼的要求节约俭省是节俭，但若遇到贫困危难之人不愿施以援手，这种俭就成了吝啬。只有那些既能做到节俭又乐善好施的人，“俭而不吝”[②]，才能称得上高尚的人。节俭自己，扶危济困，一方面是对自己消费欲望的节制，另一方面是对别人困苦生活的援助。这种行为，使中华民族世代相承的助人美德进入了一个更高的境界。从中国历史来看，对穷困急难的人进行帮助，大致可以归为两类：一类是灾祸饥馑时对人的救济，另一类是平日对人的周济。

1. 俭以赈民，助人境界之阶

中国传统社会是一个农耕社会，生产劳动过度依赖自然条件。人们靠天吃饭，赖地穿衣。如果自然条件不好，例如大旱、大涝，都会导致农业歉收，人们吃穿就成为大问题。家境稍微富裕些的家庭，因有以往的积蓄，尚能暂时保证衣食。家境本就贫困的家庭，无疑是雪上加霜，衣食不保。另，在封建社会，由于人祸，比如为夺取政权进行的战争，往往会使人们无心或无力进行农业生产，导致灾荒饥馑。长时间内衣食问题不能解决，直接导致的结果是饿死、冻死的凄惨状况。“饥民以赈。”[③]一些人乐善好施、济困恤民的行为在很大程度上减少了惨况的发生。这些人的助人行为也为后人做出了榜样，使中华民族的助人美德有了更深刻的道德意蕴。

---

① （南北朝）颜之推：《颜氏家训》，中国文史出版社 2003 年版，第 36 页。

② （南北朝）颜之推：《颜氏家训》，中国文史出版社 2003 年版，第 36 页。

③ （西汉）桓宽：《盐铁论》，上海人民出版社 1974 年版，第 4 页。

在《三字经》中以“香九龄，能温席”而为世人熟知的东汉人黄香，不仅仅孝顺父母，而且在他成人为官后，能时时体恤百姓疾苦，爱护百姓。黄香任魏军太守时，有一年水患严重，农业生产受到影响，百姓生计困难。他“分俸禄及所得赏赐班赡贫者”[①]，把自己的俸禄和皇家给的赏赐都用来赈济灾民。当地家境富裕的人家为其行为感动，“各出义谷”[②]，都纷纷拿出谷物救济灾民。黄香以其一人的善行带动了大家的善行，以榜样的力量救助了在生死边缘挣扎的人们，不愧“天下无双，江夏黄香”的民意。

康熙十一二年间，齐鲁之地大闹灾荒，谷价飞涨，饿死之人比比皆是，“白骨相望于道。”[③]沾化人吴璟把自己经营的谷物按照收进时的价格进行贱卖。他还根据家中人口进行计算，给每人只留下仅够做稀饭的粮食，其余全部煮熟了用于救济灾民，“斥其羡，煮糜以济众”。[④]

萧统，南朝梁武帝萧衍之子，平素用物非常简朴，穿衣饮食也非常简陋，“服御朴素，身衣浣衣，膳不兼肉。”[⑤]有一年因大军北侵，京城的米价大涨。萧统命太子宫中人员全部菲衣减膳。而且，每逢阴雨绵绵或下大雪时，他就派自己的心腹在街上巡查，看到贫困人家和流落街头的人，就对他们施米救济，“以米密加振赐，人十石。”[⑥]萧统虽身份特殊，但我们从他的行为中依然可以看到美德的力量。

2. 俭以济困，助人境界之梯

子曰：“善人，吾不得而见之矣；得见有恒者，斯可矣。”[⑦]做一件好

① （南朝宋）范晔：《后汉书》，团结出版社 1996 年版，第 762 页。
② （南朝宋）范晔：《后汉书》，团结出版社 1996 年版，第 762 页。
③ 罗国杰：《中国传统道德·德行卷》，中国人民大学出版社 1995 年版，第 638 页。
④ 罗国杰：《中国传统道德·德行卷》，中国人民大学出版社 1995 年版，第 638 页。
⑤ （唐）李延寿：《南史》（卷 38—80），吉林人民出版社 1995 年版，第 744 页。
⑥ （唐）李延寿：《南史》（卷 38—80），吉林人民出版社 1995 年版，第 745 页。
⑦ 杨伯峻：《论语译注》，中华书局 2006 年版，第 83 页。

事不难,难的是一辈子做好事。一日行善易,终身行善难。终身行善,难就难在坚持。能经常想到穷困之人的痛楚,不时地伸出援手帮助别人,并把这种行为延续一生确实是一件不容易的事。况且还要在节俭自己的前提下来做这件事,更显不易。日常生活中节俭自己,并坚持帮助他人的行为,赋予了中华民族的助人美德更丰富的道德内涵。

中国人历来有“内修圣人之道,外施王者之政”的道德境界,俭以济困从一定程度上讲实现了“内圣”和“外王”的统一。内圣强调修身养性,提高人的品德修养;外王不单就安邦治国的为政行为而言,也用于指惠及于民、在精神上引领人们的道德行为。节俭对个人私欲进行控制,所以能成就诸如勤劳、孝顺、爱人、谦逊等诸多美德,提高个人修养,渐趋“内圣”;扶危济困以节俭为前提,“修己以安百姓”①,在别人困难时尽心相助,获得世人的敬重和景仰,渐趋“外王”。助人为乐,是中华民族的传统美德。通过自己生活上的节俭,尽可能地创造条件为他人提供帮助的行为,更是受到称颂。“君子贵人而贱己,先人而后己”②,高尚的人总是把别人放在非常重要的位置。为了能够帮助别人,高尚的人可以克制自己或家人的需要,把节省的财物用以周济别人。不管是贫穷还是富有的人,只要心中有他人,能做到俭以济困就是高尚的人。

东汉南阳人樊重,俭在自己,俭在家人,对他人却非常大方。樊重经营有道,积累了大量的财富,但他时时刻刻谨记持家节俭理念,生活非常俭朴。他对需要帮助的人非常慷慨大方,经常救济供养族人,且常博施广济乡人,“资至巨万,而赈赡宗族,恩加乡闾。”③他过世前,“遗令

---

① 杨伯峻:《论语译注》,中华书局2006年版,第179页。
② 杨天宇:《礼记译注》(下),上海古籍出版社2004年版,第678页。
③ (南朝宋)范晔:《后汉书》,团结出版社1996年版,第307页。

焚削文契"①,要求诸子把贷款给乡民的文契全部焚烧。债家知道后很惭愧,争着还债,但樊家诸子依照父亲遗令,没有接受。

辽大臣张俭曾历任同知枢密院事、武定军节度使、南院枢密使、左丞相、太师、中书令等职,受辽圣宗、兴宗器重,却从不骄躁,几十年如一日,勤俭持家,接济乡邻。张俭一件旧袍穿三十年有余,也舍不得换掉,家中生活过得极其清苦,但他经常要从自己的俸禄中拿出一部分,接济亲戚和故旧,"衣唯䌷帛,食不重味,月俸有余,赒给亲旧。"②

清代解世雄,"为人朴鲁俭约,常布衣蔬食"③,本性乐善好施。族人财力不济,不能婚丧嫁娶者,他都会给他们接济。冬天闲来无事时,他常行在乡野间,"视破屋中有鹑衣尘甑者,辄予以布粟"④。随时关注别人的疾苦,希望能为穷困之人奉献一己之力,是解世雄逡巡徘徊在乡野的唯一原因,也是其能得到世人敬重的真正原因。急他人之所急,想他人之所想,这种精神是儒家"仁爱"思想的真实写照,也是中华民族助人为乐美德的具体体现。樊重、张俭、谢世雄,还包括那些历史上能勤俭节约、帮助他人的仁人志士,他们的精神不仅照耀了他们所在的时代,而且为中华民族节俭美德的传承画上了浓墨重彩的一笔。

节俭美德在中华民族几千年的历史进程中之所以能长盛不衰、延续至今,一个重要的原因就是这一美德和勤劳、孝顺、惜物、助人等美德紧密相关,共同支撑中华民族的生存和发展。节俭是建立在辛勤劳作基础上的俭省,是努力提高生活水平基础上的俭省;节俭不是一味地悭吝,是以节俭自己为基础去关爱他人的道德高点;节俭是尊重自然、尊

① (南朝宋)范晔:《后汉书》,团结出版社 1996 年版,第 307 页。
② (元)脱脱等:《辽史》(卷 1—116),吉林人民出版社 1995 年版,第 781 页。
③ 罗国杰:《中国传统道德·德行卷》,中国人民大学出版社 1995 年版,第 639 页。
④ 罗国杰:《中国传统道德·德行卷》,中国人民大学出版社 1995 年版,第 639 页。

重规律、保护环境的生态消费。节俭美德与勤劳、孝顺、惜物、助人等美德相辅相成,共同推进中华民族的发展壮大。

三、节俭在中华民族生存发展中的重要作用

在中华民族漫长的历史发展进程中,人们不断地认识自然、认识人、认识社会,不断地为人的生存和发展创造条件。节俭贯穿于中华民族的整个历史进程,从最初表现为受自然条件限制的无奈选择,逐渐地成为人们内在的自觉行动。人们在实践中逐渐地意识到必须克制自身的消费欲望,才能使有限的物质资源更长久地服务于个人、社会和整个人类。节俭逐渐成为人们的共识,并作为一种美德世代相传。节俭美德使人们在恶劣的自然条件下得以生存,并为社会的进一步发展奠定了丰富的物质基础。一部中华民族的文明史,就是中华儿女自强不息、勤俭节约的奋斗史。节俭在中华民族的生存发展中起着非常重要的作用。

(一)维持社会再生产的顺利进行

生产和消费是人类社会存在的基本实践。一个社会不能停止消费,也不能停止生产。停止了消费,人的生命就不能维持,由多个人组成的社会便不复存在;停止了生产,消费成了无源之水、无本之木,个人和社会的存在便没有了前提。人类的生产是一个生产、消费、生产、消费……连续不断的过程。这种不断反复和经常更新的生产过程,就是再生产。社会再生产是物质资料再生产、劳动力再生产和生产关系再

生产的统一。人们在生产中生产出满足生产和生活需要的物质消费品，人们对物质消费品的消费再生产出劳动能力，同时人们在再生产中又不断结成既定的或新的生产关系。物质资料的生产是人们生存的基本保证，也是人类获得进一步发展的前提。物质资料生产是劳动者运用一定的劳动资料作用于劳动对象使其性状发生变化，以适应人需要的劳动过程。每一次物质资料的生产过程都要消耗掉一定的物质资料，又生产出一定的物质资料。每一次生产出来的物质资料不能全部用于消费，必须拿出一部分用于下一次生产过程，否则再生产就会中断。中华民族历史上统治阶级的节俭为社会的再生产提供了充足的人力，整个社会的节俭为再生产提供了充足的物力。

第一，节俭保证了劳动力的投入。劳动力是劳动者进行生产的能力。劳动者是运用劳动工具作用于劳动对象的人，在生产中的地位非常重要。"一农不耕，民有为之饥者；一女不织，民有为之寒者。"①没有劳动者，劳动过程不能开展，再生产无从谈起。节俭从一定侧面来讲，能有效提供劳动力的投入。这里的节俭主要指统治阶层的节俭。

"节用而爱人，使民以时。"②治理国家必须节省用度，且选择合适的时间使用民力为国家做事。这个合适的时间就是要避开农忙时节，即选择农闲时间。我国工业生产起步较晚，历史上主要以农业生产为主。农业最初指粮食作物的种植，"辟土殖谷曰农"③，后来发展到经济作物的种植，形成种植业。种植业也即狭义上的农业。随着畜牧业、渔业、林业的发展，广义的农业逐渐形成。广义的农业指以土地资源为劳动对象的产业，包括种植业、畜牧业、渔业、林业。种植业利用土地进行

---

① 孙波：《管子：注释本》，华夏出版社2000年版，第423页。

② 杨伯峻：《论语译注》，中华书局2006年版，第5页。

③ （东汉）班固：《汉书》，中华书局2007年版，第157页。

种植，畜牧业利用土地发展畜牧，渔业利用土地上的水域进行养殖，林业利用土地进行培养采伐树木。农业生产的一个明显特征就是它的时节性。错过了合适的耕作时间，再生产无法实现。“勿夺时之本，在于省事；省事之本，在于节欲”[①]。不夺农时，要求人君不能由着自己的本性为所欲为，必须克制自身欲望，避开农忙时节役使农民，使农夫可以按农时生产。如此一来，“自古未有不由斯道而致隆平者。”[②]从再生产角度讲，人君不修亭台楼阁，不造无用之器，不做无用之功，能有效减少农民的服役压力。“宫室苑囿车骑服御无所增益”[③]，“供承猎事，治道葺桥，动费一二万功，实妨农事”[④]，“宫室惟恐过度”[⑤]。人君不增宫室苑囿，不加车骑服御，不供奉猎事，不治道修桥，便不需役使农民；不役使农民，农业生产就能保证足够的劳动力。“去大人之好聚珠玉、鸟兽、犬马”[⑥]，居高位者不贪恋珠玉、鸟兽、犬马等无用之费，就可以使更多的劳动力从事实用的社会物质资料的生产，为再生产提供充裕的劳动者，“来百工则财用足”[⑦]。

《汉书·贡禹传》中贡禹盛赞汉初几位皇帝的节俭，“宫女不过十馀，厩马百馀匹”[⑧]，服侍皇帝的宫女和马夫人数少了，从事农桑耕织的人数就会增多，用于再生产的劳动力就能得到保证。统治阶级的节俭还可以为再生产提供积极的劳动者。劳动者积极性的提高以自身利益得到重视为基础。统治者的横征暴敛把劳动者创造的财富据为己有，

---

① （西汉）刘安：《淮南子》，中州古籍出版社2010年版，第220页。
② （清）毕沅：《续资治通鉴》（第3册），岳麓书社1992年版，第863页。
③ （东汉）班固：《汉书》，中华书局2007年版，第33页。
④ （北宋）司马光：《资治通鉴》（第4卷），当代中国出版社2000年版，第1469页。
⑤ （元）脱脱等：《金史》（卷1—61），吉林人民出版社1995年版，第86页。
⑥ 方勇译注：《墨子》，中华书局2011年版，第181页。
⑦ 杨天宇：《礼记译注》（下），上海古籍出版社2004年版，第702页。
⑧ （东汉）班固：《汉书》，中华书局2007年版，第719页。

劳动者不仅不能体会到辛勤劳动带来的幸福,而且还要将辛苦所得拱手让人,其参与生产的活动掺杂了很多被动与无奈。统治者节俭,就不会横征暴敛,轻徭薄赋带给百姓的是生产的积极性和丰裕的物质生活。人们生产的大部分财货归个人和家庭所有,再生产能给人们生活带来实实在在的好处,人们从事生产的动力就会加大。

第二,节俭保证了生产资料的投入。以种植业为例。种植业中,种粮至关重要。种粮,即用于做种子的粮食。中国很早就形成了粟(小米)黍(黄米)、水稻的种植。不管是粟黍的种植,还是水稻的种植都涉及种粮问题。必须有一部分种粮的存在,才能保证人们可以进行再生产。上一个生产过程生产的粮食如果全部用于消费,就没有可用于下一个生产过程的种子,下一个生产过程就不能进行。种粮的存在保证了再生产的顺利进行。种粮从哪里来?节俭和求生的本能共同作用节制了人们的消费欲望,使他们自觉地节省出一部分粮食形成种粮。诚如《墨子》所言:"凡五谷者,民之所仰也,君之所以为养也。"①粮食生产于民之生计、国之存亡至关重要。基于种粮在粮食生产中的地位,种粮的价值自不必说,节俭的意义便也清晰可见了。对于那些生活困难、无法自己留存种粮的人们,统治者往往以贷种粮的形式扶持农业生产。如《后汉书·和帝纪》载:"贫民有田业而以匮乏不能自农者,贷种粮。"②《后汉书·顺帝纪》载:"二年春二月甲申,诏以吴郡、会稽饥荒,贷人种粮。"③畜牧业、渔业、林业虽然具体情况和种植业相异,但节俭在维持再生产中所起的作用是相同的。

《荀子》曰:"足国之道,节用裕民而善臧其馀。"④国家富足的根本

---

① 方勇译注:《墨子》,中华书局2011年版,第28页。
② (南朝宋)范晔:《后汉书》,团结出版社1996年版,第43页。
③ (南朝宋)范晔:《后汉书》,团结出版社1996年版,第58页。
④ 方勇、李波译注:《荀子》,中华书局2011年版,第140页。

方法是统治者节约用度，把多余的财物藏于民众之中，使民众过上富裕的生活。统治者不奢侈、不浪费、不横征暴敛，人们就有足够的物质资料。节俭的人对物质消费的需求是有限的，他们能把物质资料节省下来用于再生产。每一次扩大再生产都能创造出比上次生产过程更多的物质资料，而人们对物质资料的需要量是相对稳定的，那么每个新的再生产过程就会有更多的物质资料可供用于再生产。“民富则田肥以易，田肥以易则出实百倍。”①人们有动力、有条件，就能开垦出更多肥沃的土地进行再生产，生产出来的物质资料就会更多。这更多的物质资料又为下一个生产过程提供了更有利的条件。劳动者数量的保证和积极性的提高，生产资料的富足和不断增多，使整个社会的再生产不断扩大，形成良性循环，推动社会不断向前发展。

（二）增强人们应对天灾的能力

天灾不可避免。天灾，即自然灾害，指给人类造成危害的自然异变。天灾与人类相随相伴，人类的历史可以说是一部与自然灾害抗争的历史。天灾由地理条件、气候变迁等因素造成，具有不可避免性。我国历史上天灾之多，世间罕有。中华民族的历史是中华儿女不断和天灾抗争的可歌可泣的悲壮史。中华民族历史上遭遇的天灾大致分为两大类：一类是瞬间吞噬人生命的自然灾害，如地震、特大泥石流、海啸等，这类灾害发生突然，人们避之不及；另一类是影响农业生产的自然灾害，如旱灾、涝灾、蝗灾等，这类灾害不直接威胁人的生命，但会造成农业收成不好甚至颗粒无收。对于第一类灾害，人类到目前为止依然

---

①　方勇、李波译注：《荀子》，中华书局2011年版，第140页。

没有有效的预防方法；对于第二类灾害，从夏朝开始就有文字记载人们通过节俭储粮以备饥荒的史实。可以说，节俭储粮是人们应对天灾的经验总结。

节俭是人们应对天灾的经验总结。天灾带给人们最大的威胁是粮食匮乏。没有了食物保证，人的生理机能难以正常运行，人的生命存在就成为奢望。为了维持人的生命存在，最基本的方法就是要保证人们在灾害发生时也能有足够的粮食帮助人们渡过难关。如何做到这一点呢？古人用得最多的方法就是储粮。收成好时把所获粮食的一部分储存起来，以备灾年食用。"小人无兼年之食，遇天饥，妻子非其有也"[①]。这是《逸周书·文传解》中记载的一段话。这段话源自《夏箴》，《夏箴》记载的是夏代谚谣。从这段话中我们可以看出，夏代时人们已有储存粮食应对天灾的做法，只是平民百姓受条件所限，没有"兼年之食"，无法有效地应对天灾。《礼记·王制》中说："三年耕，必有一年之食。九年耕，必有三年之食。"[②]三年耕作应该储备够用一年的余粮，九年耕作应该储备够用三年的余粮。也就是说，不要把当年耕种所得的粮食全部消费掉，而应该储存一部分，以备不时之需。如果能长期坚持勤俭储粮，那么"虽有凶旱水溢，民无菜色"[③]。勤劳生产粮食，节俭储藏粮食，有了足够的粮食储备，即使遇上旱、涝、蝗灾，颗粒无收，也能保证不致饥荒。《墨子·七患篇》告诫人们："仓无备粟，不可以待凶饥"[④]，仓库中没有储存的粮食，就无法应对饥荒。《晋书·潘岳传》曰：

---

① 黄怀信、张懋镕、田旭东：《逸周书汇校集注》（上册），上海古籍出版社 2007 年版，第 245 页。

② 杨天宇：《礼记译注》（上），上海古籍出版社 2004 年版，第 150 页。

③ 杨天宇：《礼记译注》（上），上海古籍出版社 2004 年版，第 150 页。

④ 方勇译注：《墨子》，中华书局 2011 年版，第 31 页。

"图匮于丰，防俭于逸。"[①]人应该居安思危，未雨绸缪，丰收之年要想到物质匮乏的歉收之年，安闲逸乐时要想到贫穷困乏时。《后汉书·肃宗孝章帝纪》："节用储蓄，以备凶灾"[②]，节约俭省、储备粮食的目的在于防备灾害饥荒。宋代欧阳修《汉高祖庙赛雨文》："劝农节用，均丰补败"[③]，鼓励农民勤于耕作，并要注意节约俭省，以便把丰年积蓄的粮食用于歉收之年，使歉年也能有食物供给。中华民族生活在这片广垠的土地上，自然灾害随时都有侵袭而来的可能，节俭备荒是中华民族在认识和改造自然、认识和改造自身的过程中得出的一条基本经验。

节俭增强了人们应对天灾的能力。中国历史上，人们应对天灾的方法很多，有重农、仓储、水利、林垦等预防措施，也有灾难发生后的赈济、调粟、除害、节约等补救手段。这些方法中，仓储、赈济、节约都涉及节俭。仓储，指积蓄谷物备荒。谷物的来源是人们在丰收之年不奢侈浪费节省下来的粮食。周代时曾设"委积"，"县都之委积，以待凶荒。"[④]此处的"委积"是仓库制度的雏形。中国历代大多都曾设各种仓库，如常平仓、社仓、平粜仓、惠民仓等，通过各种方式在丰年时把农人收获的粮食收进，在饥馑之年再通过一定的方式赈济灾民。虽然在历史上，人们对仓储制度的非议颇多，但不可否认的是，各种仓库蓄积的粮食在灾害发生时，对于救济灾民、恢复生产起到了一定作用。仓储的目的在于遇到灾难后进行赈济。赈济，用储存的粮食救济灾民。赈济之事，历史上多有记载："发仓庾以振民"[⑤]；"值岁荒人饥，默辄开仓振给"[⑥]；

---

① （唐）房玄龄等：《晋书》，吉林人民出版社1995年版，第886页。
② （南朝宋）范晔：《后汉书》，团结出版社1996年版，第32页。
③ （北宋）欧阳永叔：《欧阳修全集》（下册），北京市中国书店1986年版，第334页。
④ 《周礼》，辽宁教育出版社2000年版，第29页。
⑤ （东汉）班固：《汉书》，中华书局2007年版，第32页。
⑥ （唐）房玄龄等：《晋书》，吉林人民出版社1995年版，第727页。

“发粟振之”[①]等等。赈济一般采取三种形式:给散、赈贷、赈粜。给散,指把粮食无偿地发放给灾民。这种形式一般在灾情特别危急的情况下使用。赈贷,指把粮食贷给灾民,要求灾民在规定的时间内如数或连息归还。赈粜,指平价把粮食出售给灾民。这些赈灾方法对于缓解自然灾害带给人们的粮食匮乏意义重大。节约,灾后节约用度,节俭度日。每每灾难发生后,贤明的君主往往以身作则,减少膳食,以表与百姓共渡难关之意,如唐太宗“以旱避正殿,减膳”[②],宋哲宗“避殿减膳”[③],明太祖朱元璋“以旱减膳素食”[④]等。因酿酒要耗费大量的粮食,所以灾后常禁酒以节约粮食。《周礼》记载:“萍氏掌国之水禁。几酒,谨酒”[⑤],由专人节制饮酒;《汉书》中:“夏旱,禁酤酒”[⑥],因夏天大旱,禁止卖酒买酒;《后汉书》记载:“其禁郡国不得卖酒,祠祀裁足”[⑦],禁止卖酒。另外,还有紧缩财政开支、减少生活消费等一系列节约的措施施行。这些通过节俭来备荒或救灾的手段对于应对天灾、减少灾害损失、发展农业生产、维持中华民族的生存起了非常重要的作用。

(三)维护社会的和谐稳定

社会和谐稳定是中华民族得以发展延续的前提。任何社会的发展都有一个基本的条件,即社会稳定。没有社会稳定,社会发展无从谈起。社会稳定并不是指社会的凝固僵化状态,而是指社会在一定时间

---

① 耿相新、康华:《二十五史·宋史》(上),中州古籍出版社 1996 年版,第 66 页。
② (北宋)欧阳修、宋祁:《新唐书》(第 1 册),岳麓书社 1997 年版,第 24 页。
③ 耿相新、康华:《二十五史·宋史》(上),中州古籍出版社 1996 年版,第 56 页。
④ (清)张廷玉等:《明史》(卷 1—50),吉林人民出版社 1995 年版,第 10 页。
⑤ 《周礼》,辽宁教育出版社 2000 年版,第 84 页。
⑥ (东汉)班固:《汉书》,中华书局 2007 年版,第 36 页。
⑦ (南朝宋)范晔:《后汉书》,团结出版社 1996 年版,第 67 页。

内没有突然的或激烈的大变动，在平稳的环境中不断实现良性发展。社会稳定是一种相对稳定状态。社会稳定排斥社会僵化。社会僵化，整个社会失去了生机和活力，社会的发展遭遇障碍。社会稳定也排斥社会异动。社会异动，人们没有足够的时间和精力接受突如其来的变化，社会的发展同样无法顺利实现。

社会稳定是社会运动中的稳定，是社会发展中的稳定，是社会不断取得新成就中的相对稳定状态。社会稳定是一种和谐有序状态。每个人都能按照各自的社会角色进行社会活动，整个社会井井有条。社会稳定意味着生产不断取得进步，人与人和谐相处，人们生活不断得到改善，整个社会有条不紊地实现发展。社会和谐稳定不排除社会矛盾。矛盾无时不有，无处不在。把社会矛盾保持在一定社会秩序范围内，不致发生激烈的冲突和巨大的社会动荡，这样的社会就是和谐稳定的，就能为社会发展保驾护航。社会生产离不开一个安定有序的社会环境。社会和谐稳定是社会再生产的前提，是社会发展的前提。节俭这一源于消费领域的道德品质，体现在统治者群体、民众中的不同个体身上，能有效缓解社会矛盾，能有效调整人与人之间的关系，减少社会大震荡、大变动，在一定程度上维护了社会稳定，为社会发展营造了良好的环境。

首先，节俭缓解了统治者和民众之间的矛盾。

《孔子家语》中记录了孔子对君主节俭于君民关系的认识："省力役，薄赋敛，则民富矣"[①]。君主远离奢侈淫荡的生活，躬行节俭，便不会役使百姓为其建造宫殿、雕琢金器，便能减轻百姓的徭役赋税负担，百姓和君主之间的利益之争有效得到缓解，百姓对君主的不满就会减

① 陈剑注译：《孔子家语》，湖南人民出版社2011年版，第116页。

少很多,社会就能保持相对稳定的状态。隋文帝杨坚躬行节俭,故而出现了政通人和的欣欣向荣气象,“躬节俭,平徭赋,仓廪实,法令行,君子咸乐其生,小人各安其业”①,整个社会和谐稳定。正如明太祖朱元璋所言“居上能俭,可以导俗”②,统治者群体的节俭对社会起到了榜样示范的作用,营造了节俭的社会风气。反之,如果君主不节俭,日日歌舞升平,大兴土木,便必然要从百姓衣食用度中索取,导致征敛无度,百姓对君主的不满便会增加,社会就很难保持稳定。

统治阶级的奢侈会恶化和民众之间的关系,导致民众揭竿而起,社会处于动荡之中,社会的发展自然会受阻。商时纣王“以酒为池,县肉为林,使男女倮相逐其间,为长夜之饮”③,最终导致社会动荡,商朝土崩瓦解。春秋战国时期统治阶级奢侈浪费严重,加之战乱频繁,百姓的劳动成果大部分被统治阶级挥霍浪费了,“斩刈民力,输掠其聚”④,“民人苦病,夫妇皆诅”⑤,民怨极深,社会动荡不安。中华民族历史上历朝历代的更迭,大多与统治阶级昏庸无道、骄奢淫逸有关。而那些社会发展状况良好的历史时期无不与贤君“恭俭礼下,取于民有制”⑥的仁政有关。可见,统治者的节俭对于缓解与民众之间的矛盾、维护社会稳定、促进社会发展有重要价值。

其次,节俭缓解了官员和民众之间的矛盾。

廉洁是中国传统道德对官员的基本要求,廉洁的美德离不开官员的节俭品行。“廉者常乐无求”⑦,节俭的官员欲求甚少,不会接受他人

---

① (唐)魏徵等:《隋书》,吉林人民出版社 1995 年版,第 35 页。

② 罗国杰:《中国传统道德·德行卷》,中国人民大学出版社 1995 年版,第 291 页。

③ (西汉)司马迁:《全本史记》(第 1 卷),中国华侨出版社 2011 年版,第 16 页。

④ 冀昀主编:《左传》(下),线装书局 2007 年版,第 579 页。

⑤ 冀昀主编:《左传》(下),线装书局 2007 年版,第 579 页。

⑥ 杨伯峻:《孟子译注》,中华书局 1960 年版,第 107 页。

⑦ (隋)王通:《中说》,中华书局 1985 年版,第 3 页。

贿赂影响公正办事，不会用不正当的手段满足一己之私，能成就廉洁的仕者之德。“惟廉者能约己而爱人，贪者必朘人以肥己”①，廉洁的官员能约束自己关爱民众，贪婪的官员则为满足个人私欲，不顾百姓死活盘剥搜刮。“廉者，民之表也；贪者，民之贼也。”②廉洁的官员得到百姓的爱戴，成为民众的表率；贪婪的官员则处处与百姓为难，成为民众的敌人。节俭廉洁的官员关心百姓疾苦，千方百计为百姓谋求幸福生活，“廉则百姓无不足矣”③，社会矛盾能有效得到缓解。奢侈贪婪的官员与百姓作对，民众与官员之间的矛盾就会加剧甚至激化，“吏不廉平则治道衰”④，社会稳定难以保持。节俭关乎官员的廉洁与否，廉洁关乎官员与民众的关系和谐与否，官员与民众的关系关乎社会的稳定与否。

再次，节俭构建了和睦的家庭关系。

家庭是社会的基本单位，家庭和睦是社会和谐稳定的基础。节俭可以使家庭和睦。“一家之计在于和”⑤。家庭和睦是齐家的基本要求，也是家庭稳定的宝贵经验。节俭以勤劳为基础，勤劳和节俭共同构建和睦的家庭关系。勤劳使每个家庭成员都能安分守己、勤勤恳恳地劳作，无暇顾及细端末事，少了许多嫌隙。节俭培养了家庭成员控制自己喜好、索求的品格，使其能在利益面前推让、对欲望加以节制。“春夏耕耘，秋冬收藏，昏晨力作，夜以继日。”⑥勤劳能充实人的生活。勤劳的人，劳动占去了人生大部分时间，很少有条件和家人闹矛盾；懒惰的人，整日无所事事，便有大量的时间和精力寻衅滋事，导致家中鸡飞

① （清）张廷玉等：《明史》（卷278—332），吉林人民出版社1995年版，第4734页。
② 陈友冰等：《国策论辩》，安徽人民出版社2000年版，第448页。
③ （明）薛应旂：《薛方山纪述》，中华书局1985年版，第9页。
④ （东汉）班固：《汉书》，中华书局2007年版，第65页。
⑤ （清）周希陶：《增广贤文》，安徽文艺出版社2004年版，第6页。
⑥ （西汉）桓宽：《盐铁论》，上海人民出版社1974年版，第67页。

狗跳。所以，和睦的家庭不养懒人。节俭本为节制个人的消费欲望，在节制中却能逐步形成对个人言行的控制力，形成对各种欲望的控制力。这种控制力表现在处理家庭关系时体现为父兄不放纵自己的私欲，能为子弟着想，子弟能克制自己的想法，敬仰父兄。节俭美德在中华民族历史上，成就了众多父慈子孝、兄友弟恭的和睦家庭，为社会的和谐稳定奠定了基础。

最后，节俭缓解了民众之间的矛盾。

不节俭且生活拮据的人为了满足自身的需要，往往通过偷盗、抢劫等手段获得供自己消费的财货，影响他人对财货的拥有权和使用权，会引起人与人之间的矛盾冲突。而节俭的人“不役于物”①，“不夺人”②，不被物质欲望所驱使，能有效控制个人欲求，不会为了实现个人私利而损害他人的利益，能够按照既定的社会规范行事，可以减少人与人之间的矛盾，维护社会稳定。“民俭而易治”③，民众的节俭能约束人们对物质需求的无限欲望，能有效调节社会物质供给与社会需求之间的矛盾，能使社会在一定时期内保持相对稳定的状态，为社会再生产创造良好的外部环境。

（四）推动人与自然友好相处

节俭是中华儿女在长期的社会生活实践中把握人与自然、人与人、人与社会关系时形成的正确观念，是对自然界客观规律和艰辛劳动付出的理性自觉。自然界的资源和人的劳动共同构成人类赖以生存的基

---

① 陆林：《中华家训大观》，安徽人民出版社 1994 年版，第 312 页。

② 杨伯峻：《孟子译注》，中华书局 1960 年版，第 162 页。

③ 方勇译注：《墨子》，中华书局 2011 年版，第 36 页。

础。自然界是独立于人之外的物质世界，是不以人的意志为转移的客观存在。人类只有认识自然界，才能改造自然界，才能使自然界为人类服务。对自然界规律的理性认识，是人们有效利用自然资源，使其最大效率发挥作用的前提和基础。节俭美德节制了人对自然资源的随意索取，维持了自然界的循环发展，为人类生存创造了有利的外部条件。

节俭基于人对自身与自然关系的正确认识。自然界是人生存的基本条件。人孕育于自然界，自然界为人的生存提供了适宜的自然环境和自然资源。首先，自然界提供了人生存的基本空间。大气、土地、海洋、森林、矿藏、水、野生动植物等是人类赖以生存的自然环境。到目前为止，离开这样的自然环境，人类还难以正常地生存。其次，自然界提供了人生存的物质基础。空气、食物、水等是人类维持生命的自然资源。离开这些自然资源，人的生命难以延续。再次，自然界为人的劳动提供了基本场域。劳动是劳动者借助一定的劳动工具作用于劳动对象的实践活动。劳动工具、劳动对象源于自然界，自然界为人的劳动提供空间、资源，人只能在自然界中完成劳动。“没有自然界，没有感性的外部世界，工人什么也不能创造。”①所以说，人的生存离不开自然界。

节俭是中华民族认识和改造自然界的理性认知。劳动使人从自然界脱胎而出，成为能直立行走、手脚有明确分工、会语言、有意识的特殊客观存在物。人是自然界的一部分，但又与自然界的其他组成部分不完全一样。“一当人开始生产自己的生活资料，即迈出由他们的肉体组织所决定的这一步的时候，人本身就开始把自己和动物区别开来。”②人有意识，能自觉主动地认识和改造自然界。人们在改造自然界的活动中明确认识到：自然界的发展有其客观规律，人们应该根据自

① 《马克思恩格斯文集》第1卷，人民出版社2009年版，第158页。
② 《马克思恩格斯文集》第1卷，人民出版社2009年版，第519页。

然界的客观规律控制自己的消费行为,减少自己的消费行为给自然界造成的负面影响。人们在改造自然界的活动中也明确认识到:相对于人的无穷欲望来讲,自然界的资源是有限的,最大限度地减少资源的耗费,是人与自然长期和谐共生的基础。人类改造自然界的目的在于满足人类生存和发展的需要,克制人类的消费欲望可以减少人类对自然的破坏,促进人与自然界的融洽相处,为人的生存和发展创造良好的外部环境。节俭成为中华民族处理人与自然关系、保持人与自然和谐相处的道德准则。

节俭维护了中华民族赖以生存的自然界。人与自然界的相处,一方面是人从自然界索取资源,并不断提高自然界再生资源的能力,保护生态环境;另一方面是自然界不断地给人类提供物质资源。只有这样,人与自然的相处才是和谐的。中国传统文化非常注重人与自然的和谐统一,主张“天人合一”,强调尊重自然,爱护自然,反对人对自然无节制地索取。人们必须遵循自然界的客观规律做事,不能为了满足自身不断膨胀的欲望而违背客观规律,无节制地向自然界索取。按照客观规律做事,自然界就能给人类提供源源不断的物质资源。“群道当则万物皆得其宜,六畜皆得其长,群生皆得其命。”①

中国古代的“月令”以春夏秋冬四时为总纲,孟春、仲春、季春、孟夏、仲夏、季夏、孟秋、仲秋、季秋、孟冬、仲冬、季冬十二个月为细目,详细地记录了不同阶段的气候特征、日月星辰变化、生物生长发育状况,对上至君王、下至百姓的生产生活做出了明确要求。留存至今的“月令”有《礼记·月令》一篇。通读《礼记·月令》可以看出古人对自然规律的敬畏。任何人都必须严格按照自然规律行事,天子要祭天祈福,百

---

① 方勇、李波译注:《荀子》,中华书局2011年版,第127页。

姓要以时禁发。任何人都不能为了满足自身的物质欲望随心所欲地向自然界强取豪夺。唯有如此,人类才能维护自身赖以生存的自然界。否则,“孟春行夏令”、“行秋令”、“行冬令”,“仲春行秋令”、“行冬令”、“行夏令”①……都会给人类的生存带来极大的挑战。按照自然规律办事,是对不据时令盲目向自然界索取的消费欲望的约束。严格按照自然规律办事,还包括珍惜爱惜自然资源、不肆意耗费自然资源。人们消耗自然资源的目的在于满足其消费欲望。在人类无穷大的消费欲望面前,自然界能提供的自然资源总是有限的。要解决无穷欲望和有限资源间的矛盾,唯一的办法就是人们克制自身的消费欲望,在自然界可承受的范围内进行消费。

“苟得其养,无物不长;苟失其养,无物不消。”②自然界万事万物必须珍惜爱护,否则人类破坏的不仅是自然界,更是人类赖以生存的物质资料。所以,“山林虽近,草木虽美,宫室必有度”③,“江海虽广,池泽虽博,鱼鳖虽多,罔罟必有正”④,人们必须有节制地消费,维持自然界的可持续存在。正如“宫室奢侈,林木之蠹也”⑤,任何无节制的消费行为,都会给自然界带来伤害。为此,我国很早就设置了管理自然资源的机构和官员,限制人们对自然资源的使用和耗费,维持了山林川泽、草木鸟兽的绵延发展。节俭是中华民族的传统美德,是人们出于自身生存安全和人与自然界和谐存在的考虑,对自身的物质欲望进行的节制。节俭的道德品行使人们在自然界可承受的能力范围内进行生产,而不是一味地向自然界索取,破坏自然界的平衡。节俭与勤劳美德相随相

① 杨天宇:《礼记译注》(上),上海古籍出版社 2004 年版,第 177—180 页。
② 杨伯峻:《孟子译注》,中华书局 1960 年版,第 243 页。
③ 孙波:《管子:注释本》,华夏出版社 2000 年版,第 80 页。
④ 孙波:《管子:注释本》,华夏出版社 2000 年版,第 80 页。
⑤ (西汉)桓宽:《盐铁论》,上海人民出版社 1974 年版,第 71 页。

伴。人们的节俭爱护万事万物、维护生态和谐,人们的勤劳不断提高自然界再生资源的能力。中华民族的勤劳节俭美德维护了自然界的长久和谐,为自身的生存创造了有利的外部条件。

在中华民族的历史进程中,节俭为社会再生产提供了充足的人力和物力准备,增强了人们应对自然灾害的能力,有效调节了人与人之间、个体与社会之间的各种矛盾,缓解了需求无限性和自然资源供给有限性之间的矛盾,维护了人与人、人与社会、人与自然之间的和谐,推动了中华民族的蓬勃发展,是中华民族的优良传统和宝贵精神财富。

第二章　中国共产党的节俭本色

本色，原意指物品没有经过染色的本来颜色，后引申为表示事物的本来面目和原有特征。政治本色，是指政治的本来面目和应有风格。无产阶级政党是“为绝大多数人谋利益的”[①]政党，中国共产党属于世界无产阶级政党的范畴，“也具有世界无产阶级政党——共产党的利益特征”[②]，即没有同广大人民群众的利益不同的任何特殊利益。一切为了人民的利益，全心全意为人民服务，这是中国共产党人最鲜明的政治本色。克制个人的口舌耳目之需，生活节俭，反对浪费，是中国共产党人获得广大人民群众的拥护和爱戴，带领广大人民群众艰苦奋斗、自力更生，实现好、维护好、发展好人民群众利益的前提和基础。如果共产党人不能克制自己的口舌耳目之需，便会贪求骄奢淫逸的生活；为了满足骄奢淫逸生活的需要，便会攫取财富；为了攫取财富，便会不择手段，不择手段就会损害人民群众的利益。损害人民群众的利益，与中国共产党成立时救人民于水火的初衷相悖，与中国共产党一切为了人民群众利益的政治本色相悖，与中国共产党全心全意为人民服务的根本

① 《马克思恩格斯文集》第2卷，人民出版社2009年版，第42页。

② 段若鹏：《三问：中国共产党没有自己的特殊利益》，《学习论坛》2012年第6期。

宗旨相悖。所以,节俭是中国共产党人的本来面目和应有风格,是中国共产党的政治本色。中国共产党也正是因为在革命、建设、改革年代都能一以贯之地厉行节俭,紧紧依靠广大人民群众艰苦创业,才使其能更好地实现为民的政治抱负和历史使命。

一、节俭是中国共产党的政治本色

"共产党人的一切言论行动,必须以合乎最广大人民群众的最大利益,为最广大人民群众所拥护为最高标准。"①中国共产党的力量之源在人民,发展之根在人民。中国共产党因旧中国的积贫积弱和广大劳苦大众的饥寒交迫而成立,因获得广大人民群众的支持和拥护而发展,因能带领广大人民群众共同发展而壮大。共产党人没有自己的特殊利益,一切为了人民是共产党人的基本政治立场。中国共产党人为了最大限度地实现人民的利益,克己节俭,全心全意为人民服务,千方百计改善民生。"先锋队只有当它不脱离自己领导的群众并真正引导全体群众前进时,才能完成其先锋队的任务。"②中国共产党是中国工人阶级的先锋队,是中国人民和中华民族的先锋队。中国共产党只有密切联系群众,在群众中开展自己的活动,和人民并肩作战,才能真正彰显其先锋队属性。这是中国共产党政治本色的基本表现形式。中国共产党植根于人民,以身作则,率先节俭,与人民同甘共苦,依靠人民共渡难关,共同发展。"社会主义的本质,是解放生产力,发展生产力,消

① 《毛泽东选集》第3卷,人民出版社1991年版,第1096页。
② 《列宁专题文集·论辩证唯物主义和历史唯物主义》,人民出版社2009年版,第322—323页。

灭剥削,消除两极分化,最终达到共同富裕。"①中国共产党代表人民利益,维护人民利益,改善人民生活的前提是发展生产力。带领人民一起发展生产是中国共产党彰显其政治本色的基础。

(一)中国共产党厉行节俭的目的在于改善民生

"身安厚味美服好色音声"②是人天生喜好的东西,人的本性中有追逐这些享受的欲望。中国共产党作为为更好地实现人民利益而生的组织,其诞生不是为了给其成员提供放纵天性的平台,而是为了把有志之士组织起来更好地维护人民的利益。共产党人行动的指南是人民的利益,而不是个人的利益,加入中国共产党组织的个人绝不是为了图求个人的荣华富贵和物欲享受。"共产党是为民族、为人民谋利益的政党,它本身决无私利可图。"③共产党人加入中国共产党不是为了享受,节俭是中国共产党干革命、搞建设、促改革的基本原则。节俭的目的在于改善民众的生活状态。

革命时期,在国民党封锁扼杀的困境中,在抗日战争的艰难岁月里,在千疮百孔的华夏大地上,中国共产党坚守节俭本色,为解放千百万劳苦大众顽强拼搏,艰苦奋斗。建设时期,在社会主义建设规律的探索中,在优先发展重工业的实践中,在不断调整的国民经济中,中国共产党坚守节俭本色,为改善广大人民群众的生活水平不懈努力,克勤克俭。改革时期,在国民经济发展新道路的摸索中,在传统经济体制改革的推进中,在轰轰烈烈的改革开放中,中国共产党坚守节俭本色,为全

---

① 《邓小平文选》第3卷,人民出版社1993年版,第373页。
② (西晋)郭象:《庄子注疏》,中华书局2011年版,第331页。
③ 《毛泽东选集》第3卷,人民出版社1991年版,第809页。

面提高人民生活水平攻坚克难,发愤图强。中国共产党是代表最广大人民群众利益的党,“从最初起,就是为了服务于人民而建立的”①。中国共产党党员的节约俭省,不是为了别的,都是为了实现人民群众的利益。在革命、建设、改革的漫长历史进程中,中国共产党以其实践行动彰显了节俭这一政治本色。

千方百计改善民生,是中国共产党的历史使命。“为什么要革命?为了使中华民族得到解放,为了实现人民的统治,为了使人民得到经济的幸福。”②让人民得到经济上的幸福,就是要“解决群众的穿衣问题,吃饭问题,住房问题,柴米油盐问题”③等民生问题。民生问题,简单来说就是人民群众的生计问题,即人民的衣食住行、生老病死等问题。中国共产党作为人民利益的代表,义无反顾地担当起对全国人民负责的重任,“要发展经济,使他们生活得更好。”④解决了广大人民群众的生计问题,那么“不管天下发生什么事,只要人民吃饱肚子,一切就好办了”⑤。要解决群众的生计问题,一靠生产,二靠节约。节约是改善民生的一条重要路径,生活节俭是节约的重要组成部分。革命时期,中国共产党人的节俭很大程度上减轻了人民的负担,为革命积攒了大量的经费,“节省每一个铜板为着战争和革命事业,为着我们的经济建设”⑥;建设时期,中国共产党人的节俭为社会主义建设添砖加瓦,积累了一定的建设资金,“给集体增加福利,为国家增加积累”⑦;改革时期,中国共产党人的节俭凝练了中国共产党的作风,突出了中国共产党千

---

① 《刘少奇选集》上卷,人民出版社 1981 年版,第 348 页。
② 《毛泽东文集》第 1 卷,人民出版社 1993 年版,第 21 页。
③ 《毛泽东选集》第 1 卷,人民出版社 1991 年版,第 136 页。
④ 《邓小平文选》第 3 卷,人民出版社 1993 年版,第 326 页。
⑤ 《邓小平文选》第 2 卷,人民出版社 1994 年版,第 406 页。
⑥ 《毛泽东选集》第 1 卷,人民出版社 1991 年版,第 134 页。
⑦ 《周恩来选集》下卷,人民出版社 1984 年版,第 427 页。

方百计改善民生的政治品格,“不仅要使人民物质生活丰富,而且要使人民精神生活充实。”①

中国共产党节约俭省,目的在于改善人民的生活状况。从革命到建设再到改革,为了改善人民群众的生活,中国共产党提出了一系列节俭的措施和要求,要求共产党员尽可能地节约俭省。

1932年毛泽东在《中华苏维埃共和国中央执行委员会训令第十四号》中要求“政府中一切可以节省的开支,如客饭,办公费,灯油杂费,都必须尽量减少,尤其纸张信套,更可以节省使用”②。1943年《陕甘宁边区简政实施纲要》指出:“要注意一张纸、一片布、一点灯油、一根火柴的节省。要爱惜每件公物,使之多用些日子。”③上述节俭的部分看似不多,但从整个革命和运动的大局来看,却能减轻人民的负担,拉近党和政府与人民的联系,并能为前线战事提供经费,推动革命运动的发展。

1948年毛泽东在晋绥干部会议上的讲话中强调:“采取办法坚决地反对任何人对于生产资料和生活资料的破坏和浪费,反对大吃大喝,注意节约。”④1949年7月23日,新民主主义革命接近尾声,周恩来在全国工会工作会议上的讲话中指出:“我们现在虽然生活在城市里,但旧衣裳还是要穿,不要向剥削阶级造成的奢侈腐化的生活看齐,要向我们历来的艰苦朴素的生活看齐。”⑤艰苦朴素、勤俭节约是无产阶级革命政党的显著特征,不管是在困难的斗争环境中,还是在相对宽松的和

---

① 《江泽民文选》第1卷,人民出版社2006年版,第621页。

② 中共中央文献研究室:《厉行节约　反对浪费重要论述摘编》,中央文献出版社2013年版,第3页。

③ 《李维汉选集》,人民出版社1987年版,第174页。

④ 《毛泽东选集》第4卷,人民出版社1991年版,第1316页。

⑤ 《周恩来选集》上卷,人民出版社1980年版,第362页。

平环境中都不能背弃。艰苦朴素、勤俭节约的党是知百姓疾苦、懂百姓饥寒的党。正因为中国共产党党员能一以贯之地坚持艰苦朴素、勤俭节约,人民才紧紧围绕在党的周围,在党的领导下一起共同奋斗。

1956年刘少奇在中国共产党第八次全国代表大会上的讲话中指出:“浪费在任何时候都是妨碍生产的发展和生活的改善的。”①1963年周恩来在中共中央和公务员直属机关负责干部会议上的讲话中告诫共产党员:“要使艰苦朴素成为我们的美德。这样,我们就会心情舒畅,才能在个人身上节约,给集体增加福利,为国家增加积累,才能把我们的国家更快地建设成为一个社会主义强国。”②节俭的目的在于发展生产和改善人民生活,每个共产党员的节俭最终都能凝成社会主义建设的精神力量和物质支持。所以,每个共产党员都要坚持节俭,为发展生产和改善人民生活不懈奋斗。

1979年3月30日,邓小平在党的理论工作务虚会上指出,如果党的领导干部“铺张浪费,损公利私,不与群众同甘苦”③,就得不到群众的信任和爱戴。1989年邓小平反思改革开放十年的发展时说:“在经济得到可喜发展、人民生活水平得到改善的情况下,没有告诉人民,包括共产党员在内,应该保持艰苦奋斗的传统。”④党员干部是整个社会风气的航向标,党员必须保持艰苦奋斗、勤俭节约的政治本色,否则将会对整个社会的发展造成极其严重的负面影响。

1994年12月18日江泽民在中央军委扩大会议上指出,“我们的领导干部,要自觉地大兴艰苦奋斗之风,抵制目前在一些地方已经蔓延

---

① 《刘少奇选集》下卷,人民出版社1985年版,第227页。
② 《周恩来选集》下卷,人民出版社1984年版,第427页。
③ 《邓小平文选》第2卷,人民出版社1994年版,第178页。
④ 《邓小平文选》第3卷,人民出版社1993年版,第290页。

起来的铺张浪费之风、奢侈腐败之风。”[①]2009 年 1 月 13 日，胡锦涛在十七届中央纪委三次会议上强调：各级领导干部要“带头反对铺张浪费和大手大脚”[②]，把有限的社会财富用在改善民生上。2013 年 1 月 21 日，习近平在第十八届中央纪律检查委员会第二次全体会议上要求各级领导干部“要坚持勤俭办一切事业，坚决反对讲排场比阔气，坚决抵制享乐主义和奢靡之风”[③]。在生产力水平不断提高的情况下，中国共产党依然坚持艰苦朴素的优秀品质，及时警惕社会上出现的各种奢侈浪费现象，坚持勤俭节约的优良品质，把社会创造的财富更有效地用于改善最广大人民群众的物质生活和精神生活上。中国共产党的节俭源于维护人民利益的现实需要，以改善人民的生活水平为最终旨归。

（二）中国共产党厉行节俭的动力是人民利益

全心全意为人民服务是中国共产党的根本宗旨。“共产党员是一种特别的人，他们完全不谋私利，而只为民族与人民求福利。”[④]中国共产党领导下的军队“不是为着少数人的或狭隘集团的私利，而是为着广大人民群众的利益，为着全民族的利益，而结合，而战斗的”[⑤]。加入中国共产党的人绝不是为了个人的利益，而是为了劳动人民的利益，为了民族和国家的利益。共产党人为了实现人民的利益可以牺牲自己的一切，包括生命。“共产主义者应当是没有私心的人，为了人民群众的

---

① 《十四大以来重要文献选编》（中），人民出版社 1997 年版，第 1131 页。
② 《十七大以来重要文献选编》（上），中央文献出版社 2009 年版，第 856 页。
③ 中共中央文献研究室：《厉行节约　反对浪费重要论述摘编》，中央文献出版社 2013 年版，第 55 页。
④ 《毛泽东文集》第 3 卷，人民出版社 1996 年版，第 47 页。
⑤ 《毛泽东选集》第 3 卷，人民出版社 1991 年版，第 1039 页。

最大利益,我们没有任何东西不可以牺牲。”①共产党人植根于人民,与人民血肉相连。共产党的干部从来不计较个人的得失,不在意个人的享受和地位,总是兢兢业业地为了人民的利益不懈奋斗。

共产主义者的风格是“除了共产主义的利益以外,除了社会主义革命、社会主义建设的利益以外,除了工农兵人民大众的利益即党的利益以外,不谋私利”②。中国共产党是中国人民利益的忠实代表,全心全意为人民服务是中国共产党的责任。江泽民曾对中国共产党之所以能得到广大人民群众拥护的原因进行了总结:“立党为公,清正廉洁,诚心诚意为人民谋利益,这是我们党受到人民群众拥护、领导人民夺取革命和建设事业胜利的奥秘所在。”③正是这种把人民的利益放在首位、全心全意为人民服务的政治品格,使得中国共产党在众多党派中脱颖而出,成功领导全国人民完成了新民主主义和社会主义革命,踏上了社会主义建设的康庄大道。

中国共产党人克己奉公,全心全意为人民服务。中国共产党人不仅从理论上强调中国共产党践行节俭的重要性,而且在革命、建设和改革的实践中,身体力行,克己节俭,不谋私利,一心一意为民奉献。

李大钊作为中国共产党的创始人之一,早在1917就明确了自己要从俭的心迹:“衣食宜俭其享用,戚友宜俭其酬应,物质宜俭其销耗,精神宜俭其劳役。”④在之后为了改变旧中国积贫积弱状况、救人民于水火的革命生涯中,李大钊一直把节俭作为自己的基本生活准则,把全部身心扑在挽救民族危亡的事业上。

---

① 《朱德选集》,人民出版社1983年版,第344页。

② 《彭真文选》,人民出版社1991年版,第357页。

③ 《十四大以来重要文献选编》(中),人民出版社1997年版,第1194页。

④ 《李大钊文集》第2卷,人民出版社1999年版,第118页。

毛泽东在陕北寒冷的窑洞中笔耕不辍，为中华民族的前途殚精竭虑，却一定要节约用煤，舍不得提早烧煤取暖；穿棉衣的标准是不露肉不透风，为的是支持前方打战，争取早日解放民众。

周恩来为了国家和人民的利益，呕心沥血，日理万机，却舍不得换掉已经洗得发白、打了很多补丁的旧衣服，办公室里唯一的新家具是他患癌症坚持工作期间毛泽东送的一张沙发椅。

抗战时任第十八集团军总司令的朱德出行仅有一条毛毯和一个晚上当枕头用的包袱，新中国成立后他的拖鞋、被褥、床单等都用了很多年舍不得扔掉，临终前把省吃俭用积攒的 20000 元存款单作为党费留给了组织。

彭德怀一生精打细算，平日舍不得吃猪油，只在有客人时才肯用猪油炒菜；新中国成立后毅然戒掉了相伴多年的烟，把节省下来的钱用于社会建设。

保持“清贫，洁白朴素的生活”①的方志敏“经手的款项，总在数百万元；但为革命而筹集的金钱，是一点一滴的用之于革命事业。”②他被捕时，敌人只从他身上搜到了一只时表和一只自来水笔，而他仅有的财产也就是几件藏在深山坞里准备来年夏天再穿的汗褂裤和线袜。

左权在给母亲的信中写道：“我全军将士，都有一个决心，为了民族国家的利益，过去没有一个铜板，现在仍然是没有一个铜板，准备将来也不要一个铜板，过去吃过草，准备还吃草。”③艰苦困难的生活环境中激发左权和将士们浴血奋战的是民族国家的利益和人民的利益。

曾担任八路军冀南军区四分区副政委的胥光义在天灾（蝗灾）人

---

① 《方志敏文集》，人民出版社 1985 年版，第 167 页。
② 《方志敏文集》，人民出版社 1985 年版，第 166 页。
③ 曾火伦、梁培、唐亮、彭亮：《缅怀为国捐躯的英烈》，《解放军报》2010 年 9 月 3 日，第 7 版。

祸(日军扫荡)夹击下,为了把树皮、草根、菜根、米糠等食物尽量留给百姓食用,用蝗虫代粮,把打死的蝗虫煮熟了充饥。

戎马一生的罗舜初留下的遗物只有几套普通军装和一套被补过多次的旧毛衣毛裤,还有一只用了多年的大箱子;去世前病重住院期间,听说国家要发国库券,嘱咐老伴一定要购买国库券,支援国家建设。

焦裕禄奋斗在兰考人民反击"三害"(内涝、风沙、盐碱)的最前沿,却舍不得花钱医治自己的肝病,临终前还叮嘱不要在他的身后花钱,埋在兰考的沙堆上即可。

孔繁森在西藏工作的十年间,常常是白饭就榨菜,把节省的钱全部用在藏族群众身上,遗物只有八元六角和发展阿里的十二条建议。①

这些共产党人克制个人的私心,生活节俭朴素,把全部的身心和精力都用于更好地实现人民利益上,展示了中国共产党的政治本色。

(三)中国共产党厉行节俭的形式是与民同甘共苦

中国共产党领导的革命、建设和改革取得的成就与广大人民群众的积极参与密不可分。中国共产党的节俭只有与发动群众共同节俭相结合,才能真正发挥其在推动革命、建设和改革中的重要作用。中国共产党也正是发扬了与人民同甘共苦的作风,才依靠人民渡过了革命、建设中的艰难时期。中国共产党人以身作则,率先节俭,引导、发动、依靠人民共同节俭,谱写了中华民族团结奋斗、不畏艰难、勤劳勇敢、不懈进取的壮丽篇章。

和人民同甘共苦是中国共产党的基本政治要求。"党在领导群众

① 《领导干部的楷模——孔繁森》,《人民日报》1995年4月7日。

为实现共产主义理想而奋斗的全部过程中，始终同群众同甘共苦，保持最密切的联系”①，这是中国共产党对自身提出的最基本的政治要求，也是对每一个中国共产党党员提出的最基本的政治要求。中国共产党是全心全意为人民服务的党，这决定了党必须和人民同甘共苦。“一切共产党员，不论职位多高，都是人民群众的勤务员，都应该把自己看成普通劳动者，没有任何特权，都必须关心群众生活，和群众同甘共苦。”②中国共产党不深入群众，不与群众同甘共苦，就会脱离群众，就不能了解群众所思所想，就无法真正代表人民群众的利益，就不能真正做到全心全意为人民服务。“要人民艰苦奋斗，党员必须带头，和人民群众同甘共苦，发扬革命战争时期那么一股劲，那么一股革命精神。”③中国共产党的领导和干部只有融入人民群众，进行细致深入的调查研究，及时发现和解决群众中存在的热点难点问题，才能获得群众的拥护和支持，才能在人民群众中树立威信，才能增强革命和建设的凝聚力。唯有与群众同甘共苦，中国共产党才能获得存在的群众基础，才能获得发展的新鲜血液，才能获得进一步发展的动力。人民是中国共产党生存和发展的根本。革命是人民的革命，建设是人民的建设，改革是人民的改革。中国共产党正是由于能与人民同甘苦，才最终实现了带领人民、依靠人民一起革命、一起建设和一起改革，取得了革命、建设和改革的可喜发展。

中国共产党和人民同甘共苦，依靠人民共渡难关。“有盐同咸，无盐同淡”是贺龙常说的一句话。1928 年冬天，贺龙带领的队伍和党中央失去了联系，在缺衣少穿的困境中，炊事员把好不容易找到的一块

---

① 《十一届三中全会以来重要文献选读》(上)，人民出版社 1987 年版，第 530 页。
② 《刘少奇选集》下卷，人民出版社 1985 年版，第 401 页。
③ 《彭真文选》，人民出版社 1991 年版，第 662 页。

盐,给贺龙炒辣子吃,贺龙却将辣子倒在大锅中和战士们一起吃。正是由于这种与战士同甘苦的革命作风,朱德带领的队伍最终战胜了恶劣的斗争条件,为革命保存了战斗力量。井冈山斗争时期,根据地人民的吃饭、穿衣问题是摆在共产党人面前最大的困难。为了缓解这一问题,朱德同志不仅和战士们一样节衣缩食,而且加入了下山挑粮的队伍,和战士们一起承担起往山上运送粮食的重任,留下了家喻户晓的"朱德的扁担"的故事。朱德和战士在一起,和人民在一起,紧紧依靠人民,使根据地在国民党的严密封锁中顽强地生存下来。中央苏区时期,为了突破国民党的第五次"围剿",临时中央人民政府的干部和群众一道每天改三餐为两餐,节省粮食支援前线战争。正是大家一口口节省下来的这些粮食,成了前方战士奋力"反围剿"的物质食粮和精神食粮。抗日战争时期任东北抗日联军第一路军总指挥的杨靖宇,总是把新做出来的棉衣给战士和伤病员穿,大冬天自己只穿一身夹衣;粮食也舍不得吃,总是先照顾战士和伤病员。1940 年 2 月在和日寇的斗争中壮烈牺牲的杨靖宇被敌人残忍地剖开遗体,胃里连粒饭都没有,只有树皮、棉絮和草根。关爱战士,和战士共甘苦,和战士一道驱逐日本侵略者是这位铮铮革命者留给后人的宝贵财富。三年经济困难时期,毛泽东南下视察,看到很多群众吃不饱饭,随后便决定不吃肉、不吃鸡蛋,每日只吃定量的粮食和少量的蔬菜,和人民群众共同面对天灾人祸带来的粮荒。邓小平曾发出感慨:"三年困难时期,党和人民不是团结奋斗,渡过了难关吗?多好的老百姓啊!"①中国共产党人正是由于和人民在一起同甘共苦,才取得了人民的信任和支持。正是在人民群众的支持下,中国共产党才能够和人民一道战胜一个又一个困难,取得今天在政治、

---

① 《邓小平文选》第 3 卷,人民出版社 1993 年版,第 318 页。

经济、文化、社会发展等方面的一系列成就。

（四）中国共产党厉行节俭的基础是发展生产

增产节约是中国共产党带领人民获得发展的基本途径。增产，增加生产，发展生产。节约，减少人力、物力的耗费，体现在生活消费上即为节俭。节约是必要的，增产也是必要的。增产，增加社会财富；节约，减少社会财富的耗费。“未有经济无基础而可以解决财政困难的，未有经济不发展而可以使财政充裕的。”[①]增产是本，节约是末。增产是节约的前提和基础，增产是开源，节约是节流。增产节约是社会财富不断积累、人民生活不断改善的基本途径。

革命时期，在斗争环境允许的条件下进行经济建设，努力发展生产，能为人民的生活提供必要的物质保证，能给革命军队提供给养保障；“如果我们不去从根本上发展经济，而去枝枝节节地解决财政问题，就是错误的方针。”[②]同时，节约也是非常必要的，“和生产相辅的是节约，必须尽可能地减少浪费。”[③]在白色势力的包围中，在无力开展生产的恶劣环境中，节约是党和群众维持生存的唯一方式；在革命取得一定成功，在允许开展生产的顺利环境中，增产和节约必须齐头并进，“一面决不滥用浪费，一面努力发展生产。”[④]新民主主义革命取得决定性胜利后，在建设社会主义的漫漫征程中，“要改变我们国家一穷二白的局面，要搞社会主义积累，最根本的是增产节约。”[⑤]只有既增产又节

① 《毛泽东选集》第3卷，人民出版社1991年版，第891页。
② 《毛泽东文集》第3卷，人民出版社1996年版，第241页。
③ 《毛泽东文集》第3卷，人民出版社1996年版，第240页。
④ 《毛泽东选集》第3卷，人民出版社1991年版，第1020页。
⑤ 《彭真文选》，人民出版社1991年版，第342页。

约,社会扩大再生产才能在不断充实的物质基础上进行,社会财富才能不断增加,人民生活水平才能不断提高。所以,"勤俭建国,勤俭办企业,勤俭办合作社,勤俭办一切事情,应当是每一个经济工作人员、国家工作人员和全体人民牢牢记住的格言,一时一刻也不应忘记。"①社会主义建设,需要几代人、十几代人,甚至几十代人的努力,"必须长期坚持勤俭建国的方针"②。从革命到建设的几十年间,中国共产党坚持不断地领导人民、依靠人民发展生产,实行节约,保持了革命和建设生生不息的战斗力。

1931 年成立的中华苏维埃共和国临时中央政府非常重视经济建设和节俭在革命斗争中的重要意义。"我们的经济建设的中心是发展农业生产,发展工业生产,发展对外贸易和发展合作社。"③"财政的支出,应该根据节省的方针。"④苏区政府通过号召人民勤俭节约,开展春耕,发展农业生产,在中央苏区基本保证了军民的粮食供给,大力地改良了民众的生活;通过兴办军需工业,发展工业生产,在中央苏区基本满足了部队的衣物需求;通过发展对外贸易、发展合作社和厉行节约,调动了广大人民群众的革命热情,依靠人民的力量解决了经济建设的资金问题。

1940 年国民党反动派对陕甘宁边区进行了军事包围和经济封锁,"我们曾经弄到几乎没有衣穿,没有油吃,没有纸,没有菜,战士没有鞋袜,工作人员在冬天没有被盖。"⑤在如此巨大的困难面前,毛泽东、周恩来、朱德、任弼时等率先垂范,种粮种菜,纺纱织线,带领人民、带领军

---

① 《建国以来重要文献选编》(第十册),中央文献出版社 1994 年版,第 395 页。
② 《十三大以来重要文献选编》(中),人民出版社 1991 年版,第 1424 页。
③ 《毛泽东选集》第 1 卷,人民出版社 1991 年版,第 130 页。
④ 《毛泽东选集》第 1 卷,人民出版社 1991 年版,第 134 页。
⑤ 《毛泽东选集》第 3 卷,人民出版社 1991 年版,第 892 页。

队开展农业生产，兼顾农业、商业、交通业发展，在延安发动了热火朝天的大生产运动。边区政府和人民一起开荒屯田，发展生产，自力更生，勤俭节约，艰苦奋斗，保证了边区人民、军队和政府的生活供给，锤炼了令后人景仰的延安精神。

新中国成立后，面对饱受战争创伤的国民经济，党和政府动员社会上的一切力量投入勤俭建国的经济建设中，"领导全党、全军和全国人民展开爱国增产节约运动，使这个运动成为真正的全体人民运动"①。在增产节约运动中，不仅共产党员以身作则，站在增产节约的第一线，而且中国人民解放军也承担了一部分生产任务，一方面通过部队的劳动增加社会财富，另一方面为国家节省一部分军需开支。工厂、学校、企业、事业单位的群众也都参与到了增产节约的运动中。由于我国人口众多，每个人生产一点就能创造巨大的社会财富，每个人节省一点就能积累一个庞大的数目。所以，增产节约运动对于缓和物资供应和财政支出的紧张局面，对于推进国家建设的各项工作起到了重要的作用。增产节约、勤俭办一切事业的方针在经济建设中的突出意义，使之成为进行社会主义建设的一条基本原则。在社会主义建设和改革开放的新时期，党和政府始终以此为着力点，一方面大力发展生产，实现增产，另一方面厉行节约，积累财富，推动了社会主义经济建设的迅猛发展。

节俭是中国共产党的政治本色。节俭展示了中国共产党与人民同呼吸、共命运的政治立场，中国共产党人除了人民利益之外没有任何自己的私利，从不图求个人享受和小群体利益。节俭练就了中国共产党在困难的环境中自强不息、艰苦奋斗的政治作风，彰显了中国共产党不

① 《毛泽东文集》第6卷，人民出版社1999年版，第207页。

畏艰难险阻,为了实现共产主义远大理想、为了维护人民群众的根本利益不懈努力、不懈追求的革命精神。节俭把中国共产党和中国人民紧紧地联系在一起。

二、中国共产党发展历程中节俭文化的重要作用

中国共产党是中国人民利益的忠实代表。为了更好地实现人民的利益,中国共产党始终走在中国革命、建设和改革的最前列,是中国革命、建设和改革中最坚决的、始终起推动作用的力量。为了更好地实现人民的利益,中国共产党人放弃了对个人舒适生活的追求,战斗在中国革命、建设和改革的第一线,吃苦在前,享受在后。为了更好地实现人民的利益,中国共产党人率先垂范,厉行节俭,和广大人民群众一起接受革命、建设和改革的考验。节俭是中国共产党的政治本色,是中国共产党的优良传统。中国共产党自诞生以来,在其发展历程中积累了丰富的节俭文化。这是一笔难以量化的财富,它在中国革命、建设和改革过程中起着重要的作用。

(一)新民主主义革命时期的节俭文化

革命意味着旧制度的灭亡和新制度的产生,意味着旧生产关系的废除和新生产关系的确立。在旧制度和新制度的博弈中,在旧生产关系和新生产关系的斗争中,社会发生着从量变到质变的根本变革。在中国,随着1921年中国共产党的成立,中国社会的这种变革以一种轰

轰烈烈的新制度向旧制度挑战的革命形式出现。鸦片战争以后的历史表明，资产阶级改良主义的道路在中国走不通，只有革命才能救中国。中国共产党以一种大无畏的牺牲精神，走上了领导中国人民救亡图存的革命道路。在复杂残酷的斗争环境中，中国共产党艰苦奋斗、厉行节俭，培养了无数坚定的革命志士，扩大了中国共产党在国内外的影响力，孕育了不朽的革命精神，推进了革命运动的不断发展，完成了新民主主义革命的重大历史任务。

1. 培养坚定的革命志士

随着马克思主义在中国的传播，随着中国工人运动的蓬勃发展，中国共产党于 1921 年 7 月应运而生。中国共产党是以马克思主义为指导的领导中国人民进行无产阶级革命运动的政党。中国共产党以马克思主义为指导，坚持马克思主义的党建学说，中国共产党人“没有任何同整个无产阶级的利益不同的利益”①。他们建立政党、参与革命、组织革命、领导革命，都是从整个无产阶级的利益出发，目的在于挽救危亡的中华民族和受苦受难的中国人民。

中国共产党不迷信任何个人的力量，他们紧紧依靠人民进行伟大的中国革命。为了激发中国人民的战斗热情，为了更好地组织群众，中国共产党站在了革命的最前线，凡事身先士卒，率先垂范。中国共产党人充分认识到他们从事的事业是高尚的事业，充分认识到他们从事的事业是无愧于历史的事业，充分认识到他们从事的事业是无愧于人民的事业，充分认识到他们从事的事业是终会成功的事业。他们为了这一伟大的事业愿意放弃一切，包括生命。所以他们在困难危险的斗争环境中，从不气馁，从不退却。在物资供应稍微富足时，中国共产党人

① 《马克思恩格斯文集》第 4 卷，人民出版社 2009 年版，第 3 页。

省吃俭用，为的是节省每一分物资用于伟大的革命事业；在物资供应匮乏时，中国共产党人节衣缩食，为的是坚持长期的对敌斗争，保持战斗能力。中国共产党人在革命信念的指引下，不惧怕艰苦卓绝的革命环境，不惧怕缺衣少穿的艰苦生活。他们克制自己的需要，厉行节俭，不断战胜艰难环境带来的种种挑战。他们下门板，铺稻草，不拿群众一针一线；他们啃树皮、吃皮带，爬雪山、过草地，征服漫漫两万五千里长征；他们迎接国民党制造的白色恐怖，迎接日本帝国主义的血腥杀戮。夏明翰、方志敏、杨靖宇、刘胡兰、叶挺、江竹筠、毛泽东、刘少奇、朱德、彭德怀及千千万万仁人志士为了革命不屈不挠，不管他们入党前的家境是富裕还是贫穷，他们都无怨无悔地选择了解放人民的革命事业，他们在艰难的斗争环境中不懈努力，克勤克俭，为中国革命事业献出了青春乃至生命。

革命磨炼了中国共产党人的意志，节俭锻炼了中国共产党人在困难的环境中生存的能力。他们虽然遭遇过暂时的失败，他们虽然面临过生死的考验，但他们凭着他们的意志和能力倔强成长。他们是坚定的共产主义战士，他们是坚强的革命志士，他们最终迎来了新民主主义革命的胜利。

2. 扩大党的政治影响力

中国共产党人的节俭不仅仅是一种消费观念和生活态度，更重要的是节俭背后折射出的与人民群众同甘共苦、艰苦奋斗的政治立场和政治情怀。中国共产党为什么能成为中国人民反帝反封建反官僚主义的领路人，为什么中国人民愿意和中国共产党并肩作战？因为中国共产党人不仅从理论上表明自身是为人民谋利益的党，而且从实践上让人民群众真真正正地感受到其为人民谋利益的政治立场。

“中国共产党以自己艰苦奋斗的经历，以几十万英勇党员和几万英勇干部的流血牺牲，在全民族几万万人中间起了伟大的教育作用。”①中国共产党与人民共同接受残酷斗争环境的考验，与人民一道勤俭节约、直面天灾人祸，与人民一起投入生产运动以实现丰衣足食，与人民一道打土豪分田地。中国共产党的节俭让人民了解了这个组织，让人们愿意亲近这个组织的成员，让人民愿意把自己的亲人交给这个组织并和这个组织并肩作战。中国共产党的勤俭节约、艰苦奋斗、与人民同甘共苦，赢得了人民群众的信任和支持，扩大了其在国内的政治影响力。

20世纪30年代，中国共产党领导的中国革命在华夏大地上如火如荼地进行着。尽管国民党不断地诋毁中国共产党，采取各种各样的方式对党领导的部队进行围追堵截，但中国共产党还是克服了千难万险在延安扎下了根。1936年美国人埃德加·斯诺怀着对中国共产党的好奇，怀着对中国共产党领导的中国革命的好奇采访了延安革命根据地。他在延安看到了令他叹服的“东方魔力”。毛泽东和夫人贺子珍住在四壁简陋、空无所用的窑洞里，所有的财产就是一卷铺盖和几件随身衣物；周恩来陈设简单的办公室内是一张木制的小炕桌和两只铁制的文件箱；彭德怀引以为豪的衣服是长征途中击下敌机后用缴获的降落伞做的背心。他还看到了沿途群众对中国共产党及其领导的军队的热爱，看到了延安的勃勃生机。1937年斯诺著的《红星照耀中国》（1938年在国内发行时译本改名为《西行漫记》）一书出版，书中对中国共产党及其领导的革命进行了客观公正的报道，一扫国民党对中国共产党的诋毁和污蔑。中国共产党人身上的“东方魔力”开始为世界所关注。中国共产党人的勤俭节约、艰苦奋斗、与人民同甘共苦，赢得

① 《毛泽东选集》第1卷，人民出版社1991年版，第184页。

了世界侧目。

3. 孕育不朽的革命精神

中国共产党满怀坚定不移的革命信念，为了国家和人民的利益，历经二十八年反帝反封建的艰难革命，最终实现了中华民族的独立自主和中国劳苦大众的当家作主。在复杂的斗争环境和恶劣的自然条件下，中国共产党披荆斩棘、跋山涉水、艰苦奋斗、厉行节俭，留下了许多可歌可泣的英雄事迹，孕育了不朽的革命精神。

1927 年，毛泽东率领工农革命军以宁冈为中心建立井冈山根据地。1928 年，朱德领导南昌起义的部分部队和毛泽东率领的部队在井冈山胜利会师，建立工农革命军第四军。井冈山土地贫瘠，部队的供给非常困难。但中国共产党领导的第四军始终坚持不拿群众一个红薯、一点东西，赢得了群众的支持和拥护。随着井冈山根据地和革命队伍的不断壮大，国民党对井冈山进行了疯狂的围剿，以至于红军官兵衣食严重缺乏，仅靠单衣御寒，仅食红米南瓜充饥。在这样严酷的斗争环境中，中国共产党领导的这支部队依然保持昂扬的斗志，击退了敌人的四次“围剿”。中国共产党及其领导的军队在坚定的革命信念支持下，不畏敌人的猛烈攻势，不向恶劣的自然条件屈服，节衣缩食，不懈奋斗，形成了井冈山精神。节俭是井冈山精神的重要内容。

在国民党“围剿”和共产党内王明、博古错误领导导致的严峻形势面前，中国共产党带领部队从各中央苏区向陕甘宁根据地进行战略转移。红军四渡赤水，飞夺泸定桥，爬雪山、过草地，凭着坚强的革命意志，克服了连续战斗带来的疲惫，克服了粮食不足带来的饥饿，克服了冰天雪地带来的严寒，克服了丛林沼泽带来的恐惧。他们相扶相携，在粮食严重不足的情况下，把少量的小米煮成汤，每人分一小口喝。他们挖野菜、吃草根、啃树皮维持生命。为了给后到的部队留下一定的给养，他们有时候甚至舍不得吃野菜、草根和树皮，用皮带充饥。在顽强的革命意志支持下，红军终于完成了漫漫二万五千里长征。“长征是宣言书，长征是宣传队，长征是播种机。”[①]长征向世人宣布了中国共产党不怕苦、不怕累的革命大无畏精神，展示了中国共产党顾全大局、团结友爱的集体主义精神，显现了中国共产党人不惧困难、乐于节俭的革命乐观主义精神。在难以有效开展生产的长征路上，节俭是中国共产党及其部队获得持续不断的给养、维持生命、保持革命力量的基本途径。节俭是长征精神的重要内容。

中国共产党带领红军到达延安后，虽然有了栖身之地，但国民党的军事包围和经济封锁，加上之后日本侵略者的疯狂扫荡，使得边区军民的生活异常艰苦。中国共产党带领边区人民开展了一场轰轰烈烈的“自己动手，丰衣足食”的大生产运动。毛泽东、周恩来、彭德怀等党和政府的领导同志和士兵、农民一起开荒种地、纺纱织布，一样省吃俭用、艰苦朴素。他们把人民的利益放在最重要的位置，从人民群众的实际出发，急群众所急，想群众所想，响亮地提出“为人民服务”的政治口号。他们和人民吃一样的食物，穿一样的服装，过一样节俭的生活，和人民并肩参加生产劳动，并肩反对浪费。中国共产党是没有私利的党，是和人民同甘共苦的党。中国共产党在延安的奋斗，解决了边区军民的生计问题，拉近了中国共产党和人民的关系，支援了抗战前方的斗争，形成了自力更生、艰苦奋斗、全心全意为人民服务的延安精神。节俭是延安精神的重要内容。

节俭让人民群众认识和了解了中国共产党，让中国共产党得到了人民群众的支持和拥护，让人民群众紧紧围绕在中国共产党周围进行

① 《毛泽东选集》第1卷，人民出版社1991年版，第150页。

艰苦卓绝的革命斗争。中国共产党的节俭孕育了井冈山精神、长征精神和延安精神，昭示了中国革命的胜利。

4. 推进革命运动的发展

"我们的经济政策的原则，是进行一切可能的和必须的经济方面的建设，集中经济力量供给战争，同时极力改良民众的生活"①。中国共产党经济政策的两个基本点：一是发展生产，二是厉行节约。发展生产，可以提供供给战争和改善民众生活的物质条件；厉行节约，可以提高供给战争和改善民众生活的物资的有效使用率，减少浪费。在革命过程中，中国共产党非常注重经济建设的这两个方面，有力地推进了革命运动的发展。

不管是在中央苏区的革命斗争中，还是在长征中茫茫的荒草地上，抑或是在战争的前沿阵地上，中国共产党始终紧紧和人民群众在一起，和人民群众一起生产劳动，一起省吃俭用。军民生活一样，官兵生活一样，没有特殊，没有不一样。中国共产党通过自己的节俭为人民群众树立了榜样，通过土地革命激发了人民的劳动热情，通过和群众同甘共苦得到了群众的支持和拥护。

中国共产党领导下的红色区域，人民一方面努力发展生产，另一方面注重节俭，生活水平得到不断的提高。中国共产党获得了人民群众的支持，更多的人参加了革命队伍，壮大了革命力量。同时，生产和节俭为前方战争积攒了战争经费，保障了军队供给。革命时期前方部队的战争经费和军队供给筹集的途径是多方面的：没收土豪劣绅的财产，经营地下商业，爱国人士捐赠，掠夺敌人的资源，自己生产筹集等。不管是哪一种途径筹集来的经费和供给都是有限的，都涉及这些经费、物

① 《毛泽东选集》第1卷，人民出版社1991年版，第130页。

资的合理使用。中国共产党及其军队正是本着节俭的原则，能少用的尽量少用，能不用的尽量不用，以有限的经费和供给保障了前线战士的战备供应，推进了革命运动的发展。

另外，在粮食衣物供给极度缺乏的困难时期，节俭是人们维持生命、党和军队维持革命战斗力的唯一选择。在爬雪山、过草地的艰难历程中，每顿少吃一点粮食、少吃一点野菜，是支持各路红军走出雪山、走出草地的法宝。虽然无数的革命战士在长征中倒下了，但红军最终还是坚强地完成了长征，保留了革命的火种。“共产党有艰苦奋斗的作风，能够忍饥挨饿去打日本帝国主义。从前红军长征过草地的时候，有五十天没有饭吃，吃树皮，这只有共产党能做到，别人是做不到的。”①长征后留存的这支“不死之师”成为后来中国革命的主要力量，有力地推动了革命运动的进程。

（二）社会主义改造和建设时期的节俭文化

1949 年中华人民共和国成立后，中国共产党领导中国人民开始了进行社会主义改造和社会主义建设的探索之路。从战争中复苏的新中国，千疮百孔，一穷二白。中国共产党正是凭着勤俭节约、艰苦奋斗、与人民同甘共苦的革命热情和革命斗志，领导全国人民完成了对农业、手工业和资本主义工商业生产资料私有制的社会主义改造，建立起比较完整的工业体系和国民经济体系，在中华大地上逐步确立起了社会主义基本制度，开始了建设富强的社会主义国家的伟大征程。社会主义改造完成至改革开放前的二十多年间，中国共产党人依然身体力行，勤

① 《毛泽东文集》第 2 卷，人民出版社 1993 年版，第 193 页。

俭节约，勤俭持家，号召和带领全国人民勤俭建国，勤俭办一切事情，带领全国人民战胜了天灾人祸，基本维持了国民经济的平稳运行。

1. 反对官僚主义

官僚主义是与领导、领导机关紧密相关的一种病态问题。中华人民共和国的成立，代表着中国共产党从革命党角色进入了执政党角色。受封建传统思想的影响和权力本身的指挥和支配力量，脱离群众、不关心群众、做官当老爷的官僚主义出现并有蔓延趋势。

周恩来在《反对官僚主义》一文中提到了官僚主义的多种表现。其中机关式的官僚主义："机构庞杂，……浪费资财，破坏制度"①，特殊化的官僚主义："图享受，怕艰苦；……请客送礼，置装添私"②，摆官架子的官僚主义："房子越大越好，装饰越贵越好，供应越多越好；领导干部这样，必定引起周围的人铺张浪费"③，蜕化变质的官僚主义："大吃大喝，好逸恶劳，游山玩水"④，都涉及了对社会财富、国家资金的浪费。也就是说，官僚主义的其中一种表现就是浪费。节俭就是要"尽可能地减少一切机关的非生产的开支"⑤，即反浪费，从某种程度上抵制官僚主义。

减少机关非生产性的开支，一般通过两种途径实现：一是精简组织机构，压缩工作人员，从绝对数量上减少政府财政开支负担的人数；二是加强制度建设，增强工作人员的节俭意识，减少浪费。1951 年年底发动的"三反"（反贪污、反浪费、反官僚主义）运动以强大的声势抨击了浪费行为，增强了党政工作人员的节俭意识，很大程度上减少了政府

① 《周恩来选集》下卷，人民出版社 1984 年版，第 420 页。
② 《周恩来选集》下卷，人民出版社 1984 年版，第 420 页。
③ 《周恩来选集》下卷，人民出版社 1984 年版，第 421 页。
④ 《周恩来选集》下卷，人民出版社 1984 年版，第 421 页。
⑤ 《建国以来重要文献选编》第五册，中央文献出版社 1993 年版，第 311 页。

行政开支，减少了不关心百姓生活、浪费国家资金的官僚主义行为给社会带来的危害。另外，为了达到减少机关非生产性开支的目的，裁撤了不急需的机构，裁减了不急需的人员，缩小了行政管理机构，减少了政府财政支出，强化了党政工作人员的责任心，一定程度上遏制了人浮于事的官僚主义。

“官僚主义是领导机关最容易犯的一种政治病症。”①虽然真正打击官僚主义需要从制度建设等方面做工作，但我们还是应该肯定新中国成立后在全国范围内进行的各种提倡节俭、反对浪费的活动在一定程度上反对了官僚主义。

2. 积累建设资金

在国民党政府遗留下来的烂摊子上进行国民经济的恢复和发展，建设资金最为重要。为了获得充足的建设资金，中国共产党带领全国人民开展了增产节约运动，一方面发展生产、创造财富，另一方面节约俭省、积累财富。生产是创造建设资金的唯一途径，节俭是积累建设资金的重要方式。如果不注意节俭，生产创造出来的财富会被人们的生活消费逐渐消耗掉，难以为社会再生产形成有效的物质和资金准备。所以，为了有效地实现社会再生产，中国共产党带领全国人民“节省每一个铜板去为新社会经济的建设而积累一分力量”②。从单个人看，节俭积累的财富不算多，但却也能为国家建设提供一份资金支持，“节约一点，就是对于国家建设增加一分，对于国防力量增加一分”③。从整个国家来讲，每个人节俭积累起来的数额不大的财富，每个机关节省的不必要的开支和浪费性的支出，会积累起数目可观的建设资金。

---

① 《周恩来选集》下卷，人民出版社 1984 年版，第 418 页。
② 《任弼时选集》，人民出版社 1987 年版，第 481 页。
③ 《周恩来经济文选》，中央文献出版社 1993 年版，第 207 页。

1951 年虽然受到抗美援朝战争的影响,但我国经济建设的投资依然有"相当于四万万美元这个数目字"①,极大地推动了水利、铁路和纺织等部门的建设。新中国成立后的前三年,我们的经济已经恢复到过去最高年产量的水平,为第一个五年计划的实施奠定了基础。1957 年国民经济建设的第一个五年计划基本实现,顺利完成了预期的主要生产建设指标,确立了社会主义工业化的基础。这些成就的取得离不开全体中国人民勤俭节约为社会主义建设积累的资金支持。1958 年至1960 年三年"大跃进"时期受政治因素的影响形成的高指标、瞎指挥导致了大量人力、物力、财力的浪费,造成了国民经济比例严重失调。之后的经济调整,从中国经济建设的实际出发,精简基本建设,号召全民勤俭节约,把呈现"大跃退"态势的国民经济拉回了正常发展的轨道上,"工农业生产已经全面高涨,整个国民经济已经全面好转,并且将要进入一个新的发展时期。"②"文化大革命"十年动乱中,中国人民依然传承节俭美德,推动经济出现过阶段性的增长,但受政治大气候的影响,整个国民经济还是遭受了巨大损失。新中国的建设坎坎坷坷,中国共产党带领全国人民节约俭省、勤俭办一切事业,在积累建设资金、推动经济建设方面起到了非常积极的作用。

3. 改善人民生活

"我们进行社会主义建设、社会主义改造,目的就是要在生产发展的基础上,在劳动生产率提高的基础上,逐步地改善人民的物质生活和文化生活。"③改善人民生活,提高人民生活水平,是中国共产党带领全国人民进行社会主义建设的目的,是中国共产党全心全意为人民服务

① 《陈云文选》第 2 卷,人民出版社 1995 年版,第 126 页。
② 《建国以来重要文献选编》第 19 册,中央文献出版社 1998 年版,第 456 页。
③ 《周恩来经济文选》,中央文献出版社 1993 年版,第 215—216 页。

的体现,也是中国共产党获得拥护和支持的基本保证。

中华人民共和国成立后,除 1949 年因战争和财政赤字严重导致市场混乱、1959 年至 1961 年因大跃进和牺牲农业发展工业政策导致粮荒、1967 年和 1968 年受"文化大革命"影响导致生产下降外,国内经济基本保持了平稳发展,工农业生产总值不断提高,社会消费品零售总额不断增加。把商品零售物价指数和人口自然增长率考虑在内,整个社会的消费水平总体上呈现上升的趋势,人民生活得到不断改善。

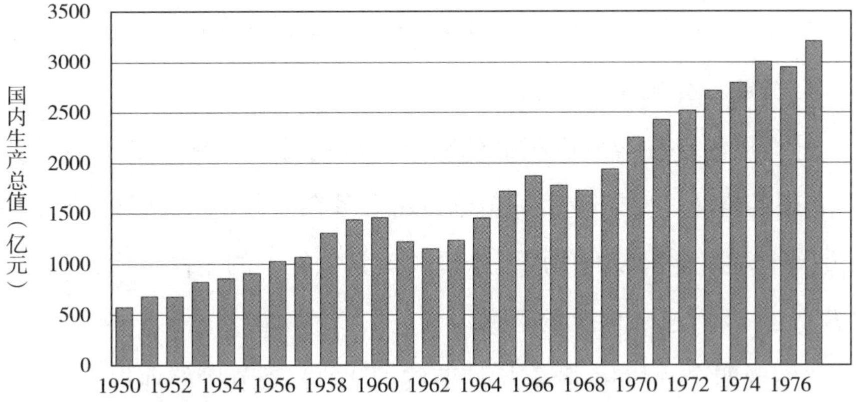

图一　1950—1977 年国内生产总值变化图①

以上数据显示,除一些特殊时期外,整个社会生产出来的消费品数量在增加,人们的消费能力在增加,人民生活水平在提高。把人民生活水平的提高简单归结为节俭是不全面的,但节俭在人民生活水平的提高中确实起到了很重要的作用。节俭能为再生产积累物质和资金,再生产可以生产出更多的满足人们生活需要的消费资料,人们因为有了更丰富的消费品,生活质量在不断提高。

---

① 数据来源:中央财经领导小组办公室编:《中国经济发展五十年大事记》,人民出版社、中共中央党校出版社 1999 年版。

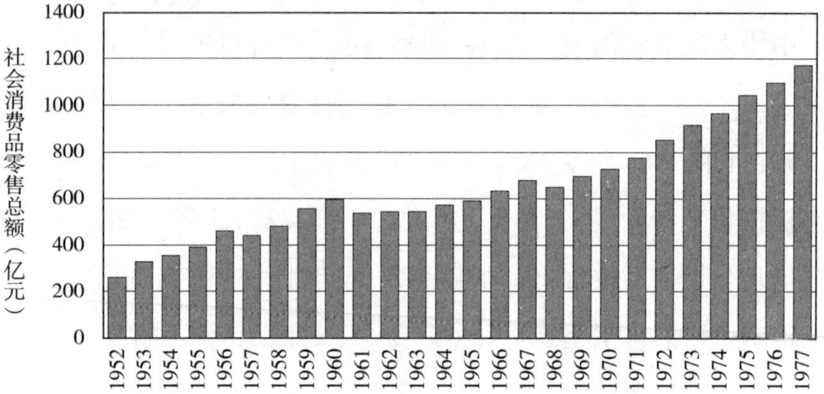

图二 1952—1977 年社会消费品零售总额变化图①

4. 形成社会风尚

社会风尚是社会成员积极的精神面貌的总体体现。节俭与勤劳、团结、艰苦奋斗、廉洁、爱民等美德紧密联系在一起，在个人、家庭、国家的发展中发挥着积极的作用。中国共产党领导下的全民节俭在整个社会营造了一种健康、向上的道德风尚。

“实现四个现代化，要靠增产节约。”②勤劳是节俭的前提。新中国成立后开展的社会主义改造和社会主义建设都是在增产节约的实践中进行的，一方面全国人民在中国共产党的领导下，积极参加社会主义工农业建设，大力发展生产，创造社会财富；另一方面全国人民在中国共产党的领导下，在适当提高生活水平的前提下勤俭办一切事情，通过节俭积累社会财富。勤劳节俭的中国人民在中国共产党的领导下顺利地完成了社会主义改造，进行了社会主义建设的初步探索。勤劳节俭成为社会公认的道德要求。

---

① 数据来源：中央财经领导小组办公室编：《中国经济发展五十年大事记》，人民出版社、中共中央党校出版社 1999 年版。

② 《彭真文选》，人民出版社 1991 年版，第 341 页。

"节约运动必须是全民的运动。"①一个人节俭的力量毕竟是有限的。在中国这样一个大国进行社会主义建设,需要的不是一小笔资金,而是一大笔数目可观的资金。这笔资金的积累单靠一个人或几个人的力量显然是办不到的。正是因为全国人民能紧紧团结在中国共产党的周围,齐心协力,团结一致,共同节俭,才为新中国的建设积累了大量的建设资金,推动了社会主义建设的顺利进行。团结是中国人民战胜各种困难的精神支柱。

"饭不能吃得太差,但也不能吃得太好。吃得太好,就没有力量进行建设了。"②社会主义建设的目的是为了让人民吃得更好,穿得更好,生活得更好。但奢侈豪华的生活会让人们失去拼搏的意志,失掉发展的锐气,所以不管是在资金和物质比较短缺的时期,还是在资金和物质稍微富足的时候,节俭、艰苦奋斗一直是中国共产党带领人民共同发展的动力。节俭养德,克艰攻难,是中华人民共和国不断强大的宝贵精神财富。

"不取不是自己应得的财物,或虽是应得而尽量少取,叫廉洁"③。党政工作人员节俭,不为自己谋私利,把全部的身心投入到为人民服务的事业中,不取或少取报酬,全心全意为人民服务,廉洁奉公。廉洁与节俭息息相关,不节俭便会肆意索取,便不能廉洁。节俭为社会培养了廉洁的党政工作人员,形成了清廉的干部作风。

"生活俭朴,与群众同甘共苦,成为每个革命者所追求的美德。"④人民是社会财富的创造者,也应该是社会财富的第一受益者。党政工

① 《建国以来重要文献选编》第六册,中央文献出版社1993年版,第358页。
② 《陈云文选》第3卷,人民出版社1995年版,第306页。
③ 《谢觉哉文集》,人民出版社1989年版,第911页。
④ 《朱德选集》,人民出版社1983年版,第368页。

作人员吃苦在前，享受在后，生活俭朴，把逐步提高和改善人民的生活水平放在最重要的位置，体现了中国共产党的爱民情怀。

节俭、勤劳、团结、艰苦奋斗、廉洁、爱民等行为品质，以积极、健康、向上的道德风尚面貌，在社会主义革命和建设过程中凝聚了人心，培育了拼搏向上的社会心态，为人们的精神家园注入了强大的活力。

（三）改革开放新时期的节俭文化

1978 年 12 月召开的十一届三中全会，从政治上开始纠正"文化大革命"的错误，在经济上明确提出把全党的工作中心转移到社会主义建设上来。中国的社会主义建设进入了改革开放新时期。"中国共产党在新的历史时期的总任务是：团结全国各族人民，自力更生，艰苦奋斗，逐步实现工业、农业、国防和科学技术现代化，把我国建设成为高度文明、高度民主的社会主义国家。"①全国人民在中国共产党的领导下，开始了改革不适应生产力发展的经济体制和政治体制、扩大对外开放、建设中国特色社会主义道路的新探索。改革开放更进一步解放了生产力，经济出现持续快速增长，人民生活水平显著提高，"在世界各国各地区经济社会发展史上，中国发展的规模、速度、质量与和平性质等都是史无前例的"②。社会主义建设取得可喜成就的同时，中国共产党没有背离节俭的政治本色，一如既往地勤俭节约，号召人们在相应提高了的生活水平上坚持艰苦奋斗，珍惜来之不易的幸福生活。这有力地抵御了享乐主义的侵袭，推进了反腐倡廉的开展，促进了节约型社会的建设。

---

① 《十一届三中全会以来重要文献选读》（上），人民出版社 1987 年版，第 476 页。

② 段若鹏：《改革开放正当时》，《江淮》2008 年第 2 期。

1. 保持艰苦奋斗的精神

“现在我们搞四化,情况会逐步好起来,但是好起来也要保持艰苦奋斗的精神。”①艰苦奋斗是中华民族的优良传统,是中国共产党的政治本色,也是中国人民不断奋发努力、自强不息的精神支柱。艰苦奋斗本义指在艰苦的条件中做英勇顽强的斗争,后在使用中更多地体现为一种不断发奋图强、克服困难、拼搏进取、开拓创新的精神状态。这种精神在艰难困苦的环境中需要,在环境改善的条件下也需要。生活艰苦朴素、保持节俭是艰苦奋斗的重要内容。厉行节俭、反对浪费是保持艰苦奋斗精神的具体体现。坚持了节俭,就是坚持了艰苦奋斗的精神。

改革开放的目的是要进一步解放和发展生产力,使中国的现代化在21世纪二三十年代达到西方发达国家水平,并在此基础上获得更进一步的发展。“如果不提倡艰苦奋斗,勤俭节约,这个目标不能达到。”②“广大人民群众是社会主义现代化建设的主力军”③,正是由于在改革开放的探索实践中,全国人民能紧紧围绕在中国共产党的周围,坚持勤俭节约,坚持艰苦奋斗,我们的生产力水平才有了很大的提高,人民生活水平才有了很大的改善。与此同时,国人也很清醒地认识到,我们与西方发达国家相比,还有很大的差距,还有很大要提升的空间。只有节俭、不浪费,才能为再生产、再发展提供前提和基础,才能更好地积蓄和利用财富。如果人们铺张浪费,把创造出来的社会财富全部消费,再生产和再发展就失去了前提和基础,国民经济水平也就不能得到有效提高。在生产力水平提高的状况下谈节俭,并不是要人们回到吃野菜、啃树皮的时代,而更多强调的是人们在物质需要得到一定满足的

① 《邓小平年谱(1975—1997)》(下),中央文献出版社2004年版,第769页。
② 《邓小平年谱(1975—1997)》(下),中央文献出版社2004年版,第785页。
③ 褚海萍:《无产阶级政党的理论自觉——读列宁的〈怎么办?〉》,《科学社会主义》2013年第1期。

情况下，保持一种昂扬的斗志，一种革命的精神，一种艰苦奋斗的作风。

党和政府经常以各种方式警醒广大领导干部必须远离奢侈浪费、远离奢华糜烂，告诫共产党员要谦虚谨慎、不骄不躁，倡导人们增强节约意识进行合理消费。改革开放后，人们在中国共产党的领导下总体上保持了勤俭节约的优良作风，创造和积累了大量的社会财富，坚持和传承了艰苦奋斗的革命精神。

2. 抵御享乐主义的侵袭

享乐主义是一种把物质欲望的满足和感官肉体的快乐作为人生目的的人生观和价值观。享乐主义因过分强调对物质财富的追求，忽视人精神世界的充实，会使人的意志沉沦、缺乏道德感和进取心；享乐主义过分地夸大了个人快乐的地位，忽视了对人与人之间关系的和谐处理，会造成人际关系的紧张；享乐主义因一味地追求物质的满足，忽视对消费必要性和有效性的思考，会造成大量资源的浪费。享乐主义对个人的全面发展、社会的有序推进、人与自然的和谐相处都会形成巨大的威胁。

在改革开放创造了一定物质财富的基础上，受西方各种思潮的影响，享乐主义在一些人中间有了市场。一些党员干部随意挥霍人民的劳动成果，大吃大喝、游山玩水、灯红酒绿，以致上行下效，一些群众铺张浪费、纸醉金迷、贪图享受。在这样的情况下，党中央号召共产党员特别是领导干部从自我做起，自觉精打细算、量入为出，自觉抵制铺张浪费之风，自觉远离豪华娱乐场所，自觉节俭，为广大人民群众的正确消费做好榜样。各级领导干部“应该保持艰苦奋斗的传统”①，没有任

① 《邓小平文选》第3卷，人民出版社1993年版，第290页。

何理由“挥霍国家和人民的钱财”①，要“带头抵制享乐主义和奢靡之风”②，要“严格落实各项节约措施”③，要以节俭的作风带领广大人民群众共建富强、民主、文明、和谐的社会主义国家。

节俭以人对自身欲望的克制为基础，反对人依靠无止境地获取物质享受和肉体欢愉来展示人生的价值所在，反对追求物质生活上的纵欲无度，反对奢靡腐朽的生活方式，反对不顾现实生产力水平的过度消费。节俭与享乐主义相对立，是抵制享乐主义的一剂良药。党和政府通过强化预算管理和审计监督、加强财政专户管理、严格执行公务接待制度、开展各种形式的教育活动等方式，以外在的强制力和调动内在的自觉性为基础，监察督促党员干部以身作则，勤俭办事。同时，在群众中，一方面通过党员干部的行为示范，另一方面通过颁布法律法规、倡导健康文明的消费方式等措施，进行了各种各样的节约实践。

这些实践增强了人们的节俭意识，避免了人们因沉陷物质享受的泥潭而不能自拔，有效地抵制了享乐主义对人们精神和肉体的侵蚀。但不得不指出的是，由于人追求安逸生活的本能，加之西方敌对势力的有意渗透，享乐主义是我们不得不长期关注的一个问题。厉行节约，反对浪费是长期抵制享乐主义的一条基本路径。

3. 推进反腐倡廉的开展

“奢侈浪费既是消极颓废的表现，也是腐败问题得以产生和蔓延的温床。”④奢侈浪费以对财物的大肆耗费为基本特征，用物质的满足诠释人的生存价值，用充斥的物欲标榜人的追求，把物质需要作为人的

---

① 《江泽民文选》第1卷，人民出版社2006年版，第618页。
② 《十七大以来重要文献选编》(上)，中央文献出版社2009年版，第856页。
③ 《厉行节约　反对浪费》，《人民日报》2013年1月29日，第1版。
④ 《江泽民文选》第1卷，人民出版社2006年版，第617页。

需要的全部内容,远离甚或抛弃人的精神追求,削弱甚或放弃人精神世界的建设,是人消极颓废的表现。领导干部由人民中产生,代表人民行使各项社会管理职能,对相应的社会资源有调节控制的权力。领导干部的奢侈浪费会滋生用公权力为自己谋取私利的腐败,会对整个社会的物质文明建设和精神文明建设造成恶劣的影响。奢侈浪费需要消耗大量的财物,大量的财物若不能通过正常途径取得,把握社会资源调控权的领导干部便有可能通过手中的权力为自己的奢侈浪费埋单。领导干部的奢侈腐败会造成物质财富的大量耗费,会侵蚀党员干部的进取精神,会影响干群关系,会给整个社会的消费造成负面影响,会对人们的精神世界形成消极示范。

中国共产党历来重视反腐倡廉,“反腐败斗争是关系到党的生死存亡的问题”①,对腐败问题有着高度的警惕性,对倡廉在保持共产党生命力中的地位有着清醒的认识。反腐和倡廉是廉政建设的两个方面,两者相辅相成,反腐促倡廉,倡廉促反腐。改革开放以来,反腐倡廉以积极预防、严厉惩处为基本思路。一方面以思想、作风建设为软手段增强各级领导干部的节俭意识,使其自觉增强拒腐抗腐能力;另一方面以制度建设等硬手段约束各级领导干部的行为,使其远离腐败的泥沼。在反腐倡廉的各项举措中,节俭是很重要的一条思路。

1989年9月18日《中共中央办公厅、国务院办公厅关于在国内公务活动中严禁用公款宴请和有关工作餐的规定》中要求:工作餐不准上价格昂贵的菜肴,不准用公款购买烟、酒。

1994年4月28日《中共中央办公厅、国务院办公厅关于党政机关工作人员在国内公务活动中食宿不准超过当地接待标准的通知》指

---

① 《十三大以来重要文献选编》(中),人民出版社1991年版,第580页。

出:党政机关工作人员在国内公务活动中,应住内部指定的宾馆、招待所,不准住非指定的豪华宾馆、涉外旅游饭店。

1996年6月27日《中共中央纪律检查委员会办公厅、监察部办公厅关于禁止对普通轿车进行豪华装修的通知》中强调:党政机关领导干部的工作用车及国有企事业单位领导干部的工作用车一律不得进行豪华装修。

1997年3月28日印发的《中国共产党党员领导干部廉洁从政若干准则(试行)》明确禁止"讲排场、比阔气、挥霍公款、铺张浪费"①。

1997年5月25日《中共中央、国务院关于党政机关厉行节约制止奢侈浪费行为的若干规定》做出如下要求:严格控制新建和装修办公楼;严格控制各种会议;严格控制各种庆典活动;严禁用公款大吃大喝、挥霍浪费;严格控制用公款安装住宅电话或购买移动电话;严格控制各种检查,禁止形式主义的评比和达标活动;严格按规定配备和更换小汽车;严格管理公费出国(境)。

2001年9月26日中国共产党第十五届中央委员会第六次全体会议通过的《中共中央关于加强和改进党风建设的决定》,要求领导干部办一切事要"量力而行,精打细算,讲求实效"②。

2006年10月20日《中共中央办公厅、国务院办公厅关于印发〈党政机关国内公务接待管理规定〉的通知》指出:接待单位应当严格按照接待标准提供住宿、用餐、交通等服务,不得超标准接待,不得用公款大吃大喝,不得组织到营业性娱乐、健身场所活动,不得以任何名义赠送礼金、有价证券和贵重礼品、纪念品,不得额外配发生活用品。

---

① 《十四大以来重要文献选编》(下),人民出版社1999年版,第2456页。

② 《十五大以来重要文献选编》(下),人民出版社2003年版,第2014页。

2007年3月18日《中共中央办公厅、国务院办公厅关于进一步严格控制党政机关办公楼等楼堂馆所建设问题的通知》要求:建筑物内不得设置阳光房、采光中厅、室内花园、景观走廊等。

2012年12月4日中共中央政治局会议审议通过的中央政治局关于改进工作作风、密切联系群众的八项规定要求:要轻车简从、减少陪同、简化接待,不张贴悬挂标语横幅,不安排群众迎送,不铺设迎宾地毯,不摆放花草,不安排宴请。

2013年10月出台的《党政机关厉行节约反对浪费条例》对公务接待、公务用车、会议活动、办公用房的规格做了明确要求。

2013年12月8日发布的《党政机关国内公务接待管理规定》明确指出,国内公务接待的基本原则之一是:务实节俭。

2014年3月印发的《关于厉行节约反对食品浪费的意见》,从杜绝公务活动用餐浪费方面进行了规定。

2014年7月,中共中央办公厅、国务院办公厅印发的《关于全面推进公务用车制度改革的指导意见》,针对公务用车中车辆配备范围过大、运行管理成本偏高、公车私用等问题,强调要进行公务用车改革,以达到交通费用节约可控、车辆管理规范透明的效果。

2015年10月发布的《中国共产党纪律处分条例》第七十八条规定,挥霍浪费公共财产,根据情节严重程度,分别给予警告、严重警告、撤销党内职务、留党察看、开除党籍处分。

2015年10月发布的《中国共产党纪律处分条例》中,党员廉洁自律规范的第三条为:坚持尚俭戒奢,艰苦朴素,勤俭节约。

这些规定和要求都强调了领导干部必须节俭,必须从工作条件、工作待遇方面严格要求自己。这些规定在实践中起到了宣传教育、监督检查和发现惩处的作用,有力地推动了中国共产党的廉政建设。

4. 推进节约型社会建设

“加快建设节约型社会，在生产、建设、流通、消费各领域节约资源，提高资源利用效率，减少损失浪费，以尽可能少的资源消耗，创造尽可能大的经济社会效益。”①节约型社会的一个基本理念是减少资源耗费。节俭从消费领域着眼，从与人们息息相关的吃穿住用行着手，注重减少消费品的耗费，能有效提高资源的利用率，能有力地减少资源的耗费。节俭一直以来在提高资源利用率方面扮演重要角色，并在新时期的节约型社会建设中发挥重要作用。

2002 年中国共产党第十六次代表大会报告把“生态环境得到改善，资源利用效率显著提高”②列入全面建设小康社会的基本奋斗目标，节约型社会建设的思路初步体现。2004 年中央人口资源环境工作座谈会上，温家宝总理明确提出了“资源节约型社会”的概念，强调要把节约资源放在非常重要的位置。党的十六届五中全会把节约资源、建设节约型社会提到了现代化建设的重要日程上。

在建设节约型社会的实践中，党和政府通过一些具体的方式方法激发和强化人们的节俭意识，如：建立资源节约责任制，开展资源节约的专项检查，在各级各类人员中进行资源节约的教育培训，通过各类传播媒体宣传节约资源的意义、弘扬节约资源的先进典型等。这些措施的施行进一步强化了人们的节俭意识，使人们深刻地认识到节俭与社会发展、人类生存之间的重要关系。

在建设节约型社会的实践中，各级各类性质的社会群体通过一系列的措施践行节俭，如：办公室文件无纸化传输，安装变频空调，调低暖气温度，安装自动感应节水龙头，关闭城市景观灯，减少路灯数量，使用

---

① 《十六大以来重要文献选编》（中），中央文献出版社 2006 年版，第 948 页。
② 《江泽民文选》第 3 卷，人民出版社 2006 年版，第 544 页。

节能灯具，拒绝一次性餐具，惩罚餐桌浪费等。这些措施从细处、小处着眼，从节省一张纸、一度电、一滴水、一粒粮食、一块木材入手，在短时间内节省了大量的资源，有力地推动了节约型社会的建设。

中国共产党是全心全意为人民服务的马克思主义政党，中国共产党人除了人民利益之外没有任何自己特殊的利益。节俭是中国共产党的本来政治面目。中国共产党人尽可能地减少财力和物力的耗费，并且带领全国人民共同节俭，目的只有一个，即不断地提高广大人民群众的生活水平。从中国共产党领导的新民主主义革命、社会主义革命和建设、改革开放的实践中，我们可以看到节俭不管是在革命时期还是建设时期，不管是在物质匮乏时期还是物质相对丰富时期，都是非常重要的。“历览前贤国与家，成由勤俭破由奢。”①中国共产党的长期稳定执政，社会主义事业的兴旺发达，离不开节俭这一重要范畴。中国共产党必须在今后的社会主义实践中一如既往地率先垂范，带领全国人民共同节俭。只有这样，社会主义事业才能长盛不衰，人民生活水平才能不断提高。

---

① 叶葱奇:《李商隐诗集疏注》(上)，人民文学出版社1985年版，第134页。

第三章　消费主义的发展及其特征

消费主义是一种以消费为根本目的的生活方式。在消费主义生活方式中，消费者消费的不是产品的使用价值，而是代表其身份和地位的象征意义，突出对物质产品的使用和消耗。消费主义在以美国为代表的西方社会盛行，并开始在全球化的过程中不断向广大发展中国家蔓延。由于广大发展中国家的生产力水平远没有创造出消费主义生存的理想环境，外来的消费主义以畸形的状态影响着这些国家的良性发展。

一、消费主义的发展演变

消费主义不是从个人的本真生活需求出发，而是跟从社会宣扬的物质享受理念进行消费。而这种物质享受理念服从和服务于资本价值增殖的需要，是一种被人为地催生出来的消费。消费主义在初期形成中，对于缓解工人生理、心理压力起到了一定的作用。随着时间的推移，其“不断生产—不断消费—不断废弃”的消费模式给生态、社会带来了沉重的负担，负面作用日益明显。

论及消费主义的发展演变，最早可以追溯到原始社会末期的“炫耀性有闲”。原始社会末期，脑力劳动和体力劳动分离。脑力劳动者可以不再拘束于忙碌的体力劳动中，他们获得了“闲”时。把“有闲”时间作为炫耀的手段就在于展示其脑力劳动者的工作性质和社会地位。

这种炫耀性有闲后来发展成了炫耀性消费。炫耀性消费不是真正意义上的消费主义，由于其缺乏相应的生产力支持，只是模糊地具备了消费主义的个别基本特征。随着城市化进程的推进，传统的相对封闭的邻近关系逐渐解体，人口流动日益频繁。这使得每个人都随时在各种陌生的人群中穿梭，炫耀性有闲已经不能充分地突出个人的身份和地位。为了让别人认识到自己的身份和地位，个人只能通过穿戴不菲的服装、佩戴昂贵的饰品等表现自己。这就出现了“炫耀性消费”。

关于炫耀性消费的研究，最早可以追溯到加拿大经济学家约翰·雷(1796—1872 年)的观点。约翰·雷最先提出了“炫耀性消费”这一概念。他认为，人们使用奢侈品的目的在于向别人炫耀别人不曾或不能占有的物品，以满足个人虚荣心的需要。约翰·雷提出的“炫耀性消费”这一概念在当时并未得到学界的关注。托斯丹·邦德·凡勃伦 1899 年出版的《有闲阶级论——关于制度的经济研究》一书，针对当时美国新出现的“乍富”阶级，即布尔乔亚的生活方式进行了分析，以“炫耀性有闲”引导人们认识“炫耀性消费”。凡勃伦在其著作中并没有明确地给“炫耀性消费”界定含义，但我们从其描述中可以看到：炫耀性消费的目的在于通过展示自己的支付能力获得身份认同。在谈“炫耀性消费”时，凡勃伦还提到了“代理消费”。代理消费是由奴仆或家庭其他成员的消费行为来显示户主的支付能力，炫耀户主的财富，是“炫耀性消费”的一种重要表现。“炫耀性消费”是西方消费主义的最初萌芽形式，“炫耀性消费”也成为学术界认识消费主义的起点。基于凡勃伦对“炫耀性消费”的认识，1950年列宾斯坦提出了“凡勃伦效应”，即炫耀性消费现象，认为其是一种外部效果，这种效果源于消费者对高价产品与服务青睐的动机在于通过消费该种产品能获得他人对其的身份认同。凡勃伦当时生活的时代只能让他认识到存在特定群体中的类消费主义行为，与我们今天谈到的存在于大众社会中的消费主义行为是不一样的。但炫耀性消费通过消费获得身份认同、符号体验却是为消费主义的盛行埋下了伏笔。

20世纪30年代中后期，真正意义上的消费主义开始在美国出现，并逐渐向世界上其他发达国家蔓延。劳动者的工资收入增加，曾为少数富有人群享有的消费特权开始进入大众消费市场，消费社会逐步形成。消费社会以消费主义为主要特征，消费者消费的不是产品的使用价值，而是代表其身份和地位的象征意义。受消费主义思想影响的群体逐渐由原来的社会上层扩展到社会中层和社会下层。

自1825年资本主义世界发生第一次经济危机以来，经济危机就一直困扰着资本主义国家。经济危机反复爆发给资本主义国家带来的沉痛打击，使得一些经济学家开始不断地反思。英国经济学家约翰·梅纳德·凯恩斯在1929—1933年历时五年的经济危机之后，于1936年发表了《就业、利息和货币通论》一书，指出导致经济危机的关键问题在于有效需求不足。只有通过增加有效需求，才能使资本主义国家摆脱经济危机的困局。为了增加有效需求，政府应该通过兴建公共设施、减少税收等方式，提高企业投资力，增加居民收入，从而增加社会需求总量。在凯恩斯眼中，提高社会的消费力，是挽救资本主义危机的一剂良方。随着凯恩斯以刺激消费应对经济危机主张的提出，消费在西方社会开始演变成社会成员的一种社会责任。

这种社会责任在福特主义和后福特主义的推动下，逐渐成为一种社会现象。福特主义时代,社会生产被条块分割进行标准化操作。每个工人只需进行短时间的培训即可胜任简单的分工,每个工人只需在自己的工作岗位不断地重复单调的劳动,即可推动社会生产的顺利进行。工人的劳动失去了自主性,成为生产线上的一个零件。这样的流水线操作极大地提高了劳动生产率,增加了工人工资,但造成了劳动者身体的极度劳累和大批量的同质商品。繁重的劳动使得劳动者无暇顾及生活资料的家庭生产,用工资收入购买商品恢复自身消耗掉的体力并维持家庭生活的正常进行,成为劳动者的必然选择。福特主义的生产方式生产出了足够多的消费品,也造就了有一定购买力的消费者,成为消费主义发展的有机土壤。20 世纪受福特主义的影响,整个资本主义社会进入高强度劳动和全方位同质购买消费的阶段。福特主义时代,大规模的流水线生产出大量同质商品,劳动者只能通过购买与别人相同或相近的物品,使得消费蒙上了一层呆板的阴影。

这种同质的、单调的(有人甚至用“强制的”来描述)生产活动和消费生活在“灵活积累”的社会生产模式出现后得到了缓解。“灵活积累”的社会生产模式重视劳动者生产积极性的调动,劳动时间相对灵活,劳动过程不再那么单调,且生产线能及时迎合不同消费群体的消费心理,生产出丰富多样的消费品。这种“灵活积累”的社会生产模式被称作“后福特主义”。后福特主义时代逐渐抛弃了大量生产同质商品的规模化生产,转向以消费需求为导向的个性化生产。这些商品通过商家的宣传包装,突出其蕴含的身份象征和价值体现,成为消费者寻求地位认同的一种便宜手段。拥有某种消费品,消费某种消费品,体验消费带来的价值归属,成为人们不断消费的精神动力。商家借助这种心理,不断研发新产品,不断制造新需求,不断提出商品的价值理念。消费一切可以消费的东西,获得物质享受和精神愉悦,成为社会的普遍心理。后福特主义时代,以生产推动社会发展的商品匮乏时代已经过去,消费已经成为社会发展的主要推动力,西方主要资本主义国家开始从传统的生产社会进入消费社会,消费主义臻于成熟。

消费主义初始于西方发达国家,发展成熟于西方发达国家。在经济全球化进程中,在政治、经济、文化等力量的推动下,逐渐蔓延到世界大多数国家。由于一些国家生产力水平有限,远不具备消费主义生存发展的空间,导致消费主义对精神世界的摧残、物质资源的浪费等负面作用凸显,给这些国家带来沉重的负担。

二、消费主义的动力机制

消费主义不是人类社会与生俱来的消费模式,而是特定历史经济、政治、文化条件的产物。虽然反对消费主义的声音不绝于耳,但鉴于消费主义能有力地推进生产力向前发展,带动资本增殖,西方社会的政府不仅不反对而且通过各种经济政策为消费主义大行其道摇旗呐喊。

(一)生产力水平的提高

消费主义以消费为基本特征。消费必须有消费对象的存在,没有消费对象就谈不上消费,更谈不上消费需要的满足。消费对象是人的生产活动的产物,生产为消费创造物品、材料等劳动产品,为消费创造可能。即使是自然界本身就存在的物品,也必须通过采摘、收集等形式的生产才能成为消费对象。生产为消费主体提供消费对象,是消费的起点。有某种消费品的生产,才能有相应的消费。有衣服的生产,才有衣服的消费；有面包的生产，才有面包的消费。没有生产，便没有消费。生产是人类社会最基本的实践，是社会生活的基础。没有生产，人类的消费就失去了赖以存在的基础，人类的生存和发展便成了无源之水、无本之木。消费主义存在的前提是有大量的消费品供人们购买，同时人们有足够的能力进行消费。这一前提只有在生产力水平得到极大提高的资本主义阶段才得以成为现实。

18 世纪 60 年代蒸汽机的发明和使用，使得资本主义最终战胜了封建主义，机器大生产成为社会的主要生产方式。19 世纪 70 年代的第二次科技革命使得生产力水平得到极大提高，为资本主义在世界范围内肆意掠夺提供了物质基础，夯实了资本主义的世界地位。在生产力的发展中，科学技术是第一生产力。科技革命的兴起和发展，使得资本主义在较短的时间内创造了极大的生产力。这极大的生产力为消费提供了物质前提，但不能自发地生成消费者。福特主义通过流水线生产增加工人工资，培养了人们的消费力。从整个社会来看，一方面劳动生产率提高，产品数量增加，可供人们使用的消费品大量生产出来，另一方面工人的工资在不断增加，人们的消费能力生产出来了。消费的前提是生产，消费主义奉行的大量消费原则必须有大量的消费品可供选择，而这必须依靠生产力水平的极大发展。西方发达国家在科技革命的推动下，生产力水平飞速提高，明显地具备了这样的条件。这是消费主义在西方发达国家最先出现并不断发展的根本原因。

（二）资本对剩余价值的无限追逐

马克思通过对资本主义社会的考察，发现了隐藏在资本主义社会中的惊天秘密。这个秘密，马克思用“剩余价值”道破。马克思首先从商品的一般属性出发,指出商品具有使用价值和价值二重属性。使用价值是商品能满足人们某种需要的属性,价值是凝结在商品中的无差别的人类劳动。在资本主义社会中,商品的价值 W=c+v+m。这个公式看似简单,却深刻地反映了资本主义生产关系。在马克思的理论中,c 代表不变资本,是资本家用于购买生产资料的那部分费用,这部分资本在生产过程中会转移到新产品中,价值不会发生变化;v 代表可变资本,是资本家用于购买劳动力的那部分费用,这部分资本由劳动者劳动创造的新价值得以补偿;劳动者在劳动过程创造出比可变资本更大的价值,多出来的这部分价值就是 m,即剩余价值。剩余价值由工人劳动创造,却被资本家无偿地占有了,反映了资本家和工人之间剥削与被剥削的关系。但现实社会关系中,剩余价值的存在是不被资本家承认的,他们认为这部分多出来的价值是其全部预付资本的增加额,是所付资本带来的利润。从本质上看,利润是剩余价值在资本家眼中的概念表示,掩盖了资本家剥削工人的事实。由于存在部门之间和部门内部的竞争,等量的资本付出总是期望获得等量的利润,所以资本会在不同部门之间进行流动,最终的结果是工人创造的剩余价值在所有的资本间进行大致相当的分配,形成平均利润。平均利润反映了整个资本家集体对无产阶级的剥削和压迫。利润和平均利润实际上都是剩余价值的不同表现形式而已。资本的目的就是要获得更多的剩余价值,实现价值增殖。这是资本最原始、最基本的冲动和本能。

剩余价值、利润、平均利润的最终实现,有一个基本的条件:交换过程完成,商品价值实现。生产出来的产品,如果不进入流通阶段并最终到达消费者手中,商品的价值就不能实现,资本就无法圆价值增殖的梦想。这有悖于资本的初衷,也有悖于资本家投资的意愿。所以,资本家极力希望商品可以被消费者购买,实现价值增殖。但这种美好的愿望在资本主义发展过程中却面临着很大的困境。一方面资本家希望通过压低工人工资获得更多的利润,另一方面又希望工人有足够的购买力消费资本家企业生产出来的商品。这一矛盾在资本主义早期发展阶段,并不是很突出,因为那时的生产力水平有限,企业生产出来的商品数量有限,社会的消费能力足以消化。但随着资本主义发展过程中竞争的日益加剧,资本家不断改进生产技术、改善经营管理、扩大生产规模,提高了劳动生产率,社会生产出来的产品日益增多。与此同时,社会的购买力并没有同比例地增长。资本主义基本矛盾的表现形式之一:社会生产无限扩大的趋势和劳动人民有支付能力的需求相对缩小之间的矛盾,体现得淋漓尽致。产品卖不出去,商品的价值实现不了,资本增殖便是妄谈。经济危机的一次次袭击,使得资本家集团认识到,适当地提高工人的收入水平,是破解这一困境的基本思路。提高工人工资,增加工人购买力,鼓励社会消费,是资本实现价值增殖的一条捷径,虽然这一方法并不能从根本上解决资本主义基本矛盾。鼓励人们消费,想方设法地让人们多消费,促成交换过程的完成,实现商品的价值,资本才能最终实现价值增殖。消费主义正是在资本的这种内在冲动中促成的。

(三)社会文化心理的支撑

美国心理学家亚伯拉罕·马斯洛的需要层次理论指出,人的需要分为生理的需要、安全的需要、爱和归属的需要、尊重的需要、自我实现的需要。这些需要在人的需要体系中是有层次的。上述五种需要一般按照由低到高的顺序依次排列。低层次的需要得到满足后,高层次的需要就成为人们行动的直接激励因素。生理的需要指维持生命存在和延续的本能需要，如饥渴、睡眠、呼吸等人人必需的需要。安全的需要是保证人身、财产、生活不受威胁的需要，是人获得安全感的基本要求。生理的需要和安全的需要，是人的最基本的需要。爱和归属的需要，是社会个体期望融入社会群体、在情感上获得关爱的精神需要。尊重的需要，是个人的成就、能力得到自身和他人认同的心理需要，是人的需要体系中较高层次的需要，是一个人信心的主要来源。自我实现的需要，是希望个人的理想、抱负能达成的心理需要，是人最高层次的需要。在食不果腹、饥寒交迫的生活条件下，人们生存下去的基本前提是解决吃穿问题，解决安全问题，生理的需要和安全的需要就成为人们行动的直接激励因素。当生理和安全的需要在一定程度上获得满足后，希望获得归属感、获得尊重的需要就会日渐增长。而获得归属感、获得尊重的需要满足的过程中，也是个人理想、抱负逐步达成的过程。马斯洛不直接断言这五种需要严格按照由低到高的顺序排列，对于我们认识人的需要有很大的帮助。一些需要的产生和满足往往在同一过程中同时进行。消费主义对人的需要便是这种情况。

消费主义为什么到了资本主义社会才出现？原因就在于这之前的生产力不发达，人们整日为生计奔波，更多地关注于生存的需要，关注于维持自身和家人生存的生理需要。原始社会末期出现的炫耀性有闲，是一少部分不再忙于生计的人们羞羞答答向他人展示自己特殊社会地位的方式，也是借以表明自我能力、获得自尊和他人尊重的手段。后来演化的炫耀性消费以不加遮掩的赤裸裸的占有和使用奢侈品的方式向他人展示成就和财富，通过物质消费满足自己的需要。这种需要不是基于生理的需要，而是精神的需要，是希望获得尊重和体验自我成就的需要。人类社会的发展表明，人的基本需要满足后，总是希望更高层次的归属感、尊重、自我实现的需要能够得到满足。这种心理是正常的社会现象，但这种心理被扭曲地体现后，却会给社会带来很多不良的后果。消费主义正是以一种猝不及防的力量侵入了人们的内心，使人们获得某种精神上的满足。而这种满足，历来受到很多思想家言辞犀利的抨击。匈牙利哲学家卢卡奇、德国哲学家马尔库塞、法国社会学家让·鲍德里亚、美国学者艾伦·杜宁等都曾对消费主义的弊端进行过深刻的鞭挞。在消费主义的海洋里，人们消费的并不是自身真实的需要，而是一种被商家激发起来的虚假需求。商家通过标榜某种商品的象征意义，宣扬拥有某种商品便可获得相应的身心体验。消费某种商品便可获得成功、尊重等相应的心理体验，是消费者裹挟在消费主义中的直接激励因素。他们在商家提出的各种商业广告中，不停地消费，在消费中迷失在被营造出来的尊重、自我实现等幻境中。正是有追求精神满足的社会文化心理，才使消费主义找到了可乘之机。

三、消费主义的基本特征

消费主义以鲜明的重物质消费的物质主义为特征，引导、诱导人们使用和消耗自身并不需要的消费品。

（一）推崇物质享受

消费主义推崇物质享受。20世纪中期，随着福特主义的推行和后福特主义的粉墨登场，发达资本主义国家生产力水平极大提高，物质产品被大量生产出来，以生产推动社会发展的商品匮乏时代已然过去，消费成为整个生产活动顺利进行的关键环节，曾为少数富有人群享有的消费特权开始进入大众消费市场。消费成为社会发展的主要推动力，以消费主义为主要特征的消费社会逐步形成。消费主义是一种消费观。这种消费观不是把消费看作满足生理和心理需要采取的手段，而是把消费看做目的，鼓励人们为消费而消费，推崇消费至上。消费主义是一种价值观。这种价值观把获得物质享受看作人生价值的体现，把消耗物质消费品看做人生幸福的来源，推崇物质享受。

（二）强调消费的符号价值

消费主义通过赋予商品象征意义，刺激人们的消费欲望，通过报纸、电视、网络等传播媒介宣传物质产品，拼命地制造时尚和消费热点，创造出大规模的消费需求，诱导人们在物质享受中寻找人生价值和幸福。人们消费的不再是商品的使用价值，而是商品代表的意义，也就是法国思想家让·鲍德里亚所称的“符号价值”。商品的这种符号价值不是商品本身固有的，而是广播、新闻、广告等传播媒体赋予的。人们消费某一商品，并不是因为这一商品能满足他的某一方面的真实需要，而是因为媒体传递的那些社会象征激起的消费欲望。毫不夸张地讲，消费主义把一切可获得的物质产品都纳入了消费对象的范畴，把人们的一切活动都看成是实现消费的手段和工具。浸润在消费主义中的人们不是从个人的经济条件和现实需要出发进行消费，而是从被商家激发出来的消费欲望出发进行消费；人们消费的不是产品的使用价值，而是代表其身份和地位的象征意义。这种象征意义在商家对利润的追逐中变得层出不穷。人们跟着商家的指挥棒，不断地产生出新的消费需要，不断地以货币为中介展开对物质产品的追求，不断地消费着在自身看来并不一定需要的物质产品。

消费主义把消费作为人生的终极目的和追求，使消费者沉溺在物质消费的海洋中，成为没有高尚精神追求的消费动物，同时造成了大量社会资源不必要的耗损，还导致了生态环境的恶化，极大地破坏了人和自然的和谐相处。

第四章　当代中国存在的消费主义倾向

改革开放后，随着我国生产力水平的提高，人民生活有了大幅度改善。发达国家积极向我国输入的消费主义文化和我国本土的一些观念结合，衍生了随意铺张、奢侈腐败等消费行为。这些消费行为最直白的表现是对物质产品的浪费，消耗了本不需要消耗的物质产品。所以，抛开具体的表达形式，可以简单地用“浪费”二字概括这些行为。这些浪费行为凸显人们对物质享受的推崇，一定程度上反映出人们在过度耗费物质产品时身心体验的满足和愉悦，消费主义倾向明显。但必须明确的一点是，我国并未进入以消费主义为特征的消费社会，一方面我国现有的生产力水平不足以提供消费主义生存的充足养分，另一方面我国现行的社会制度很好地调控了生产与消费之间的良性循环。尽管如此，我们还是必须对已然出现的消费主义苗头，提高警惕，防止这种倾向给社会带来更严重的危害。这种消费主义倾向，体现在人们日常生活中主要是对食物、水电资源等的浪费。这种浪费不仅给自然界带来沉重的负担，破坏生态环境，而且损害经济建设，影响良好社会风气的形成。这种消费主义倾向，体现在公款消费中则主要表现为会议活动和办公楼建设中的铺张浪费、公款吃喝和公款出国等特权消费以及某些官员的奢侈腐败生活。公款消费中的消费主义倾向基于消费群体的特殊性,对社会的和谐健康发展带来严重威胁。

一、日常生活中的肆意浪费

人们日常生活中的浪费突出体现在食物、水和电资源的浪费上。另外包装上的浪费、一次性用品的浪费和奢侈品消费中的浪费也是值得关注的现象。

(一)食物浪费触目惊心

食物是指能够通过进食或饮用满足人们维持生命和获得活动精力的物质。植物、动物或其他生物都可以成为食物的来源。食物的耕种、收割、采集、畜牧等,不仅需要付出艰辛的劳动,还必须有适宜的气候、良好的环境、合适的土壤等自然条件的配合。食物的浪费是对人类劳动成果的不尊重,也是对自然的不尊重。受各种因素的影响,我国的食物浪费现象非常严重。“我国每一年仅餐饮就浪费食物蛋白质 800 万吨,相当于两亿多人一年所需;浪费脂肪 300 万吨,能满足 1.3 亿人所需。每年,我国餐饮业要倒掉两亿多人一年的口粮。”[①]这种餐饮浪费,在党中央八项规定及一系列措施施行一段时间后,得到了有效的遏制。但这种效果更多地体现在减少了公款吃喝这种典型的“舌尖上的腐败”,人们在日常生活中的浪费依然要引起高度重视。这种浪费主要体现在以下方面:

---

① 张玉玲、杨君:《专家分析:餐饮业一年浪费两亿多人口粮——透过京城高档餐厅“最低消费”看奢靡之风》,《光明日报》2013 年 1 月 23 日,第 1 版。

一是人们在外就餐中的食物浪费。餐饮业是人们在外就餐的主要途径。餐饮业是以商业盈利为目的,通过提供各种食品、酒水和消费场所、设施等为消费者饮食服务的食品生产经营行业。人们在外就餐时,如果仅是家人小聚,就餐地点和食物选择相对而言能量力而行,浪费相对较小。而如果是宴请活动,浪费现象是比较明显的。一些人为了不在宴请对象面前丢面子或者想要淋漓尽致地展示自己的热情和诚意,点菜品种和数量远远超过所需,最后导致食物剩余颇多。还有一些人是在饭店"最低消费"的胁迫下,不得不增加菜品,以达到最低消费的限额。虽然 2013 年以来"最低消费"在全国人民的诟病声中大有隐退之势,但其实际的影响还是存在的,变相的"最低消费"(如消费一定数额返现、赠券等)依然大行其道。不愿打包是造成食物浪费的另外一个原因。由于宴请中人多嘴杂,很多人不乐意将吃剩的食物打包带回。即使现在一些饭店主动帮助人们打包,打包带回的食物很多也被扔掉了。

二是学校食堂的食物浪费。早在 2001 年《人民日报》就曾有一篇《大学生浪费粮食何时了》的报道。报道在对大学食堂饭桌上被扔掉的米饭、馒头、包子、蔬菜扼腕叹息的同时,发出了"富而思俭,是更高层次的美德"的呼唤。① 2006 年《光明日报》也曾有一篇《浪费惊人的学生食堂》的报道。进行该报道的记者目睹了漂着白花花馒头的泔水桶和很快就被装了一桶又一桶的泔水。② 另外,《四川日报》《中国妇女报》《兰州日报》《长春日报》等报纸都有过相关报道。③ 在全国范围内

① 曾庆香:《大学生浪费粮食何时了》,《人民日报》2001 年 12 月 6 日,第 6 版。
② 朱伟光、杨海娣、朱伟华:《浪费惊人的学生食堂》,《光明日报》2006 年 1 月 11 日,第 4 版。
③ 詹耘、黄英:《学生食堂,粮食浪费惊人》,《四川日报》2003 年 10 月 24 日,第 3 版;朱思:《校园浪费知多少》,《中国妇女报》2005 年 11 月 2 日,第 8 版;雒焕素:《学生浪费现象让人痛》,《兰州日报》2006 年 3 月 13 日,第 B02 版;徐云鹏:《对校园食堂浪费仅说"不"有啥用》,《长春日报》2006 年 4 月 18 日,第 12 版。

掀起厉行节约、反对浪费之风的大背景下，学校采取了光盘行动、半份饭菜、自助餐等一系列节约措施，学生食堂剩菜剩饭的现象有所减少，但依然存在。2013 年 3 月 26 日，记者在走访北京某高校时依然看到"一些学生的盘碗中剩下的饭菜比较多，半份米饭、大半个馒头，或是没吃几口的菜都倒掉了"①。11 月《齐鲁晚报》的记者在探访山东高校食堂时发现，"有些学生一顿饭就剩半个馒头，还有剩整个的"，有些菜一筷子没动就倒掉了。② 2014 年 6 月上旬，《三亚日报》记者在琼州学院和三亚学院的食堂进行走访，发现浪费粮食的现象依然十分普遍。③ 2015 年 10 月 16 日，记者对驻牡丹江的部分高校进行了调查，学生剩餐现象也非常普遍。④ 学生食堂浪费是学生节约粮食意识缺失的表现，这给学校的人才培养敲响了警钟。

（二）水电使用数量巨大

水是生命之源，是人类维持生存和发展的重要物质资源之一。虽然我国的水资源总量一直保持在 23000 亿立方米以上⑤，但人均水资

---

① 杨眉眉、靳晓燕：《高校浪费　起于无形》，《光明日报》2013 年 4 月 5 日，第 1 版。

② 田宇、李珍梅、杨玉丽、沈振、隋冰茹：《馒头啃一口就扔，真让人心疼》，《齐鲁晚报》2013 年 10 月 18 日，第 A12 版。

③ 胡茂君：《三亚部分高校存在舌尖上的浪费——学生食堂餐盘里剩菜剩饭随处可见》，《三亚日报》2014 年 6 月 12 日，第 4 版。

④ 宋佳楠、王雪、迟竞新：《大学生浪费粮食现象挺常见》，《牡丹江晨报》2015 年 10 月 17 日，第 A3 版。

⑤ 具体年度数据分别为：2005 年 28053.10 亿立方米，2006 年 25330.14 亿立方米，2007 年 25255.16 亿立方米，2008 年 27434.30 亿立方米，2009 年 24180.20 亿立方米，2010 年 30906.41 亿立方米，2011 年 23256.70 亿立方米，2012 年 29526.88 亿立方米，2013 年 27957.86 亿立方米，2014 年 27266.90 亿立方米，2015 年 27963.00 亿立方米。数据来源于中华人民共和国统计局官网。

源却一直徘徊在2000立方米左右①,是世界上为数不多的人均水资源缺乏的国家之一。我国水资源形势不容乐观。但由于人们缺乏保护水资源的意识,导致日常生活中浪费水的现象比比皆是。比如:刷牙、洗脸、洗衣服、洗澡、淘米、洗菜、洗碗时让水龙头一直开着;人走不关水龙头;洗车时用大量水;水龙头坏了,不及时修理,导致"跑、冒、滴、漏"现象严重;用自来水冲洗马路;抽水马桶的冲水量大;水没喝完,直接倒掉。正是这些随意浪费水的行为导致了我国生活用水总量日益增大。

2005—2015年生活用水量一览表②

年　度	2005	2006	2007	2008	2009	2010	2011	2012	2013	2014	2015
生活用水总量（亿立方米）	675.1	693.8	710.4	729.3	748.2	765.8	789.9	728.8	750.10	766.58	793.50
年末总人口（万人）	130756	131448	132129	132802	133450	134091	134735	135404	136072	136782	137462
人均生活用水量（立方米）	51.63	52.78	53.77	54.92	56.07	57.11	58.63	53.82	55.13	56.04	57.73

从以上数据可以看出,2005—2011年我国生活用水总量逐年攀升,2012年有了回落之后,又在不断增加。抛去人口增长带来用水量增加的因素,人均生活用水量能更加清晰地反映出人们生活用水的实际情况。据上表数据显示,我国人均生活用水量也在不断递增,虽然2012年有了较大的减少,但2013年又有了较大增幅的增长。人均生活用水量的增大,有很大一部分是由于人们生活消费中不注意节约用水、随意浪费水造成的。

---

① 具体年度数据分别为:2005年2151.80立方米/人,2006年1932.09立方米/人,2007年1916.34立方米/人,2008年2071.05立方米/人,2009年1816.18立方米/人,2010年2310.41立方米/人,2011年1730.20立方米/人,2012年2186.05立方米/人,2013年2059.69立方米/人,2014年1998.64立方米/人,2015年2039.20立方米/人。数据来源于中华人民共和国统计局官网。

② 下表中生活用水总量与年末总人口来自中华人民共和国统计局官网。

电的出现是人类社会文明进步的体现,不仅推动了工业生产的飞速发展,而且极大地方便了人们的日常生活。电在生产技术上引起了跨时代的革命,在生活水平上带来了飞跃式的提升。由于有了电,人们不仅可以拥有光明的夜晚,而且可以在夏天享受清凉的空调、在冬天享受温暖的电暖。电主要由煤炭、石油、天然气、水能、核能、风能等转化而来。受我国现有技术手段等因素的影响,电的生产不仅要消耗大量的能源,而且生产能力非常有限。节约用电是保证工业生产顺利进行、人民生活舒适的基本要求。电对于现代社会的重要性不亚于氧气对人生命体的重要性。人们在生活中浪费电的行为加剧了电的供给与需求之间的矛盾,导致某些地方出现"电荒"或通过拉闸限电保证电的持续供给。人们在日常生活中浪费电的具体行为有:教室、商场、马路、球场、办公室出现长明灯,电脑、空调、电视、电暖气长时间处于工作状态,电扇、音响、微波炉、电饭煲、电热水器、饮水机不用时处于待机状态,商场为吸引顾客的大功率装饰灯,家电售卖处时刻开着的各种家电……这些随意浪费电的行为是导致我国生活用电逐年增长的原因之一。

2005—2015 年生活用电量一览表①

年 度	2005	2006	2007	2008	2009	2010	2011	2012	2013	2014	2015
生活电力消费总量(亿千瓦小时)	2885	3352	4063	4396	4872	5125	5620	6219	6989	7176	7565
生活电力消费总量比上一年增加量(亿千瓦时)		467	711	333	476	253	495	599	770	187	389
人均电力生活消费量(千瓦小时)	221.3	255.6	308.3	331.9	366.0	383.1	418.1	460.4	515.0	526.0	552.0
人均电力生活消费量比上一年增加量(千瓦小时)		34.3	52.7	23.6	34.1	17.1	35	42.3	54.6	11	26

① 下表中生活电力消费总量、人均电力生活消费量自中华人民共和国统计局官网。

由以上数据可看出,2005—2013 年间生活电力消费总量每年增加的数量都在 250 亿千瓦时以上,2014 年有回落,但到 2015 年增加量又高达 389 亿千瓦时。这 11 年间,生活电力消费总量增量最大时竟达到 770 亿千瓦时,比 2005 年生活电力消费总量的 1/4 还要多。人均生活电力消费量从 2006 年开始每年与上年相比增长率分别为 15.50%、20.62%、7.65%、10.27%、4.67%、9.14%、10.12%、11.86%、2.1%、4.9%,增幅虽然大小不一,但绝对数量却是在不断上升。2012 年、2013 年、2014 年、2015 年的人均消费量竟然是 2005 年人均消费量的两倍多。不断增长的生活电力消费量,一方面反映了各类电器在人们生活中的广泛应用,另一方面也在警醒人们必须改变随意浪费电的错误做法。

(三)其他浪费不容忽视

粮食、水电的浪费是我们在日常生活消费中最常见到的现象。另外还有一些其他浪费,也给我们的生活带来了极大的困扰。

如包装上的浪费:几块小小的月饼、极少分量的茶叶、一瓶白酒、一定数量的食品、少量的补品、几本图书、一件普通衬衫被装上各种精致的纸盒、铁盒、木盒、漆盒,垫上泡沫板、红绸、黄缎。这样包装过的商品身价陡增,造成了消费者严重的经济负担①,而且这些包装物本身使用

① 据《人民日报》的一份报道显示:同等度数同等窖藏年份的白酒,把玻璃瓶包装换成瓷瓶,再加上一个外包装盒,售价就提升了近 500 元;同款的筒装巧克力 283.5 克售价 37.5 元,装到一个心形设计、图案花哨的铁盒里后,98 克就卖到了 37.2 元;同类的冬虫夏草,零售每克 420 元,加一个雕工精细的实木方盒,8 克装就售价 4200 元左右;绿茶御品清香,散装每斤 630 元,简装(笔者注:简单包装)就要卖到每斤 1260 元,而精装(笔者注:精致包装)则要每斤 2520 元。以上内容来自左娅、孙阳、王丹:《过度包装太浪费》,《人民日报》2013 年 4 月 15 日,第 17 版。

价值不高,多数被直接遗弃于垃圾堆。据《新华日报》报道,包装物在我国城市固体废弃物中的比例多达30%,每年废弃包装物的价值高达4000亿元。①

再如一次性用品消费上的浪费:一次性购物袋、一次性餐具、一次性洗漱用品。这些一次性用品因其满足了人们对方便、快捷的消费需求,在社会上颇受欢迎。虽然国务院办公厅下发通知明确要求从2008年6月1日起,一次性购物袋进行有偿使用。但除一些大型商场、超市外,购物袋有偿使用的规定形同虚设。陕西省提供一次性筷子的禁令为餐饮业减少一次性餐具使用开了一个好头②,但全国范围内一次性餐具的使用情况还是比较普遍。除传统的一次性筷子外,一次性饭盒、一次性碗、一次性杯子大量存在。酒店的一次性洗漱用品包括牙膏、牙刷、拖鞋、洗发水、香皂等。这些一次性洗漱用品中,很大一部分还没用完,就被当做垃圾处理了。虽然酒店业不止一次地尝试撤销一次性洗漱用品,但收效甚微。一次性用品不仅造成了资源的大量浪费,而且丢弃物处理需要大量的经济成本和环境代价。

另外,奢侈品消费上也存在值得关注的浪费现象。奢侈品消费以雄厚的经济实力为基础,带有展示个人身份和地位的炫耀性特点。自加入世界贸易组织以来,我国的奢侈品消费规模持续扩大。"2001年我国国内奢侈品市场规模首次突破30亿美元(约合人民币187亿元)。2011年,这一数据达到107亿美元。"③据奢侈品研究和顾问机构财富品质研究院发布的《2014年中国奢侈品报告》显示,2014年我国的国

---

① 参见贾梦雨:《"美丽垃圾":过度包装下的浮华泡沫》,《新华日报》2011年6月16日,第B07版。

② 参见姜峰:《一次性筷子是否敛迹》,《人民日报》2012年4月7日,第5版。

③ 周易:《我国奢侈品本土消费额同比下降11%》,《中国青年报》2015年3月2日,第7版。

内奢侈品消费达250亿美元，境外消费810亿美元，总计1060亿美元，占世界奢侈品市场消费总量的46%。中国在世界各国奢侈品消费排名中位列第一。这与我国依然处于社会主义初级阶段，还有一部分人处于贫困阶段的社会现实形成剧烈反差。一部分经济实力雄厚的富裕人群适当地享受生活本无可厚非，但大量地过度地进行奢侈品消费就不能不说是一种浪费。

日常生活中的浪费往往会因为人们的习以为常而忽视，但这些浪费随着时间的推移、数量的增加最终会对国家建设、社会发展形成极其严重的负面影响，所以必须引起高度重视。

二、公款消费中的奢侈浪费

党政机关为了有效地行使管理社会、服务社会的各项职能，必须有一定的行政管理费用保证其运行，这部分行政管理费用来自于公共财政收入，俗称"公款"。公款消费与权力相关，与代表人民行使国家和社会管理职能的各级公职人员相关，公款消费中的不良现象会在整个社会形成辐射效应，败坏社会风气。公款使用的目的在于根据社会的实际需要为社会提供公共产品和服务。超过了实际需要的、不必要的公款使用，即为浪费。公款浪费是指"党政机关及其工作人员违反规定进行不必要的公务活动，或者在履行公务中超出规定范围、标准和要求，不当使用公共资金、资产和资源，给国家和社会造成损失的行为"①。在公款消费中，由于消费资金的集体属性和缺乏严格的监管机

① 《党政机关厉行节约反对浪费条例》，人民出版社2013年版，第1页。

制,公职人员往往会不加节制地挥霍钱物,体现出奢侈浪费的消费特点。而且这种浪费又往往和权力的特殊性纠缠在一起,滋生一系列腐败。公职人员的浪费行为与公共财政收入使用的初衷相悖,与权力为人民服务的宗旨相悖。以下列举的各类浪费行为在2013年前比较突出,近年来随着各项严厉措施的出台,这些行为呈现大为收敛之态,但这并不意味着这些行为就此会彻底消失。为了更好地起到警示作用,有必要把这些曾在党政机关及其工作人员中存在的行为一一提及。

(一)铺张浪费

铺张浪费,指为讲究排场耗费不必要的财物。党政机关的铺张浪费主要体现在会议活动和办公楼建设上。

第一,会议活动中的铺张浪费。会议是把人们组织起来协商问题、交流信息、传达指示的一种管理方法,是党政机关传达、贯彻政令的重要工作方式。然而,党政机关多如牛毛的各级各类会议和铺张的会议设计使会议的实际功用大打折扣,造成了人力、物力、时间的大量浪费。

《中国审计报》报道,辽宁某部门在五星级酒店召开部门工作总结会,为了犒劳大家一年的辛苦,安排一人一个标准间,会期两天,仅住宿一项的费用就高达6万多元。国家某部委举办的一次农村会议,其中有一项赴莱州参观的活动,有些与会者连车都没下。而为了接待这次参观,工作人员准备了半个多月,花费也不在少数。①《人民政协报》报道,农工党安徽省委了解到我国政府机关层层开会落实导致的浪费情况非常严重。省级机关每个职能处室每年开2至3次会议,十几个处

① 徐扬、邓卫华:《室外天寒地冻,室内食冰解热》,《中国审计报》2006年1月18日,第5版。

室就涉及几十次会议。这些会议精神的层层传达"滚雪球"般地带来市级机关、县级机关的多次会议。[①]《河北日报》报道,石家庄市某行政机关的小型设计报告审查会在美东国际酒店内进行,会场内包着保鲜膜的果盘,非常精致。某省级机关单位以年终会议名义组织的东北双飞四日游,全程的住宿标准是四星级酒店,光旅游一项每个人的花费是4855元。[②]《人民日报》报道,偏远山区干部往往要长途跋涉去开一些意义不大的会议,耗时耗力耗油耗财。东部某省直机关工作发放的会议材料都是塑料膜封面的精装版,还有配有彩色图标的豪华装订版;并且给每位参会者都配发了精美的文件包和小礼品。[③] 直至2015年11月八项规定出台近三年之际,《人民日报》记者走访调查中发现"有些会议仍然折腾,浪费人力物力财力"[④],剑指层层要开的传达会、随时组织的临时会、兴师动众的过场会。

除上述被媒体报道出来的具体案例外,会议活动中的铺张浪费大量存在,大致可以归为这样几个方面:

一是会议数量多。论证会、推介会、表彰会、庆祝会,各种会议层出不穷。为了提高档次、拔高层次,一些会议还动辄冠以"国际"二字,以致有人发出"每天两个国际会议多还是少?"[⑤]的感慨。传达精神的会议一级一级召开,中央一次会议带来的全国范围内的各级会议数量惊人。

二是会场的布置尽显铺张。放置大幅背景板、张贴标语横幅、摆放鲜花,几乎成了所有会议的惯常做法。这些耗资不少的背景板、标语横

① 宋玲:《政府机关会议频繁浪费严重》,《人民政协报》2007年8月21日,第A03版。
② 高小茹、王成果:《年底会议多　谁在讲排场》,《河北日报》2013年1月11日,第2版。
③ 马龙等:《有些会议太浪费》,《人民日报》2014年1月28日,第1版。
④ 杨文明、朱磊、张志锋:《有些会议太折腾》,《人民日报》2015年11月14日,第1版。
⑤ 任炽越:《每天两个国际会议多还是少?》,《杭州日报》2011年9月19日,第B04版。

幅、鲜花往往都是一次性使用。有些会议还给与会者准备了水果、一次性毛巾、香烟，可谓“体贴入微”。这方面的浪费在前些年比较严重，近几年有了很大的改观。

三是会议材料浪费现象严重。会议日程、领导讲话、宣传画册、会议文件、发言稿、交流材料，凡是与会议有关的材料被厚厚实实地装订成册或装入文件包，与会人员人手一册。一些材料被与会人员在会议结束后随手丢弃。很多会议由于不能准确计算参会人数，还会多印材料。为了美观大方，一些会议材料被设计成精装版，有图表、有插页、有精致的封面。

四是会议用水浪费。很多会议给与会者准备了瓶装矿泉水。同一规格、同一品牌的矿泉水往往容易混淆，导致会议结束后总有很多没有喝完的矿泉水被丢弃。北京市旅游委曾以 2010 年为例为会议用水的浪费算了一笔账：北京市全市 5679 个中型以上会议接待场所全年共接待参会人员 1731.3 万人次，假如 70%的参会人员饮用瓶装水，按照 1 瓶/人次计算，年消耗瓶装水约 6000 吨。按保守估计，在全部耗费中有 10%的水因各种原因被丢弃，年浪费水量达 600 吨。①

五是会议耗资不少。一些会议的会期往往在一天以上，涉及餐饮、住宿等一系列问题。有的会议将风景名胜地作为会议召开地，设计参观学习环节，组织与会议无关的旅游。有的会议为了壮大场面，花巨资邀请名人、明星参加，给与会者发放制作精美的纪念品。这些都造成了财政的大量耗费。“国家电力公司 3 天会议花费 304 万元巨资”②的案例让我们真真实实地看到会议铺张浪费、奢侈腐败的可怕。

---

① 刘宇鑫：《会议瓶装水请您签名减少浪费》，《北京日报》2011 年 12 月 24 日，第 5 版。
② 徐扬、邓卫华：《室外天寒地冻，室内食冰解热》，《中国审计报》2006 年 1 月 18 日，第 5 版。

第二,办公楼建设中的铺张浪费。办公楼是党政机关办理公共事务的场所,其基本用途是办理公务。只要不是危房,简单大方的办公楼足以满足办公需要。但近年来,各地政府不惜耗费大量资金建设各种豪华办公楼。豪华办公楼建设不直接体现为民生工程,不直接为改善群众生活提供条件,相反会挤占改善民生工程的资金,群众反对声音强烈。

呼和浩特党政办公大楼是内蒙古自治区最大的办公楼,占地面积9万平方米,总投资3.2亿元。这座被承包商看作"辉煌美观"的办公大楼,在2004年被中央电视台《经济半小时》调查时还差承包商3000万的工程款。①

2004年开始筹建的四川省成都新行政中心因涉嫌豪华而备受争议。该中心位于成都市南郊,是一组由六栋莲花瓣形的办公楼和一栋鸟巢状的办公楼组成的建筑群,占地255亩左右,建筑面积约37万平方米,外表蔚为壮观,总投资12亿元人民币。② 该办公楼的处置在2008年以拍卖变现赈灾的承诺仓促收尾。

2007年曝光的安徽省阜阳市颍泉区"欧式风格"的机关办公区大楼占地42亩,土建、内外装修和办公用品耗资估算约3000万,占到了该区年财政收入的近1/3。③ 为了修建这座被当地人笑称"要不是红旗(注:国旗),真不知道是在美国还是中国"的漂亮"白宫",该地政府把一所20世纪90年代建好的小学推平,让两百多名学生回到了破旧不堪、几近废弃的旧学校上课。

---

① 《经济半小时:呼和浩特政府办公大楼赊账三千万》,来源网址:http://news.sina.com.cn/c/2004-01-07/21262572016.shtml。

② 《成都拍卖新行政中心赈灾幕后　曾因豪华引争议》,来源网址:http://news.xinhuanet.com/local/2008-07/17/content_8558392.htm。

③ 《安徽阜阳市颍泉区政府大楼俨然白宫》,《深圳晚报》2007年1月19日,第A19版。

2013年位于黑龙江省中部地区的海伦市被曝光投资近亿元兴建政府大楼。该大楼占地面积近2万平方米，由主楼和东、西副楼组成，主楼共13层，副楼各5层。整栋办公楼共有办公用房802间，会议室40多个。如此豪华大气的办公大楼与海伦市2012年初“晋升”国家扶贫开发工作重点县行列的事实形成尴尬反差。①

除此而外，河南濮阳县纪委办公大楼、山西省粮食局违规修建的培训中心及“粮神殿”、广西宜州市动用1/4财政收入修建的办公楼、甘肃省兰州市财政局综合办公楼、河南省郑州市惠济区政府豪华办公区、云南省红河哈尼族彝族自治州政府新大楼、浙江省绍兴县政府办公楼、被称为“国内第一豪华街道办事处”的重庆江津市几江街道办事处办公大楼、仅有12名在职职工却拥有高达7000平方米建筑面积的重庆市万州天城交通局办公楼等都在不断地冲击着人们的视觉。这些建设规模与实际需要相比显得异常庞大的办公大楼，一方面造成了财政支出的巨大浪费，另一方面也在不断地拷问着政府的权威。

（二）特权消费

“特权，就是政治上经济上在法律和制度之外的权利。”②中华人民共和国的公民在法律和制度面前人人平等，每个人都没有超越法律和制度的特殊权力，每个人都应该在法律和制度运行的范围内做好本职工作。但是，由于受中国几千年封建思想的影响，特权思想、特权现象在中国社会从来没有绝迹。这种特权思想反映在消费领域就是特权消

① 《黑龙江海伦哭穷求来贫困帽子　花亿元建政府大楼》，来源网址：http://news.qq.com/a/20131225/009518.htm? pgv_ref=aio2012&ptlang=2052。

② 《邓小平文选》第2卷，人民出版社1994年版，第332页。

费,即作为公权力行使主体的党政各级领导干部无视党纪国法,运用手中的权力大肆挥霍公款。这种特权消费突出地体现在“三公经费”的使用上。“三公经费”包括因公出国(境)、公务车购置及运行和公务招待的财政支出。因公出国(境)、公务车购置及运行和公务招待是党政机关行使社会管理职能涉及的基本内容,但这些公务行为在一些党政领导干部那里却异化为公款出国(境)旅游、超标购置公车和公车私用、公款大吃大喝等行为,体现为赤裸裸的特权消费。

第一,公款出国。公款出国(境)旅游多以官方访问、商务考察、培训学习、办理展览等公务为名,到其他国家或地区游山玩水、观光游览,行旅游之实,进行变相公费旅游。这些公款旅游的人员中有虚报公务的,有编造虚假合同的,有滞留不归的,也有一掷千金的,可谓丑态百出。虽然形式各异,但这些公款旅游有一个共同的特点,就是运用手中的权力骗取公款为个人游乐埋单。

2008 年 4 月,由江西省新余市外事侨务办副主任刘群带队的人力资源考察团一行 11 人赴美国、加拿大 14 天的考察行程中,仅安排了半天的公务活动,其他时间均为旅游。他们旅游行程从温哥华到多伦多,纵横北美 10 余个城市,游览了唐人街、尼亚加拉大瀑布、联合国总部、自由女神像、世贸大厦遗址、赌城拉斯维加斯、美国白宫、好莱坞明星大道、珍珠港等景点,全程费用总计 35.635 万元。①

“温州二十三人赴美培训团”由温州市纪委副书记徐有平带队,成员均为温州市各县各部门的主要政府官员。该培训团从 2008 年 2 月 13 日至 3 月 3 日的二十余天行程中,仅用 5 天时间按照考察安排在旧金山的美国西北理工大学进行与公务有关的活动,其他时间都用于旅

① 叶铁桥:《一个 11 人“北美考察团”的 35 万元之旅》,《中国青年报》2008 年 11 月 30 日,特别报道版。

游,游览了旧金山、纽约、华盛顿、夏威夷、洛杉矶、拉斯维加斯等近10个城市,一共花费了649495元。①

2009年年初广州海事法院院长带队,一行6人,以对海洋污染和陆源污染等相关法律问题进行考察为由,赴南非、埃及、土耳其旅游观光,为期12天的行程花费共计487105元。②

吉林省原煤炭工业局(现已改组为省能源局)在2007年到2009年间,有计划地在煤炭局内组织各层次的领导干部9批51人公款出国旅游。局长赵全州未履行因公出国的审批程序,持因私护照带队游览了欧洲八国;副局长袁玉清在2008年汶川大地震后顶风出国,率15人到巴西、阿根廷公款旅游,共花掉119万元;科技装备处副处长李艳率团游美国、加拿大17天……③

广东肇庆端州区区长谭日贵带队的考察团,14天的行程没有任何公务内容,全程都是旅游,游览了南非、埃及、土耳其、阿联酋等国,参加了参观鸵鸟园、海豹保护区、黄金矿场、钻石矿场等旅游项目。④

上述案例只是存在于公款出国(境)游现象中的冰山一角。近年来中央纪委、各省市纪委对公款出国(境)案件的查处通报,反映了过去很长一段时间里,这方面的问题是非常严重的。随着全国纪检监察机关加大了对公款出国(境)旅游案件的查办力度,公款出国(境)旅游得到了适当的遏制,但我们还必须高度警惕隐形的或换了新花样的公款出国(境)旅游。

第二,超标购车和公车私用。超标购车和公车私用是公务车使用

---

① 沈锡权、张和平:《温州查办公款出国游,处分4官员》,《新华每日电讯》2008年12月5日,第1版。

② 陈岑、萧慕寒:《公款出国游又"露馅"》,《第一财经日报》2009年6月17日,第A01版。

③ 斯传:《不择手段公款出国游只违纪不违法?》,《检察日报》2010年3月24日,第6版。

④ 姜琳:《"区长公款出国游"需深度问责》,《中国财经报》2009年2月26日,第2版。

中最突出的浪费现象。公务车是指党政机关用于公务活动的机动车辆,其配备的出发点是为了使各级部门更好地履行其服务人民、服务社会的职能,其基本要义是用于公务活动。根据公务活动的需要、按照一定标准购置和使用公务车辆,是国家政策要求和允许的。超过标准配备公务用车、把公务车用于非公务活动,既违反了国家的有关规定,也影响了党和政府在人民群众心目中的形象。但正是这两种既违规又损害形象的行为在公务车使用中却屡见不鲜。

1994 年中共中央办公厅、国务院办公厅下发的《关于党政机关汽车配备和使用管理的规定》对公务用车的标准进行了明确规定:部长级和省长级干部按一人一辆配备专车;现职副部长级和副省长级干部,保证工作用车或相对固定用车;部长级和省长级干部配备排气量 3.0 升(含 3.0 升)以下车型的轿车,副部长级和副省长级干部使用排气量 2.5 升以下车型的轿车;严禁违反规定进口或购买汽车,不准利用职权向企事业单位调换、借用或摊派款项购买汽车。该规定还指出党政各级机关应以此为依据,制定具体的公车配备和使用规定,并贯彻执行。中共中央办公厅、国务院办公厅 2011 年下发的《党政机关公务用车配备使用管理办法》第七条规定:一般公务用车配备排气量 1.8 升(含)以下、价格 18 万元以内的轿车,其中机要通信用车配备排气量 1.6 升(含)以下、价格 12 万元以内的轿车。不管是 1994 年的《关于党政机关汽车配备和使用管理的规定》,还是 2011 年的《党政机关公务用车配备使用管理办法》都为公车购置确定了基本的标准。但在实际公车购置中超标现象却非常严重,这可以从近年来公车整治的成果中略见一斑。

《人民日报》2011 年 12 月 20 日报道,2010—2011 年重庆市在整治公务用车过程中,清理超标车 4617 辆,同时清理出超编车 741 辆、违规借车或换车261辆,使公务用车购置及运行费用同比下降3.07亿元。① 《人民日报》2012年6月4日报道,2012年陕西省榆林市公开拍卖超标公车20辆,成交19辆,收入555.9万元,其中原价超过50万元的约有10辆,甚至还有价格高达百万元的纯进口豪华车。②《沈阳日报》2014年2月12日报道,沈阳市沈北新区上缴的近200辆公务用车中包括桑塔纳、捷达、中华、现代、丰田、本田等多个品牌,涉及轿车、微型、吉普等多个车型。③《呼和浩特晚报》2014年1月27日报道,呼和浩特市19辆超标公车于1月26日公开拍卖,19辆车均为奥迪汽车。④《南方都市报》2014年4月8日报道,两日前鹤山市举行了首批超标公车拍卖,71辆车成功拍卖。据相关人士介绍,鹤山市总共拍卖的车辆达350辆。⑤ 因为公车的购置和使用公车的党政工作人员的特权思想、面子思想紧紧纠结在一起,导致超标准购置公车成为过去一段时间以来公务用车管理中一种欲说还休的痛。

在公务车的使用上,人们常冠之以"三个1/3"论:三分之一用于公务,三分之一用于领导干部及其家属私用,三分之一用于司机私用。公务车用于公务天经地义,但公务车用于领导干部及其家属、司机的非公务性活动则远远偏离了公务车的本义。一直以来,公务车用于非公务活动的各种信息不绝于耳,这类非公务活动包括探亲访友、接送子女、休闲垂钓、参加婚庆等。

2011年国庆期间,河南省安阳市领导干部廉洁自律工作办公室督

---

① 刘志强:《重庆治公车　先刹攀比风》,《人民日报》2011年12月20日,第11版。

② 姜峰:《榆林拍卖超标公车　曲靖公车贴标上路》,《人民日报》2012年6月4日,第11版。

③ 叶青:《沈北百余辆公务车下周拍卖》,《沈阳日报》2014年2月12日,第A05版。

④ 张娜:《我市首批20辆奥迪车公开拍卖》,《呼和浩特晚报》2014年1月27日,第3版。

⑤ 熊晓艳:《鹤山首批76辆超标公车拍卖》,《南方都市报》2014年4月08日,第AA09版。

导组在检查中发现有出现于外地的本市公务车、有在本市风景区和娱乐场、住宅小区出现的公务车。[①] 2013 年 5 月 6 日《许昌日报》公布了许昌市领导干部廉洁自律工作办公室做出的《关于"五一"期间公车私用情况的通报》,公车私用情况涉及公车接送学生、观看表演、旅游等内容。[②] 2013 年 12 月 30 日,安徽一辆环保监测公车因搭乘两名便衣女子被举报。[③]

公车这样多用途的使用导致公车的行政效率低下,运行费用偏高。2010 年两会上,民革中央的提案指出:每年一辆公务车的运行成本在 6 万—10 万元。据此推算,全国党政机关、行政事业单位 200 多万辆公务用车总计一年的运行成本在 1200 亿—2000 亿元,数目之巨,实在惊人。[④] 这庞大的数字中,公车私用引起的运行费用是一笔不小的开支。

2014 年 7 月 16 日,中共中央办公厅、国务院办公厅下发的《关于全面推进公务用车制度改革的指导意见》和《中央和国家机关公务用车制度改革方案》,标志着公车改革正式启动。改革中,取消了一般公务用车,超标购置公车和公车私用成为历史。但超标购置公车和公车私用背后的特权思想、官僚习气并不能直接根除,改革任重而道远。

第三,公款吃喝。公款吃喝的名目繁多。上级单位到下级单位检查考核工作,下级单位到上级单位汇报工作,兄弟单位交流学习,争项目招商引资,都要吃吃喝喝。吃更多的只是一种形式,公款吃喝者更注重的是吃的背后建立的各种复杂关系。上级到下级检查工作的吃喝为的是得到好评,下级向上级汇报工作的吃喝为的是拉近关系。餐桌是

① 《关于对国庆节期间公车私用问题检查情况的通报》,《安阳日报》2011 年 10 月 19 日,第 3 版。
② 《关于"五一"期间公车私用情况的通报》,《许昌日报》2013 年 5 月 7 日,第 2 版。
③ 高淑英:《环保局"晒"曝光者姓名引争议》,《北京青年报》2014 年 1 月 11 日,第 A10 版。
④ 吴秋余:《严控公车,有办法更要有决心》,《人民日报》2013 年 4 月 15 日,第 18 版。

中国人人情交往的一种方式。在过去很长一段时间里，公款吃喝俨然成了中国行政文化非常重要的一部分。餐桌是社交的平台，是办事的场合，所以在餐桌上，人们的关注点不是吃本身，而是吃给人的感觉。所以追求高档次、讲排场就成了公款吃喝的一大特色，浪费也成了这种餐桌文化的直接产物。公款吃喝的食物浪费和财政支出浪费都是非常严重的。

《兰州日报》2013 年 2 月 1 日一篇标题为《"舌尖上的浪费"触目惊心》的报道直击公款吃喝中的食物浪费。报道记录了记者的所见所闻：一桌公款消费的客人散去后，桌上剩着大部分的菜，有的菜基本没动；一个为了展示"诚意"的饭局，总共 24 道菜，花费近 5000 元，炒饭、蔬菜、果盘基本没动；一位大堂经理说：公款消费"浪费的比例至少在 20%"，许多酒店服务员私下把公款接待列为"餐桌浪费的三甲"之一。此类现象在公务接待中屡见不鲜。为了表达盛情、拉近关系、办好事情，不管能不能吃完，总是摆满满一桌菜，总要剩很多菜，似乎这样才能体现诚意。而吃剩的菜，基本上很少有打包带回的情况出现，这些粮食被白白地浪费了。

公款吃喝的隐蔽性和模糊性（往往以会议费、出国费、调研费、科研费等合法项目形式报销）使我们难以有效地对其具体数字进行统计。不过我们还是能从一些报道中对公款吃喝的支出情况形成一定的认识。

2012 年全国两会期间九三学社中央提交的一份《关于遏制公款吃喝的建议》中指出："据估计，目前全国一年公款吃喝的开销已经达到了 3000 亿。"①这样的数字不管是相对于 2010 年的财政收入 83101.51

① 详见九三学社浙江委员会专题报导《九三学社中央：关于遏制公款吃喝的建议》，来源网址：http://www.zjjs.org/news_show.php? ShowId = 24655。

亿元、财政支出 89874.16 亿元，还是相对于 2011 年的财政收入 103874.43 亿元、财政支出 109247.79 亿元，或是相对于 2012 年的财政收入 117253.52 亿元、财政支出 125952.97 亿元，都是不小的数目。① 2012 年 10 月 17 日网友爆料，浙江省桐乡市公证处公务员吃阳澄湖螃蟹，公款报账 16 万元。② 一顿饭吃掉 16 万元，不能不让人咂舌。2013 年第一期《大江周刊》中一位叫周福益的作者转述了一件公款招待的事情：一个上级单位到县城的下级单位进行考核，两天时间花费 3 万元，日均招待费 1.5 万元。③ 按照 2012 年农村居民家庭人均纯收入 7916.6 元④计算，此次招待日均费用相当于农村居民家庭一人两年的纯收入；按照农村居民家庭平均每人消费支出 5908.0 元⑤计算，此次招待费用可满足一个处于平均消费水平的农民 5 年的消费支出。这些实例和数据以鲜活的形象告诉人们公款吃喝造成的财政浪费之严重程度。

在中央八项规定高压之下，公款吃喝问题有明显改善，但依然有人顶风违纪。2013 年 1 月《海南日报》报道，记者暗访中发现有一桌消费超 1.5 万元的公款吃喝。⑥ 2015 年 8 月《中国纪检监察报》报道，广东省清远市政府工作人员在阳山县调研时，多人陪同用餐，且饮用名仕马爹利洋酒。⑦ 2015 年 10 月《新华日报》报道，江苏阜宁县人民法院执行

---

① 以上数据来自中华人民共和国统计局官网。

② 高斌：《"螃蟹门"事件再现舌尖上的腐败》，《检察日报》2012 年 10 月 23 日，第 5 版。

③ 周福益：《袁隆平：政府应将浪费当成犯罪行为加以限制》，《大江周刊(焦点)》2013 年第 1 期，第 53 页。

④ 以上数据来自中华人民共和国统计局官网。

⑤ 以上数据来自中华人民共和国统计局官网。

⑥ 陈实：《向舌尖上的腐败宣战》，《海南日报》2013 年 1 月 23 日，第 B02 版。

⑦ 陈金来：《对违规公款吃喝露头就打》，《中国纪检监察报》2015 年 8 月 10 日，第 4 版。

局局长谢天德带领工作人员参加晚宴，花费公款 2260 元。① 公款吃喝，管不住的不仅是一张嘴，更多体现的是公务人员对公共财政收入的随性践踏，是对人民劳动成果的恣意掠夺。管住嘴，管住公款吃喝，还在路上。

（三）奢侈腐败

一些官员追求奢侈生活，穿名牌，戴名表，抽名烟，在社会上的影响极其恶劣。这些人奢侈的生活又必然地和公款使用、权力寻租紧紧地联系在一起，利用公权力为个人谋取私利，极大地伤害了政府的公信力。

辽宁省原副省长、沈阳市原市长慕绥新 1998 年接待香港记者时，从头到脚，衬衣、领带、西服、皮鞋等皆为名牌，豪华穿戴被香港记者揭穿②，其在 2001 年最终因滥用职权、收受贿赂等被移交司法机关处理。

“时尚贪官”，原重庆沙坪坝区征地办公室干部丁萌，喜欢穿戴价格不菲的奢侈品，西装价格都在万元以上，其中不乏 Armani（阿玛尼）、Versace（范思哲）、Coach（蔻驰）等奢侈品品牌。他最喜欢的品牌是意大利的 Loro Piana（诺悠翩雅），最贵的西服是 4 万多的卡沃奇。办案人员从他家中搜出名牌皮鞋 200 多双，名牌衣裤 100 多件，紫砂壶茶具 100 余套，奢侈生活令人惊叹。③ 丁萌最终因受贿 160 多万元，被判处有期徒刑 13 年。

---

① 陈月飞：《阜宁公职人员单位食堂公款吃喝被查》，《新华日报》2015 年 10 月 14 日，第 2 版。

② 《四面镜子照贪官》，《重庆商报》2001 年 6 月 22 日，第 7 版。

③ 余虎：《贪官家中搜出 200 多双名牌皮鞋》，《重庆日报》2009 年 1 月 16 日，第 15 版。

南京江宁区房管局局长周久耕抽的是1500元一条的南京九五至尊,戴的是价值2.8万余元的劳力士手表(曾有网友爆料为价值约10万元的江诗丹顿,网友说法不实),被称作“天价烟”局长。①

辽宁省抚顺市政府原副秘书长江润黎名牌手表48块,名牌手提包253个,名牌服饰1246套,高级化妆品200多件,金银首饰600多件。②

辽宁省鞍山市原国税局女局长刘光明热衷美容,整形费用高达500万元。③

北京市朝阳区农委原副主任董金亭用公款购买美容卡,收受他人贿赂购买翡翠。④

陕西省安监局原局长杨达才,因在“8·26”陕西延安特大交通事故中微笑,被网友人肉搜索出其在不同场合佩戴五块不同款式的手表,被称作“表哥”。这些手表,被第五大道奢侈品网首席运营官孙多菲分别认证为价值不菲的蚝式恒动系列劳力士、欧米茄、江诗丹顿和雷达全陶瓷。杨达才个人承认这些手表除一块价格为3.5万元的万宝龙106500型号外,其他品牌和网友所说相同,每块价格均在一两万元。⑤随后网友又搜索出杨达才的第六块、第七块、第八块……第十一块手表,民间知名鉴表专家“花总丢了金箍棒”对新增加的表估价超过20万元。⑥

贪官们奢侈的生活折射出其对个人身份的模糊认知,不是以一个干部的标准要求自己,而是以一个普通百姓标准要求自己,以公款、公

---

① 莫亚:《“天价烟”局长周久耕落马记》,《检察风云》2009年第22期,第24—27页。

② 黄河、刘键:《一个监督失效的贪腐典型》,《中国国土资源报》2010年9月16日,第6版。

③ 张培元:《女贪官公款美容尽显权力滥用之丑》,《检察日报》2012年7月17日,第7版。

④ 杨昌平:《公款美容女贪官获刑9年》,《北京晚报》2012年8月25日,第3版。

⑤ 权义:《陕西“微笑局长”杨达才被撤职》,《东方早报》2012年9月22日,第6版。

⑥ 侯文昌:《27天:“微笑表哥”落马舆情还原》,《检察日报》2012年9月25日,第5版。

权力为自己的奢侈生活埋单。

党政工作人员是社会的特殊群体,他们的言行在社会上具有一定的示范作用。党政工作人员,尤其是领导干部的肆意浪费、奢侈腐败行为犹如社会的一颗毒瘤,不断地影响着社会风气,随时侵蚀着社会机体的正常运转。铺张浪费、特权消费、奢侈腐败是目前消费领域亟待解决的突出问题,这些问题如果不能得到及时、有效的解决,将会严重地影响中国共产党的执政地位,危害社会的繁荣稳定。

第五章　消费主义倾向的原因分析

消费主义倾向严重危害了国民经济的健康发展，正视这些行为，剖析隐藏在各类浪费现象背后的原因，能使我们更清晰地认识这种社会现象。总体来看，节俭消费过时论、铺张奢侈有功论、中国人传统的面子思想等主观原因和西方消费主义侵袭、权利缺乏有效制约、社会舆论监督不够等客观原因助长了消费主义倾向的日益膨胀。

一、节俭消费过时论

节俭是中华民族的传统美德，在中华民族几千年的历史发展过程中起了非常重要的作用。但是这种为历朝历代所推崇的美德，在各个历史时期的物质生产力水平有了一定提高后都会遭遇到不同程度的挑战。如，北宋中期随着国力增强，就出现过“近岁风俗尤为侈靡，走卒类士服，农夫蹑丝履”①的浪费现象。这种情况历史上有过，今天也照

---

① 陆林：《中华家训大观》，安徽人民出版社1994年版，第311页。

样存在。自20世纪90年代以来,随着改革开放带来生产力水平的不断提高,浪费现象开始蔓延,伴随浪费现象的是节俭消费过时的论调。这种论调有以下几种具体的观点:

第一种观点认为,节俭的道德要求源于古代社会生产力水平低下的客观事实,是物质匮乏时代不得已而为之的选择,现在生产力水平发展了,物质产品不断发展,趋于丰富,节俭的美德已经过时了,人们可以尽情地根据自己的需要进行无限制的消费。这种观点以一位全国政协委员的言论为代表。[①]“他说,勤俭这个观念是中国人民在贫困的时期形成的一种道德原则,现在我们富裕了,我们就要批判这个‘勤俭’,这样人们才舍得花钱。”[②]在这种观点影响下,人们存在大肆地浪费各种能源资源的行为不足为奇。

这种观点存在明显的逻辑错误。从逻辑学上看,生产力水平低下必须节俭,只能得出生产力水平提高后可以节俭、也可以不节俭的不确定性结论,并不必然得出生产力水平高就不需要节俭的确定性结论。因此,生产力水平提高后并不必然反对节俭,并不必然纵容浪费行为的存在。

另外,消费不是消费者单方面的行为,涉及消费者和消费对象相互间的关系。改革开放后物质产品丰富了,人们消费的对象日趋多样化,但人不能只根据个人需要确定消费意愿和消费行为,必须考虑消费对象的实际情况。物质再丰富,在人们无限的欲望面前依然显得不够,人们必须克制自己的消费欲望,必须节俭。任何时候,节俭都是必需的,节

---

① 此种观点还可见于王玉川:《让我们养成节俭生活方式——写在世界勤俭日到来之际》,《江淮》2007年第10期;禹建柏:《对当代弘扬艰苦奋斗精神的理性思考》,《湖湘论坛》2007年第1期;苏洪涛:《走出节俭的误区:一种全新的观念、一个大胆的质疑》,中国城市出版社1999年版。

② 梁从诫:《用节俭的方式来创造小康社会》,《群言》2005年第7期。

俭不会过时。“节俭是物质匮乏时代的要求”的观点不符合逻辑，不符合消费理论，是不科学的，由此导致的浪费是不符合社会发展要求的。

第二种观点认为，节俭是因为人们没有足够的货币财富去购买消费品，所以不得不节俭，改革开放后人们的收入水平得到不断提高，人们有足够的货币财富去购买所需消费品，所以节俭消费过时了。①

这种观点忽视了节俭的社会功能，夸大了货币财富的作用，由此诱发的各种消费主义倾向是拜金主义的具体体现。市场经济条件下，人们要获得满足生活需要但又不能自给自足的物质消费品主要以商品交换活动实现。商品交换以货币为媒介，人们必须通过货币获得自己需要的物质消费品。收入少，手中持有的货币少，就没有足够的能力去购买过多的消费品，就必须精打细算，就必须节俭。这是客观事实。但是，在这种客观事实之外，我们必须看到节俭除了为人们节省货币的经济价值外，更体现了人们对个人欲望进行自我克制和对自身生活进行合理规划的社会价值。收入多，手中持有的货币多，有足够的能力去购买充足的甚至过度的消费品却不去盲目购买和消费，是个人自制精神和理性思维的体现，是个人内在修养的外露。

节俭注重的不仅是财富的合理利用，更是人的品德培养。一掷千金、挥金如土、铺张浪费的丑陋行为，错误地展示了金钱的魅力，消耗的不仅仅是货币财富，更是人的品德涵养。厉行节俭，进行合理消费，适当地提高生活水平，是收入水平提高后正确健康的消费观念。“节俭是购买能力不足的体现”的观念把金钱看做消费的主要依据，助长了以金钱为后盾的浪费行为，严重地败坏了社会风气。

第三种观点认为，现代传媒不断地通过形式多样的广告向人们传

① 此种观点可见于禹建柏：《对当代弘扬艰苦奋斗精神的理性思考》，《湖湘论坛》2007年第1期。

递新的价值观念,铺天盖地地向人们展示商品消费与幸福生活的必然联系,通过炫耀性和符号性消费展示个人价值已成为一种趋势,维持生活需要、重实用的节俭消费观已经过时。①

这种观点看到了现代传媒对传统节俭消费观念的冲击,却没有认识到节俭也是一个与时俱进的概念。节俭不反对人们生活水平的提高,不是要人们节衣缩食,不是要人们回到"新三年、旧三年、缝缝补补又三年"的困难时期,只是要求人们根据能源资源的可承受力和个人的收入水平决定个人的消费。现代传媒进行的广告传播将商家的经济收益放在了最重要的位置,以激发消费者的消费欲望为跳板,将消费者看成是其获取经济利益的工具,而从不提醒人们考虑能源资源的总体情况和个人的消费实力。广告传播向人们展示的是一个不停地消费的世界,消费者还没仔细考虑自己的需要,就被激发出购买和消费的冲动和行为。人不能控制自身的行为是可怕的,而节俭恰恰是人们获得自我控制力的一剂良药。

在媒体广告的强势冲击面前,节俭不仅没有过时,更应发扬光大,引导人们在各种广告诱惑面前做出理性的消费需求。媒体广告以商家的利益为导向,诱导了浪费行为,导致了群体经济效益和整个社会效益的冲突,最终会导致代际消费的不公平。

二、奢侈浪费有功论

消费主义倾向大量地消耗着各种物质资源,是过度消费的明显表

① 参见黄志贵:《广告传播对传统节俭观的解构》,《当代传播》2005 年第 6 期;孙炜:《"节俭为美"何以不再美:传媒在消费文化革命中的作用》,《新闻界》2004 年第 6 期。

现。过度消费把人和自然放在对立的两面，对自然界进行着无情的剥夺，践踏着人类社会代际平等的美好梦想，是一种不符合自然和社会发展规律的消费行为。这种消费行为之所以能在一段时间内长期存在，没有受到各方面强烈的质疑和彻底的打击，是因为社会上存在着一种单纯从经济角度看待奢侈浪费行为的论调，这种论调有意无意间纵容了消费主义倾向。这种论调主要有以下两种具体观点：

一种观点认为，奢侈浪费能有效扩大我国国内的消费需求。[①] 该观点有其存在的合理性，但不能作为消费主义倾向合理性的辩护依据。

内需指一国国内对物质产品和服务的消费需求，是相对于国际市场对一国物质产品和服务的出口需求而言的。一国的内需总量，具体包括消费者对食品服装等物质产品和服务的需求量、企业的投资需求量和政府的财政支出量。消费者需求是消费需求，企业需求是投资需求。政府财政支出，既包括购进满足日常行政活动所需的各种物质产品和服务的消费需求，也包括进行政府投资所需的各种物质产品和服务的投资需求。消费者消费需求、企业投资需求和政府财政支出与内需成正相关关系。在其他条件不变的情况下，消费者消费需求增大，内需增大；企业投资需求增大，内需增大；政府财政支出增大，内需增大。同时，消费者消费需求、企业投资需求、政府财政支出三者间也存在同方向变动的相关关系。消费者消费需求增大，为满足消费者消费需求进行的生产性投资就要加大，企业投资需求就会增大；政府消费性财政支出增大，鉴于其示范作用，消费者的消费需求就会不同程度地增大；企业投资需求增大，出于获取经济利益的冲动，企业会通过各种方式诱

---

① 此种观点可见于禹建柏：《对当代弘扬艰苦奋斗精神的理性思考》，《湖湘论坛》2007 年第 1 期；董山峰：《"浪费把消费带进死胡同"——餐饮业热议反对浪费》，《光明日报》2013 年 1 月 26 日，第 3 版。

导消费，影响消费者和政府的消费性需求。奢侈浪费行为直接体现的是消费需求的增大，包括消费者消费需求的增大和政府财政支出的增大，间接地反映了企业投资需求的增大，总体上能有效扩大我国国内对物质产品和服务的需求，能有效扩大内需。

即便如此，我们必须清醒地认识，虽然扩大内需是我们在一段时间内不断奋斗的目标，但是扩大内需必须讲求方式方法的科学性和合理性。消费主义倾向以对能源资源的过多消费为特点，以败坏社会风气为代价，这样的内需扩大并不是我们所希望看到的。

另一种观点认为，奢侈浪费能为生产和再生产提供消费动力，会促进我国物质产品和服务生产总量的持续增加，会促进经济增长。① 该观点充分看到了消费在拉动经济增长中的重要作用，但对消费和奢侈浪费之间的关系缺乏正确认识，对奢侈浪费和经济增长间的逻辑联系缺少科学分析。

消费是消费者在社会生活中为满足自身直接或间接的需要，针对各种物质资料、劳务的特性对之进行的使用和消耗。消费者把对消费对象的消费控制在个人收入水平可承受和自然环境能承受范围内的消费行为是适度的、理性的、可持续的。这种消费观念及行为是对个人、社会及整个人类发展有益的消费选择。显然，奢侈浪费行为离适度的、理性的、可持续的消费有很大差距。

奢侈浪费行为在消费中过多地消耗了各种物质资料，不仅没有实事求是地从个人的收入水平出发进行消费，也没有考虑自然环境进行资源供给与污染物吸收和净化的能力，是非适度、非理性和不可持续的消费行为。奢侈浪费的消费行为本身是不正确的，不管它在经济增长

① 此种观点可见于廖逊：《消费与节俭，如何兼顾》，《今日海南》2005 年第 8 期。

中到底起什么样的作用,都不能改变其错误本质。所以试图通过奢侈浪费在经济增长中的作用为消费主义倾向正名是可笑的。

三、传统面子思想作祟

面子,这个国人非常熟悉的词语,实际上是国人中非常普遍的一种社会心理现象。作为中国本土文化中极具特色的东西,面子很难用几句话进行解释说明。中国人酷爱面子,人们不惜抛开自身生存和社会发展的真实需要,不惜采取为道德和理性所不乐见的方式,去获得和维护面子。而这些行为直接地体现了消费主义特征,具有明显的消费主义倾向。

中国人在人际交往中非常注重面子,把是否有面子作为为人处世的基本依据。面子体现在他人对行为者的评价中,也体现在行为者依据他人的评价做出的自我评价中。在他人的评价中,行为者做得很成功,会被他人和行为者自身理解为很有面子;在他人的评价中,行为者做得不成功,会被他人和行为者自身理解为丢面子;行为者努力去做好一件事,会被他人和行为者同时理解为在争面子。美国传教士明恩浦1894年在《中国人的素质》一书中最早对"面子"进行了论述,其后鲁迅、林语堂等人也有相关论述,但他们都觉得无法给面子下一个明确的定义。虽然后来的胡先缙、何有晖等人从各自认识中为面子进行了定义,但中国人面子中那种抽象而不可捉摸的意味似乎总体现得不那么淋漓尽致。我们能肯定的是:面子中包含有社会交往、尊重这两个核心的词汇。

从心理学角度讲,面子可以看作一个人在人际交往中获得群体认可、社会认可和自我认可的标志。这种认可以社会交往为基本载体。人们在社会交往中力图获得和维护自己的面子，并努力去维护别人的面子。面子存在于社会交往中，离开人与人的交往，面子便无所谓存在的意义和价值了。中国人的这种面子思想基于尊重的现实心理需要。面子是为了获得他人尊重，是为了实现自我尊重，也是为了体现尊重他人。做能获得他人赞许的事，才有可能获得他人尊重，才有可能获得面子和维护面子；获得了他人的赞许，在他人那里有了面子，自己的内心才能享受到被尊重的愉悦，也收获了自己对自己的肯定，获得了自我尊重；为了和他人的交往能顺利进行，必须考虑他人的面子，采取恰当的行为处世方法给别人面子，才能让对方有被尊重的情感体验。中国人历来注重面子的原因应该可以在尊重这种心理需求中找到完满的解释。

中国人为了面子前赴后继，从古至今，概莫能外。不管处于什么样的经济条件，不管有着什么样的社会地位，中国人都习惯于通过各种各样的方式做有面子的事。经济条件不好的人，为了一时一事的面子，不惜千金一掷，过后却节衣缩食，甚至举债度日，这是中国典型的“死要面子活受罪”；经济条件好的人，为了向他人充分展示自己的经济实力，显得有面子，挥金如土、铺张奢侈；社会地位低的人，力图通过光鲜的人际交往为自己博得认可，获得面子；社会地位高的人，努力用社会公认的标准展示自己的地位和实力，维护面子。面子思想在中国人的观念中根深蒂固。

面子思想催生了面子消费，面子消费导致了浪费。面子以他人或社会对行为者的评价为依据，如果他人或社会评价行为者的参考系是符合个人和社会发展规律的，那么行为者为了面子采取的行为是积极健康的、正能量的，是有益于公共利益的；如果他人或社会评价行为者的参考系是有悖于个人和社会发展规律的，那么行为者为了面子采取的行为是不健康的、负能量的，是不利于公共利益的。一些浪费行为受面子思想驱动，导致其产生的一个重要原因就是他人或社会评价消费者行为时采取了错误的参考系，运用了错误的评价体系。

正确的消费应该是根据个人真实需要的必需消费，应该是根据个人经济水平的适度消费，应该是对消费品的充分利用。显然，我们的社会在评价消费行为时并没有遵循这一正确的消费观。餐桌上不是以营养均衡、价格适中、适量点餐为评价标准，而是以够不够丰盛、够不够上档次为依据；礼品包装不单以保护商品不受物理或化学损坏、为运输提供便利、便利消费者使用为评价标准，而是以够不够豪华、够不够奢侈为依据；婚礼庆典不是简单地以宣告新人缔结连理的喜讯、为新人祝福为目的，而是以够不够气派、够不够有排场为评价依据；公务大楼建设不是以功能适用、大小适中为依据，而是以高大、雄伟、壮观为设计理念。评价标准的错位，直接导致人们为了获得别人的认可，为了让彼此都有面子，不得不选择错误的消费行为。这种出于面子进行的消费，我们称之为面子消费，带有明显的消费主义倾向。大摆筵席、精致包装、豪华办公楼、奢侈品消费等是面子消费的具体体现。这些消费行为不是根据个人真实需要的必需消费，不是根据个人经济水平的适度消费，不是对消费品的充分利用，但却是能获得他人认可的有面子的消费。要减少面子消费带来的浪费，必须使人们从思想上对消费形成正确的认识，树立正确的价值观。

四、西方消费主义侵袭

消费主义最早出现在西方社会。1899 年美国社会学家托斯丹·

邦德·凡勃伦在《有闲阶级论》一书中运用“奢侈性消费”这一概念论述了主要存在于上层社会的消费行为。“炫耀性消费”是西方消费主义的最初萌芽形式。后来为了解决西方社会不断出现的经济危机等各类问题，消费在西方社会开始演变为社会成员的一种社会责任，消费主义思想影响的群体逐渐由原来的社会上层扩展到社会中层和社会下层。消费主义是一种“把消费当做人生的最高意义”①的消费观念和价值观念。消费主义在以美国为代表的西方社会盛行，并开始在全球化的过程中不断向广大发展中国家蔓延。由于广大发展中国家经济水平远没达到消费社会存在的基本要求，消费主义开始和各国、各地区的本土文化结合衍生出一些畸形消费。这些畸形消费影响着这些发展中国家的进一步发展。我国现阶段消费领域出现的各种问题从一定程度上讲受到了西方消费主义的影响。

消费主义随着全球化的历史进程不断地渗透到世界的每一个角落，消费主义的侵入诱导了我国国内消费领域的浪费行为。全球化是人类社会不断地突破地域、社会制度、意识形态、经济水平等因素的制约，在政治、经济、文化、社会等领域加强合作交流的历史发展过程。虽然全球化的发展进程不能摆脱资本主义国家为资本寻找增殖空间的主观因素，但从整个人类社会发展的历史趋势来讲，全球化是一个客观现实。在全球化的进程中，消费主义通过跨国公司、传播媒介侵入中国。跨国公司在进行推销产品、输出技术的过程中不断地以报纸、电视、互联网、商业活动等为载体向消费者推销消费主义的生活方式。在报纸、电视、互联网上，各种各样的广告赋予特定的物质产品以特定的地位和身份象征，鼓励消费者通过消费这种产品来获得相应地位和身份的心

① 卢风：《论消费主义价值观》，《道德与文明》2002年第6期。

理体验。铺天盖地的广告中有价值不菲的奢侈品的宣传,也有被赋予特定意义的普通消费品的宣传。这些广告为不同经济水平的消费者提供了同样多的消费机会,鼓励人们不停地进行消费。在充斥着各种各样的广告和消费诱惑的世界中,人们在不知不觉中肯定了消费在人生中的重要地位。人们希望通过消费来展示自己,希望通过消费来获得自身的存在感。消费主义开始和中国本土的面子思想相结合,消费成为获得和维护面子的一种手段。人们通过消费广告中宣传的消费品为自己挣得面子,通过持续地消费不断涌现出来的时尚为自己维护面子;人们通过对粮食、服装、住房、交通工具的铺张使用为自己挣得和维护面子。权力成为国家公务人员追求消费的一种途径。他们用国家和人民赋予的权力为自己大吃大喝埋单,用国家和人民赋予的权力购置价格昂贵的公务用车,用国家和人民赋予的权力大建超规格的办公大楼,用国家和人民赋予的权力大搞奢侈腐败。

五、权力缺乏有效制约

权力是一种影响和控制的能力,目的在于为社会的运行提供保障。在我国,人民赋予党和各级政府代为行使管理各项社会事务的权力。权力缺乏有效制约会导致权力行使者滥用权力,代表人民行使公共权力的国家公务人员中存在的奢侈腐败现象就是权力行使者滥用权力的一种具体表现。

权力是为公共利益服务的,具有公共性。根据社会契约论的观点,为了保证各自的利益处于一种较为稳定的状态,人们将自己权力的一部分进行让渡,形成公共权力,交由指定的人根据社会一致同意的或他们授权的代表一致同意的规定进行权力的行使。所以，权力，实为公共权力，是由一部分人代表群体或社会行使组织、决策、管理、协调的能力。权力从其本性来讲，具有权威性的特点。当社会成员同意公共权力存在的那一刻起，权力对每一个社会成员都具有影响和控制的力量，每一个社会成员都必须服从于公共权力的支配。

但权力本身不能发挥作用，必须依赖行使权力的主体在组织、决策、管理、协调等行为中体现。权力虽然从其来源看是归属于整个社会的，但在实际运作中体现为一系列的职位、责任，并最终依靠拥有这些职位、富有相应职责的人行使。权力和权力行使主体是紧紧联系在一起的。权力行使主体体现为有各种需要和欲求的人，具有私人性。权力行使主体对权力为公共利益服务的属性和自身职责的认识直接影响权力作用的发挥。权力行使主体不能明确权力为社会公共利益服务的属性，他拥有的权力就不能很好地为社会服务；权力行使主体不能明确自身的职责所在，他拥有的权力就不能真正履行其社会职能。权力不加以明确的限定，容易背离权力的初衷，沦为权力行使主体随心所欲的工具。

权力自身的特性和权力行使主体的私人性使得权力在没有约束的情况下不断地扩张，成为权力行使者获取私利的便捷方式。“在所有使人类腐化堕落和道德败坏的因素中，权力是出现频率最多和最活跃的因素。”①权力的权威性在权力行使主体私人性的激发下表现出明显的扩张性，力图打破权力的界限和范围，获得更多的权力和利益；权力行使主体的私人性在权力权威性的支持下表现出鲜明的逐利性，力图为权力行使主体获得更多的私利。“有权力的人们使用权力一直遇到

① [英]阿克顿：《自由与权力》，侯健、范亚峰译，商务印书馆2001年版，第342页。

有界限的地方才休止。”①不加约束的权力必然会导致权力行使者滥用权力,忽视权力为社会公共利益服务的基本属性,导致腐败的产生。

权力的公共性和权力行使主体的私人性,要求权力必须得到有效的制约。权力制约是指以各种合法的控制手段约束和限定公共权力运行的活动。一般来讲,权力制约主要通过以制度制约权力和以权力制约权力实现。以制度制约权力是最基本和最有效的实现途径,以权力制约权力以此为基础和依据。权力的行为主体为人,人的主观能动性容易导致权力制约中的随意性。为了减少以权力制约权力中的随意性,必须有一种不以单个人的意志为转移的力量规范权力。这种不以单个人的意志为转移的力量就是制度。

以明确、具体的制度制约权力是权力得到有效制约的基本条件。制度,从广义上讲,指一定历史条件下形成的政治、经济、文化等社会规范体系;从狭义上讲,指要求群体成员共同遵守的办事规程或行为规则。广义的制度为社会运行提供总体框架,狭义的制度将维持社会运行的要求具体化、程序化,更加便于操作。为了规范公务人员廉洁从政行为,减少行政行为中的奢侈浪费现象,我国有相应的一系列规章制度相继出台,如:1988 年的《楼堂馆所建设管理暂行条例》,1994 年的《关于党政机关汽车配备和使用管理的规定》,1997 年的《中共中央、国务院关于党政机关厉行节约制止奢侈浪费行为的若干规定》《中国共产党党员领导干部廉洁从政若干准则(试行)》《〈中国共产党党员领导干部廉洁从政若干准则(试行)〉实施办法》,1999 年的《党政机关办公用房建设标准》,2003 年的《中国共产党纪律处分条例》,2006 年的《党政机关国内公务接待管理规定》,2007 年的《行政机关公务员处分条例》,

① [法]孟德斯鸠:《论法的精神》(上册),许明龙译,商务印书馆 1961 年版,第 154 页。

2010年的《中国共产党党员领导干部廉洁从政若干准则》《用公款出国(境)旅游及相关违纪行为处分规定》《用公款出国(境)旅游及相关违纪行为适用〈中国共产党纪律处分条例〉若干问题的解释》,2011年的《党政机关公务用车配备使用管理办法》等。这些规章制度较为具体地对党政机关楼堂馆所、汽车配备和使用管理、国内公务接待、公款出国(境)旅游等做了相关的规定,并对党政机关及其工作人员违反规定,不当使用公共资金、资产和资源进行不必要的公务活动和履行公务中超标准、超要求行为的惩处进行了规定。但从实际执行情况来看,效果不是很理想。

究其原因,主要有这样两方面:一是规章制度本身的问题。有的规定制定得不够具体,缺乏操作性;有的规定不能与时俱进及时更新,难以应对新情况。规章制度本身存在的这些问题导致其不能真正实现对权力的有效制约,不能有效地为禁止奢侈腐败提供制度支撑。二是规章制度执行的问题。一项规章制度初出台时,受到各级领导机关的普遍重视,党政机关及其工作人员受各方面压力的影响都能积极主动地按照要求调整自己的行为,避免违反规定的情况出现。但规章制度施行一段时间后,各方面的压力得到缓解,党政机关及其工作人员的思想和行为松懈,新的奢侈浪费行为又重新浮出水面。可见缺乏反奢侈浪费的长效机制使得奢侈浪费成为一种顽疾,关注的时候好一些,不关注的时候就会复发。缺乏长效机制导致针对奢侈浪费的规章制度执行中并不能充分地发挥作用,更谈不上形成党政机关工作人员的习惯思维模式,引导其自觉厉行节俭。

2012年中国共产党第十八次全国代表大会之后,党和政府针对奢侈腐败问题出台了一系列新的规章制度。继党中央颁布改进工作作风、密切联系群众的八项规定后,《党政机关厉行节约反对浪费条例》

《党政机关国内公务接待管理规定》相继出台。同时为了更好地落实八项规定精神,2013 年 7 月 23 日中共中央办公厅、国务院办公厅印发《关于党政机关停止新建楼堂馆所和清理办公用房的通知》,9 月 3 日中共中央纪委和中央党的群众路线教育实践活动领导小组发出《关于落实中央八项规定精神坚决刹住中秋国庆期间公款送礼等不正之风的通知》,10 月 31 日中共中央纪委发出《关于严禁公款购买印制寄送贺年卡等物品的通知》,11 月 21 日中央纪委下发《关于严禁元旦春节期间公款购买赠送烟花爆竹等年货节礼的通知》。2014 年 3 月中共中央办公厅、国务院办公厅印发《关于厉行节约反对食品浪费的意见》,7 月中共中央办公厅、国务院办公厅印发《关于全面推进公务用车制度改革的指导意见》。2015 年 10 月中共中央印发《中国共产党纪律处分条例》。这些规定及相应举措的实施在反对党政机关及其工作人员奢侈浪费行为中已经起到了很好的作用。如果能建立起相应的长效运行机制,有效遏制奢侈腐败行为的反弹,将会对整个社会的节俭消费起到很好的引领作用。

六、社会舆论监督不够

社会舆论工具在西方被认为是除行政、立法、司法之外的第四种权力。它可以不受地域、行业、领域限制,以公开的方式及时地对社会运行中出现的问题进行批评建议。社会舆论是公民对社会运行进行监督的重要手段。虽然这种手段在监督中因其主要以道德谴责、社会劝诫和舆论压力形式出现而具有非强制性特点,但只要社会舆论监督的力量来源于正义和法律,那么这种非强制性的约束力量就能对监督对象造成巨大的影响。国内社会舆论长期以来对各种浪费行为,尤其是与公权力有关的铺张浪费、特权消费、奢侈腐败行为熟视无睹,使这些行为在制度的框架内越行越远。

社会舆论是社会全体成员或大多数人对近期发生的人们普遍关心的社会事件形成的大体相近的意见和看法。社会舆论监督是社会公众通过各种传播工具对国家机关及其工作人员发表意见和看法、提出批评和建议,进行监察和督促。社会舆论监督重在监察督促,监察的目的在于发现问题,督促的目的在于解决问题。社会舆论监督是反腐败的重要手段。腐败是国家机关及其工作人员运用公共权力谋取私利的行为。腐败的主体是担任公职、掌握公共权力的人,有时也体现为行使公共权力的一级单位。公职人员滥用权力带来的是公共权力的异化和社会公共利益的损害。社会舆论监督以人民为主体,针对国家机关及其工作人员运用公共权力谋取私利的行为进行媒体曝光,以强大的舆论压力遏制腐败。

社会舆论监督的主体是广大人民群众。我国是人民民主专政的社会主义国家,人民是国家的主人,国家机关及其工作人员代表人民行使管理国家各项事务的权力。管理国家各项事务权力的真正所有者是人民,国家机关及其工作人员只是受人民之托进行权力的行使。腐败行为把为人民谋利益的权力变成了谋取个人或小群体私利的工具,这不仅是国家机关及其工作人员对权力托付者意愿的违背,更是对权力托付者利益的侵害。社会舆论监督是权力的所有者对权力行使者的监督,是人民对自身利益和社会群体利益的关注和维护。人民出于自身和群体利益的考虑,在宽松的舆论环境中必将对公职人员的腐败行为进行深刻的揭露。

社会舆论监督的媒介是各种传播工具,这些传播工具能短时间内对腐败行为形成强大的舆论压力。报纸、广播、电视、网络等传播工具的作用在于能将人民群众对一些事件的意见和看法进行及时的报道，对权力行使中的不当行为进行揭露批评、提出意见建议，形成强大的社会影响力。由这些传播工具形成的舆论场虽然不具有强制性，不能直接对腐败行为进行惩处，但能为法律和行政监督机构提供公职人员腐败的线索和信息资料，促进反腐倡廉工作的高效开展。

我国一直非常注重社会舆论监督，努力"通过各种现代化的新闻和宣传工具，增加对政务和党务活动的报道，发挥舆论监督的作用"[①]。但很长一段时间以来，由于社会舆论监督不够，使得公款浪费及奢侈腐败行为肆意横行。公款浪费导致公共财政的不合理使用，容易导致行政管理效率低下。腐败严重背离了公共权力为社会服务的基本属性，是社会发展的毒瘤，容易引起人们对党和政府的不满情绪。近几年来，社会舆论在广泛宣传反腐倡廉建设、揭露违法违纪行为、为反腐败提供有效信息方面取得了长足发展。但社会舆论监督对公职人员铺张奢侈行为的监督并没有充分地发挥其效用。

一是社会舆论对公款浪费的危害性认识不清。虽然从严格的腐败定义来讲，一些公款浪费行为并没有明显地体现出用公共权力谋取私利的特点，如会议铺张。但这种行为不断地侵蚀着公共财政，导致的损失"大于贪污，其结果又常与侵吞、盗窃和骗取国家财物或收受他人贿赂的行为相接近"[②]。铺张浪费是对公共财产的滥用，从某种意义上讲也是一种腐败。媒体人由于对铺张浪费行为的腐败性认识不足，导致该方面的报道相对较少，零散的报道难以形成舆论合力。社会舆论的着眼点更多地放在社会影响大、直接侵害公共利益、能引起轰动效应的

① 《十三大以来重要文献选编》(上)，人民出版社 1991 年版，第 44 页。
② 《建国以来重要文献选编》第 2 册，中央文献出版社 1992 年版，第 483 页。

大事件上。这导致社会舆论对存在于公职人员中的铺张浪费的监督显得非常弱小。

二是权力对社会舆论监督的干扰。前几年比较突出的一个问题是,一些比较直观的、显而易见的铺张浪费、特权消费、奢侈腐败行为,在媒体报道之后往往受到来自方方面面权力的干扰,最终导致社会舆论监督效果受到影响。如一些豪华办公大楼、变相公款旅游等在网上爆出后,往往会受到删帖、封杀等。这些办公大楼远远超出了政府办公的实际需要,公款旅游用公共财产谋取个人生活享受,都是公款浪费的重要表现。类似的报道受到权力的挤压,就很难形成强大的舆论氛围,也难形成对类似行为的震慑作用。国内豪华办公大楼、变相公款旅游层出不穷,与社会舆论监督发挥不出应有的作用有很大的关系。

虽然,在过去的一段时间里,社会舆论监督对遏制公款浪费行为所起的作用极为有限,但人们对这类行为的认识正在日益清晰。社会舆论正在不断地以传媒为载体开始对与公权力有关的铺张浪费、特权消费、奢侈腐败以及存在于社会其他领域的浪费行为宣战。

不管是与公共权力有关的铺张浪费、特权消费、奢侈腐败等行为,还是存在于社会其他领域的浪费行为,都是对社会财富的过度耗费。习近平同志曾在新华社《网民呼吁遏制餐饮环节“舌尖上的浪费”》的材料上作出重要批示:“浪费之风务必狠刹!”①这一批示是宣战书,是集结令,是战斗的号角。自此,全国范围内掀起了重温节俭美德,反对奢侈浪费的热潮。

---

① 《厉行节约 反对浪费》,《人民日报》2013年1月29日,第1版。

第六章 消费主义倾向的严重危害

与公款、公权力有关的铺张浪费、特权消费、奢侈腐败等行为及人们日常生活中的食物浪费、水电资源浪费、包装浪费、一次性用品和奢侈品消费上的浪费成为当前中国社会必须正视的问题。这些行为中的消费主义倾向不仅给经济建设、人民生活、生态环境带来了危害，而且败坏了党风政风、影响了社风民风、毁坏了国家形象、削弱了综合国力。

一、损害经济建设

经济建设指社会物质资料的生产和再生产活动。它以人力、物力的投入为基本前提，以不断满足人民群众日益增长的物质需求为基本目标。健康向上的建设主体的参与、充足物力的投入、科学合理的经济结构的形成是经济建设的基本要求。人们只有正确处理人与自然关系，只有保持昂扬的斗志，只有保证物力的高效持续投入，只有推动科学合理的经济结构的形成，经济建设才能更好地为社会发展服务。党的十八大报告指出，“只有推动经济持续健康发展，才能筑牢国家繁荣昌盛、人民幸福安康、社会和谐稳定的物质基础。”①经济的持续健康发展，是社会持续健康发展的基础，也是经济建设努力实现的目标。消费主义倾向对这一目标的实现构成威胁。

（一）破坏经济持续发展

经济的持续发展是指既能保证当前经济的稳定发展，也能保证未来经济稳定发展的合理经济发展形态。经济的持续发展需要持有可持续发展理念的建设主体，需要能维系社会生产和再生产的物质资源的持续供给。

持有可持续发展理念的人是保证经济持续发展的最重要因素。人是生产活动过程中有主观能动性的唯一因素，是认识世界和改造世界的主体。人在有目的、有计划地进行经济建设的过程中能考虑自然的承受力、能正确认识人与自然的关系、能考虑人类的长远发展，经济的持续发展就能实现，反之则不能。物质资源的持续供给是经济持续发展的物质保证。社会生产和再生产是人作用于物的过程，是人和物共同发展作用的结果。离开了物，人的生存和发展便失去了依靠，经济建设也成为一句空话。可供经济建设的物资成为经济持续发展的有力保证。

经济持续发展的这些条件在消费主义倾向面前遭到了严峻的考验。

第一，消费主义倾向导致经济建设主体缺乏可持续发展理念。消费主义倾向把消费行为完全放在个人意愿的秤杆上，个人愿意消费多

① 《中国共产党第十八次全国代表大会文件汇编》，人民出版社 2012 年版，第 18 页。

少就消费多少，个人有经济实力消费多少就消费多少，而不考虑自然的承受力，从未把自然的承受力和个人意愿放在消费的太平上进行衡量。长而久之的浪费，会使消费主体形成思维惯性，缺少对大自然的关怀，缺少对生态的关注。这样的消费主体，作为经济建设的主体出现时，也就很难在经济建设中充分考虑人与自然的和谐共存，很难绘制持续发展的社会蓝图，很难坚持可持续的经济增长方式。

第二，消费主义倾向影响维系社会生产和再生产所需物力的持续供给。消费主义倾向会造成对社会物质资源的过度使用和耗损。社会资源是有限的，不管是可再生资源，还是不可再生资源。消费主义倾向造成的浪费是一种对资源无节制的索取行为，从不考虑资源的有限性和再生周期。一个阶段对物质资源无节制的耗费，直接带来的结果就是后期或后代物质资源的减少甚至消失殆尽。物质资源的减少甚至消失殆尽，导致经济建设失去了必需的物质资源，经济的持续发展便无法维系。

（二）危害经济健康发展

经济的健康发展是指有持续的发展动力、结构合理、增长稳定的合理经济发展形态。经济的健康发展需要具有创新意识的建设主体，需要合理的经济发展结构，需要稳定增长的经济速度。

具有创新意识的人是保证经济有持续发展动力的最重要因素。"创新是一个民族进步的灵魂，是一个国家兴旺发达的不竭动力。"①在科学技术突飞猛进的今天，单靠引进国外先进的科学技术难以实现经济的自主发展。只有创新，只有具有创新意识的主体，才能为经济建设

---

① 《江泽民文选》第2卷，人民出版社2006年版，第237页。

注入自主自觉自我发展的活力和动力。经济结构合理是经济健康发展的核心。合理的经济结构应该是能充分发挥经济优势,有利于国民经济各部门协调发展的经济结构。社会对产品的消费需求是影响经济结构的重要因素。消费需求合理,经济结构趋于合理;消费需求不合理,经济结构趋于不合理。稳定增长的经济速度是经济健康发展的重要指标。经济速度平稳发展意味着经济建设的投入和产出相对平稳,意味着经济建设的效率稳步发展。经济速度的稳定增长依靠经济建设稳定的物力和财力投入。

消费主义倾向对经济建设的健康发展构成负面影响。

第一,消费主义倾向导致经济建设主体缺乏创新意识。消费主义最严重的危害是对人主体性的损耗。人在认识世界、改造世界的活动中,始终以具有主观能动性的主体身份出现,是有意识地认识和改造自然界的主体。消费主义倾向将人淹没在物质消费的海洋中,慢慢地会使人失去认识世界和改造世界的锐气和魄力,逐渐地会使人失去改革创新的意识和勇气。失去创新意识的人只能在先辈创造的物质财富上坐享其成,无法为经济建设注入新的活力和动力,无法推动经济建设的健康发展。

第二,消费主义倾向易导致经济结构发展不合理。消费主义有一个特殊的表现就是对奢侈品的追求。奢侈品非生活必需品,以其新奇、稀缺且具有独特符号价值而受到一些消费者的热捧。因奢侈品生产的回报非常高,所以一些资源的使用会向奢侈品服务领域集中,从而挤压其他行业资源配置,很大程度上会影响经济结构的合理发展。

第三,消费主义倾向影响经济增长速度。消费主义以资金的耗费为中介,以物质资源的过度耗损为结果。不管是资金的耗费,还是物质资源的过度耗损,从长远来讲都可能会带来社会再生产的投入不足,影响经济速度的稳定增长。

二、影响人民生活

不断提高人民生活水平,不断满足人们物质生活和精神生活的需要,是社会主义现代化建设的不懈追求。改革开放带来了社会主义生产力水平的不断提高,为人们物质生活水平和精神生活水平的提高提供了前提和基础。但消费主义倾向使改革开放的成就带给人们生活的幸福度大打折扣。

(一)影响人民生活水平

生活水平是反映人们物质生活和精神生活实际状态的范畴。生活水平,又称生活程度,是指人们消费各种物质产品和精神产品以满足人们物质和精神生活需要的程度。人民生活水平在改革开放的三十多年间有了大幅度的提高,但随之而来的消费主义倾向对人们生活水平的提高形成了一定的威胁。

第一,消费主义倾向影响人们的消费支出结构。消费支出结构是各类消费支出在消费总支出中所占的比例及相互关系。在货币收入水平一定的情况下,用于购买吃穿住行等物质消费品的比重加大,用于购买文化生活消费品的比重就会减小;进行不合理消费的比重加大,进行合理消费的比重就会减小。消费主义倾向的主要表现是,人们把更多的收入用在购买吃穿等物质消费品上。这些消费品大大超过了人们的实际需要,超过的这部分消费品属于不合理消费,是浪费性消费。收入在这部分消费品上的浪费性支出,直接导致了用于精神消费的货币支出减少，用于合理性消费的货币支出减少，直接影响了人们生活水平的提高。

第二，过度饮食会导致人民健康水平下降。消费主义倾向反映在餐桌上的一个具体表现就是大吃大喝。不管是公务接待、商务聚会，还是私人宴请，推杯换盏、觥筹交错之间，人们暴吃暴饮，人体摄入的食物大大超过了人的生理需要。过量的食物进入人体，一方面对食物造成了浪费，另一方面对人体造成了巨大的伤害。《2010 年国民体质监测公报》显示，2010 年我国成年人的超重率为 32.1%、肥胖率为 9.9%，老年人的超重率为 39.8%、肥胖率为 13.0%。而 4 年后，这些比例均有增无减。《2014 年国民体质监测公报》显示，2014 年成年人的超重率为 32.7%、肥胖率为 10.5%，老年人的超重率为 41.6%、肥胖率为 13.9%。大吃大喝是超重和肥胖的直接诱因，而超重和肥胖又会直接诱发一系列疾病，如糖尿病、高血糖、高血脂、癌症等。健康水平是人民生活水平的一个重要指标，健康水平受到影响必然会影响人民的生活水平。

（二）影响人们生活习惯

人们在社会生活中经常地、反复地出现的行为和观念，久而久之会成为一种习惯。习惯是人们在社会实践中经过多次重复形成的不易改变的不自觉的行为方式。习惯以观念和动作的多次出现为基础，习惯一经养成往往很难改变，通常在人无意识的情况下不自觉地表现出来。消费主义倾向如果不及时加以引导、纠正，长而久之会成为人们无意识的行为方式，影响人们的生活习惯。

第一，消费主义倾向会导致人们背离中华民族传统的节俭美德。节俭是中华民族在长期历史发展过程中积淀下来并被中华儿女一代代传承下来的美德。节俭要求人们精打细算、量入为出、物尽其用，要求人们自觉地克制自己的消费欲望，要求人们遵循必需的原则对物质消费品进行消费，是一种根据收入进行适度消费的良好生活习惯。节俭对于个人的美德形成、家庭的兴旺昌盛、国家的长治久安都有着极其重要的意义。消费主义是一种为了场面好看而大肆浪费物品的消费行为。这种消费行为不进行精细的计算，不考虑收入的实际情况，也不考虑物品的功用，是一种不理性的过度消费。消费主义倾向的长期存在会使人们漠视、远离节俭美德，会对个人、家庭、国家的发展形成威胁，会对节俭美德的代际传承形成威胁。

第二，消费主义倾向会导致人们远离储蓄习惯。储蓄是一种把闲置不用的钱物储存起来的行为。储存的意图是为日后所用，目的或为应对个人收入的不确定性变化，或为子女积攒受教育的费用，或为应付不可预期的意外事件，或为进行创业积攒原始资金。储蓄能将零散的货币集中起来，变消费为积累，为国家建设提供资金支持。人们可以通过储蓄获得的利息增加收入，可以通过储蓄有计划地安排生活，还可以通过储蓄培养合理地使用收入的生活方式。消费主义倾向把大量的钱物用于当前消费，强化了人们的即期消费满足感，导致可用于储蓄的钱物大幅缩减，淡化了人们的储蓄观念。储蓄于国于民都是一种好的生活习惯。消费主义倾向使人们远离储蓄习惯，对个人、家庭、社会造成一定的负面影响。

三、破坏生态环境

生态指生物的生存和发展状态。环境以某一事物为中心，泛指围绕该事物的一切外部条件的总和。生态环境是指影响生物生存与发展的一切外部条件的总和。在生态环境中,人是唯一具有主观能动性的因素,是所有生物中最活跃的因素。人通过自身的生产活动,不断地改变着生态环境。消费主义倾向造成了能源资源的过度使用,导致了废弃污物的过度排放,给生态环境戴上了沉重的枷锁,影响了生态环境的可持续发展,严重危害了生态环境。

(一)造成能源资源过度使用

能源是可以通过适当的手段转换为人们需要的热、光、动力的自然资源。作为国民经济发展和人们生活必不可少的物质基础,能源资源对于一个国家的发展有着极其重要的意义。中国是能源生产大国,也是能源消费大国。人们在使用能源资源中的不加节制,给能源资源供给带来了巨大的压力。

2007—2015 年能源消费情况一览表①

年度	能源消费总量（万吨标准煤）	生活能源消费量（万吨标准煤）	生活能源消费量/能源消费总量(%)	人均生活能源消费量（千克标准煤）
2007	311442.00	30814	9.89	250.0
2008	320611.00	31898	9.95	254.0
2009	336126.00	33843	10.07	264.0
2010	360648.00	36470	10.11	273.0
2011	387043.00	39584	10.23	294.0
2012	402138.00	42306	10.52	313.0
2013	416913.02	45531	10.92	335.0
2014	425806.00	47212	11.09	346.1
2015	429905.00	50099	11.65	365.0

① 以下数据来自中华人民共和国统计局官网。

在能源的消费中，生产消费的比重是非常大的，但这并不意味着可以忽视人们不节俭的生活方式对能源的耗费。中国是一个拥有13亿人口的大国，每人浪费一点能源资源，乘以13亿就是一个庞大的数字。上表的数据显示，2007—2015年间，人们的生活能源消费总量在不断增加，在能源消费总量中的比重也在逐年攀升。而人均生活能源消费量，更是很清晰地反映了这八年间人们生活消费中对能源的消耗在不断增多。这种增多，对大自然再生资源的能力带来了巨大的挑战。

（二）导致废弃污物过度排放

为了满足人们的消费需求，社会生产和再生产消耗了大量的能源资源，并把消费产生的废弃物赤裸裸地丢给了自然界，完全不考虑自然界容纳和净化污染物的能力，造成了生态环境的严重污染。以废水排放为例，2007—2015年的情况如下。

2007—2015年废水排放情况①

项目 年度	总量（亿吨）	工业（亿吨）	生活（亿吨）
2007	556.8	246.6	310.2
2008	571.7	241.7	330.0
增长率（%）	2.7	-2.0	6.4
2009	589.7	234.5	355.2
增长率（%）	3.1	-3.0	7.6
2010	617.3	237.5	379.8

① 以下数据来自中华人民共和国环境保护部官网之历年环境统计公报。另注：1.2008下一行的增长率，指2008年与2007年相比。2009下一行的增长率，指2009年与2008年相比。以此类推。2.自2011年起，废水排放量的合计中还包括农业源排放量和集中式污染治理设施的排放量。3.因2011年各项统计内容有变动，所以不做增长率计算。

续表

年度＼项目	总量（亿吨）	工业（亿吨）	生活（亿吨）
增长率（%）	4.7	1.3	6.9
2011	659.2	230.9	427.9
2012	684.8	221.6	462.7
增长率（%）	3.9	-4.0	8.1
2013	695.4	209.8	485.1
增长率（%）	1.5	-5.3	4.8
2014	716.2	205.3	510.3
增长率（%）	3.0	-2.1	5.2
2015	735.3	199.5	535.2
增长率（%）	2.7	-2.8	4.9

上表是根据中华人民共和国环境保护部出具的数据做出的统计。从这些数据中我们可以看到，2007—2015 年的废水排放量中，生活废水的排放一直保持着较高的比例，均在 50%以上。这表明，人们的生活用水是形成废水的重要源头。而且，这几年生活废水排放量增长率均为正数的事实告诉我们，我们对水资源的使用量连年增长。这个增长量，可以从我国人口数量不断增长的角度做出解释。但这种解释，不能掩盖人们不爱惜水资源的事实行为。不节俭的用水在这些数据的产生中起了推波助澜的作用。

四、败坏党风政风

社会主义国家的权力是为人民服务的，中国共产党领导下的各级党政领导干部是人民的公仆，他们的历史使命和社会责任是充分地利用手中的权力为人民群众谋福利。铺张浪费、特权消费、奢侈腐败的公职人员不能正视自身的责任和使命,不能最大化地体现公共资金的效用,是对公共权力的玷污和亵渎。公职人员的这些行为不仅败坏了党风政风、误导了社风民风,而且毁坏了国家形象、削弱了综合国力。党风,指一个政党组织及其成员在政治、思想、工作、生活等方面表现出来的相对稳定的风格。政风,指政府机关及其工作人员的思想作风和工作作风。党风政风是执政党及其工作人员的思想作风和工作作风。全心全意为人民服务是党和政府的根本宗旨,艰苦奋斗、密切联系群众、勤俭办一切事业,是中国共产党在长期革命和建设实践过程中形成的优良作风。与公款、公权力有关的铺张浪费、特权消费、奢侈腐败行为与党长期以来形成的优良作风相悖,与社会主义国家公共权力为人民服务的理念相悖,侵蚀了党的肌肤,败坏了政府形象,导致了国家财产的大量流失,造成了不好的社会影响,给党和国家的建设敲响了警钟。

(一)背离党的根本宗旨

党政公职人员的铺张浪费、特权消费、奢侈腐败行为背离了为人民服务的宗旨。中国共产党是代表最广大人民根本利益的政党,“全心全意为人民服务是党和政府的根本宗旨。”①中国共产党代表人民执掌国家政权,党和政府做一切规划、处理一切事情的目的和归宿都是为了更好地为人民服务。中国共产党背负着建设富强、民主、文明、和谐的社会主义国家的重任,背负着人民的重托,背负着实现伟大中国梦的历史使命。把人民的利益放在首位,放在一切工作的最中心位置,是党和政府践行全心全意为人民服务宗旨的根本要求。党和政府所有工作人

① 《十五大以来重要文献选编》(中),人民出版社 2001 年版,第 900 页。

员的一切行为都应该从人民出发，为人民考虑，实现好、维护好、发展好最广大人民群众的根本利益。如果党和政府的工作人员想问题、办事情不能从人民出发，不能为人民考虑，就会背离党的宗旨，就不能真正地代表人民的利益。

党政工作人员的铺张、奢侈、浪费是运用公共权力谋取个人利益的腐败行为。党政工作人员手中握有的公共权力是人民赋予的，是要用来为人民谋福利的。而党政工作人员在公务接待、出国（境）考察、车辆购置及运行等项工作中大肆挥霍公共款项，利用公共财政为个人私欲埋单；在市政运行中大建行政大楼、培训中心，大兴土木铺路架桥，大搞形象工程、面子工程，用公共财产为自己的升职发财铺路；在缺水的城市大搞人工湖、在矿产资源丰富的地方过度开发，用公共资源为个人的 GDP 业绩增砖添瓦。这些行为不仅造成了国家财政收入和公共资源的大量浪费，还造成了人民群众对党和政府的不满情绪。党政工作人员的铺张浪费、特权消费、奢侈腐败等行为借为人民服务之名，行为个人服务之实，用人民的公共财产为个人谋得利益，背离了党和政府全心全意为人民服务的根本宗旨。

（二）背离党的优良作风

党政公职人员的铺张浪费、特权消费、奢侈腐败行为背离了党和政府长期以来形成的优良工作作风。艰苦奋斗、密切联系群众、勤俭办一切事业，是党和政府的优良工作作风。

艰苦奋斗是中国共产党的政治本色，是中国共产党在艰苦卓绝的斗争环境中带领人民取得社会主义革命胜利的宝贵经验，是中国共产党在和平建设环境中于经济、政治、文化、社会等方面取得一系列成就的精神支柱。艰苦奋斗是一种革命精神,是一种在任何环境中都能不懈奋斗、不贪图享受、不图谋个人私利的革命精神。党政工作人员的铺张浪费、特权消费、奢侈腐败背离了党艰苦奋斗的优良作风,是一种被物质欲望冲昏了头脑、贪图物欲、不思进取的颓废行为。铺张浪费、特权消费、奢侈腐败行为若不及时加以纠正,会使整个党失去斗志,失去其在理论上和实践上的先进性,失去进行社会主义建设的领导力和执行力。

密切联系群众是中国共产党的优良传统,是中国共产党区别于以往一切政党的显著标志。党和政府的一切决策和行动都必须从人民群众的实际需要出发,想群众所想,急群众所急,办群众所需。党和政府的一切成员都必须紧紧和群众联系在一起,从人民群众的立场出发想问题,办实事。党政工作人员的特权消费、奢侈腐败背离党密切联系群众的优良传统,其出发点不是群众的利益和好处,而是自身的利益和好处,不是到群众中发现群众所思所需,而是为自身的享受欲望所左右。特权消费、奢侈腐败行为若不加以及时纠正,党和政府就会偏离代表人民利益的正确航向,会成为个人攫取私利的保护伞,党的执政合法性就要受到质疑,党就会面临巨大的执政风险。

勤俭办一切事业是中国共产党在一穷二白的国民经济基础上带领全国人民从贫困到温饱再发展到基本小康的宝贵经验,是党和政府的优良作风。勤俭办一切事情,一方面强调辛勤劳作,另一方面强调节约俭省,辛勤劳作创造财富,节约俭省积累财富。只勤不俭,财富有生产无积累,只俭不勤,财富失去创造源泉。勤俭是中国共产党在任何情况下办一切事情的基本思路,是社会主义事业得以蒸蒸日上的基本经验。党政工作人员的铺张浪费、特权消费行为背离了党勤俭办一切事情的优良作风,以口舌物质之欲、生活享受之欲消磨了人的意志,助长了不劳而获、好逸恶劳的思想和作风，既不能为勤劳创造动力，也不能为节俭提供支持。铺张浪费、特权消费行为若不加以及时纠正，社会主义建设就会因为公职人员的大手大脚、假公济私，带来公共财政的大量浪费和人民群众的极大不满，削弱甚至直接摧毁社会主义建设的物质基础和群众基础，给党和社会主义带来灭顶之灾。

五、影响社风民风

社风，即社会风气；民风，即民间风尚。社风民风是一定时期内广大社会成员物质追求和精神追求的总体反映，具体表现为人们的思想认识、行为倾向等。社风民风渗透在社会生活的各个领域，通过强大的舆论力量和习惯势力对人们的生活形成巨大的冲击。好的社风民风会在全社会形成积极向上、奋发有为的舆论场和惯性力，坏的社风民风会在全社会形成萎靡颓废、贪图享受的舆论场和惯性力。消费主义倾向本身就是一种坏的社会风气，扭曲了人们对人生和世界的看法。

（一）冲击社会认知

消费主义倾向把个人的私欲和对物质的占有挥霍当做人生的目的，看做人生价值的体现，扭曲了人们的思想，对人们的世界观和人生观形成冲击。世界观是人们对世界的总的看法和根本观点，包括对人与自然关系的认识。人生观是人们对自身生存的目的、价值和意义的认识和看法，包括人生理想观、人生苦乐观、人生价值观等。

第一,消费主义倾向影响着人们对人与自然关系的正确认识。人是自然界有机整体的重要组成部分,人的行为受自然界固有规律的约束,人对自然的珍惜和维护是人类社会可持续发展的基本要求。自然界的资源是有限的,人类的消费行为直接或间接地耗损了自然资源。消费主义倾向不考虑自然界的资源耗费承受力,不考虑消费行为给自然界带来的沉重负担,给社会一种浪费不受自然资源限制的假象,影响人们对人与自然关系的正确认识。

第二,消费主义倾向威胁着正确人生理想观的确立。正确的人生理想观应该是符合社会发展需要的、能促进个人和社会和谐发展的信念和追求。消费主义倾向把人生建立在物质欲望的满足上,忽视了精神世界的理想追求,对个人形成积极健康向上的人生理想造成了严重的负面影响。

第三,消费主义倾向助长了消费至上的人生苦乐观。消费至上的观念把消费放在人生最重要的位置,认为人生的目的和意义就是消费,从消费中可以获得个人的快乐,从消费中能够获得自身生存的价值认知。这种人生观不以骄奢淫逸为耻,反以骄奢淫逸为荣,背离了社会主义荣辱观的正确航向。铺张浪费、奢侈腐败行为无疑为这种人生观找到了更好地生存的土壤和环境。

第四,消费主义倾向扭曲了人生价值观的指向。人生价值是一个人的生存发展对个人、对社会所具有的作用和意义。人生价值观是对人生价值进行认识和评价时所持的根本观点和总体认识。铺张浪费、奢侈腐败行为把浪费看作个人经济实力和社会地位的体现,通过浪费向他人展示个人的财富和身份,甚而有浪费者把自己的浪费行为贴上拉动内需为社会作贡献的标签。

（二）扭曲社会追求

浮躁是一种社会病态情绪。这种情绪源于人的心里有很多的欲望需求，但又无法把控自己的内心，只能盲目跟风，急功近利。消费主义倾向之所以出现就是因为人们无法节制自己的内在欲求，或为面子欲望、或为享受欲望、或为金钱欲望、或为仕途欲望、或为盲目跟风，大肆耗费各种资源，大肆挥霍社会财富。消费主义倾向会在整个社会范围内导致追求时尚、追求享乐、过分追求外在形象的做法成风，扭曲社会追求，加重浮躁情绪。

第一，消费主义倾向加重了追求时尚的浮躁情绪。时尚是人们在一段时间内对某一事物的推崇。对某一物质商品的推崇会在某些群体甚至整个社会中形成购买欲望，并推动购买行为。时移世易，由于现代传媒的发达和商家的苦心营销，在不同的时间段内人们推崇的事物在不断地变化，时尚商品在不断推陈出新。购买时尚商品要花费一定的金钱，不断地购买新出现的时尚商品会耗去大量的金钱，且会形成购买惯性，并进而造成畸形工作动力。工作为赚钱，赚钱为购物，使人成为工作的机器和商品的奴隶，使人不能把控内心的精神追求，在物质生活上轻浮急躁。

第二，消费主义倾向助长了享乐主义。享乐，享受安乐。享乐主义是一种把物质欲望的满足和感官肉体的快乐作为人生目的的人生观和价值观。党政公职人员随意挥霍人民的劳动成果，大吃大喝、游山玩水、灯红酒绿，以致上行下效，整个社会铺张浪费、贪图享受蔓延。随着生产力水平的提高，人们的生活水平不断得到改善，人们享受共同劳动成果带来的欢愉本无可厚非，但一味沉溺于物质欲望的满足，为享乐而生活，则是一种不正常的社会认知。为了追求享受生活，人们不惜破坏生态环境、不管不顾社会道德规范，大肆浪费。在大肆挥霍社会财富的感官体验中，人们获得物质欲望和虚荣心的高度满足，渴望追求更多的欲望满足，更加渴望享受生活。追求享乐的浮躁之气会大面积蔓延。

第三，消费主义倾向诱发过分注重外在形象的不良风气。外在形象是个人或集体向他人展示自己的窗口，是个人或集体内在实力的外在表现。一些人通过饭桌上的铺张浪费、奢侈品的炫耀式使用，向他人展示自己的经济实力和社会地位。一些政府人员通过大搞面子工程、形象工程，向社会展示自己的政绩和成果。这些做法从某个角度来讲，都达到了通过外在形象向他人宣传自己的目的。但这种铺张、奢侈行为容易使人忽视内在品质的提升，而把更多的时间、精力和金钱放在塑造外在形象上。只修外，不修内，是一种意图通过较少付出获得较多回报的不正之风。

六、毁坏国家形象

国家形象是一国政治、经济、文化、社会、生态等客观情况的主观反映，是一国的内部社会公众和外部国际公众对该国的总体评价和印象。国家形象虽以一国客观的政治建设、经济建设、文化建设、社会建设和生态建设为现实基础，但在传媒技术日益发达的今天，一国在该国或他国媒体中呈现出的形象更易为媒体受众接受，形成对该国国家形象的主观认识。铺张浪费、特权消费、奢侈腐败等与公权力有关的浪费行为以及存在于社会其他领域的浪费行为，在媒体新闻流动中，会使内部社会公众和外部国际公众对我国形成不文明、不和谐的国家形象认知。

（一）引致不文明国家形象

1981年中国共产党第十一届中央委员会第六次全体会议通过的《关于建国以来党的若干历史问题的决议》，第一次明确地把建设“高度文明的社会主义强国”作为全党、全军、全国各族人民的奋斗目标。“文明”在之后三十多年的实践中成为社会主义现代化建设的重要目标，指引着中国人民各项事业的发展。文明，广义上指人类创造的物质财富和精神财富的总和，狭义上特指人类创造的精神财富。中国的社会主义现代化建设要向世界展示的是一个思想进步、文化先进、精神富裕的文明国家形象。但铺张浪费、特权消费、奢侈腐败等与公权力有关的浪费行为以及存在于社会其他领域的浪费行为容易导致人们形成对中国不文明国家形象的认识，容易使国内外社会对中国努力建设的文明社会蓝图大打折扣。这种不文明体现在：

第一，思想不进步。进步思想是社会发展进步的精神支持和智力保证。进步的思想源于人们积极进取的社会心态、昂扬向上的革命斗志、宏大渊博的知识内涵和博大开放的思维方式。以铺张浪费、特权消费、奢侈腐败为代表的各种浪费行为从某种程度上讲破坏了进步思想产生的环境。这些行为把现实的物质满足和生活享受作为人生价值的体现，罔顾工作岗位和社会身份赋予的社会责任，扼杀了人们在工作、学习、思想上积极进取的社会心态。这种行为背离了艰苦奋斗的革命传统，容易使人沉溺于物质享受的安逸生活中，缺乏生活的激情和昂扬的工作热情。这种行为容易使人被享受的汪洋大海吞噬，躺在已有劳动成果上止步不前，缺乏对知识追求的热情和动力。这种行为容易使人的目光促狭于物质生活的单一追求上，缺乏博大开放的思维方式。

第二,文化不先进。先进文化是引导人们前进的精神力量,是人类文明的旗帜。先进的文化是有生命力和凝聚力的文化。铺张浪费、特权消费、奢侈腐败行为对有生命力、凝聚力文化的进一步发展形成障碍。这种行为推崇的是物质的文化和享受的文化,忽视或者漠视中华民族几千年来积淀的节俭美德、拼搏精神、廉洁美德,不断地拷问着中华传统文化的生命力。这种行为滥用人民群众赋予的公共权力,容易使权力所有者和权力行使者之间出现更多的不理解与不认同,容易激化社会矛盾,鞭挞着中华儿女共同奋斗的凝聚力。

第三,精神不富裕。精神富裕是人类较高层次需求得到较高程度满足的体现。消费主义倾向对不断追求上进、努力大有作为、随时忧乐天下精神的追寻形成负面影响。这种行为容易使人忽视自身的社会责任,放弃提升个人修养的努力,沦为满足物质欲望的机器,缺乏不断追求上进的动力。这种行为容易使人满足于一时一地的物质生活,沦为生活享受的奴隶,满足于小事小处的收获,缺少努力拼搏大有作为的激情。这种行为容易使人过多地关注个人的利益得失、生活享受,缺少先天下之忧而忧、后天下之乐而乐的情怀。

(二)引致不和谐国家形象

2006年中国共产党第十六届中央委员会第六次全体会议通过的《中共中央关于构建社会主义和谐社会若干重大问题的决定》把"和谐"写入了社会主义现代化建设的总目标,建设和谐的社会主义国家成为全党和全国人民共同努力的方向。和谐具体表现为人与人的和谐、人与社会的和谐、人与自然的和谐。我们努力奋斗和努力向外界展示的是,我们要建设一个人与人和谐、人与社会和谐、人与自然和谐的社会主义国家。但铺张浪费、特权消费、奢侈腐败行为等与公权力有关的浪费行为以及存在于社会其他领域的浪费行为容易导致人们形成对中国不和谐国家形象的认识。这种不和谐体现在：

第一，人与人的不和谐。和谐的人际关系不应建立在吃吃喝喝、花天酒地、权钱交易等不正常的社会行为上，而应建立在人与人之间的相互尊重、相互支持、相互理解、相互体谅基础上。公务招待中的大吃大喝、红白喜事的盲目攀比、行政交往中的消费品贿赂，一方面造成了出资者金钱上的耗损，另一方面容易把人与人的关系建立在物质基础上，污染和丑化人际关系。

第二，人与社会的不和谐。社会由多个个体的人组成，多个人共同构成了社会这个整体。社会资源是有限的，一些人对资源的过分使用，实际上是在剥夺另一部分人对资源的使用权。消费主义倾向造成了人与人事实上的不平等，容易引发人们之间的对立心态。当前部分人中间存在的仇富、仇官心理不能说没有铺张浪费、特权消费、奢侈腐败的因素在里面。消费主义倾向一方面造成了浪费者与社会的不和谐，另一方面也造成了不能或不愿浪费者与社会的不和谐，总体上会导致整个社会的不和谐。

第三，人与自然的不和谐。自然是人类赖以生存的环境条件。人类维持生存和发展的资源最终都来自于自然。适度地向自然界索取，珍惜维护自然环境，是人与自然和谐相处的基本要求。消费主义倾向源于人们对自身欲望的无节制，都涉及了对资源的过度耗费和对自然环境的随意践踏，是人们对自然过度索取的行为。这种行为不断地加重自然界的负担，恶化人与自然的关系。

上述不和谐在我国内部社会成员中会引发对和谐社会建设的悲观心理，在外部国际公众中容易引发对中国不和谐国家形象的认知，尤其是通过一些敌对境外媒体的大肆渲染,更会使中国在国际社会中努力要树立的和谐形象受到诟病。

七、削弱综合国力

综合国力是一个国家在政治、经济、军事、科技、资源、文化等方面的整体实力和国际影响力,是衡量一个国家力量强弱和国家地位高低的主要标志,并最终体现为一个国家迎接挫折、克服困难的水平和能力。综合国力既包括经济力量、资源力量、科技力量等硬实力,也包括国家向心力、文化凝聚力等软实力。消费主义倾向严重影响了国家硬实力和软实力的健康发展,削弱了我国的综合国力。

(一)削弱国家硬实力

国家硬实力是指经济、资源、科技等以有形的物质力量表现出来的国家实力。硬实力看得见、摸得着,是以物质形态体现的国家力量,构成一国综合国力的基础。经济实力和科技实力是我国硬实力的重要方面。"当前国际竞争的实质是以经济和科技实力为基础的综合国力较量。"[①]硬实力具有相对稳定性,在一定时间内总体保持稳定,但会随着时间的推移在各种因素综合作用下发生变化。消费领域出现的各种问题如果不及时加以纠正,会直接影响我国经济实力和科技实力的稳步发展,成为导致我国硬实力趋弱的重要因素。

---

① 《江泽民文选》第1卷,人民出版社2006年版,第224页。

第一，消费主义倾向会削弱国家经济实力。经济实力是一定时期内一国经济方面的实际力量，包括国内生产总值、一国的资源等。公职人员的铺张浪费、特权消费会直接挤占公共财政收入，减少用于经济建设方面的财政支出，减少社会生产和再生产中财力的投入量，削弱公共财政支出产生的经济效益，影响社会生产和再生产的规模和速度，影响国内生产总值的持续稳定增长。人们在使用水电、纸张、粮食等消费品时的浪费行为，会造成水、森林、煤炭、石油、天然气等资源的大量耗费，影响单位资源的有效使用率，从客观上减少可利用资源总量。

第二，注重生活享受和物质消费的行为会削弱国家科技实力。科技实力是一定时期内一国在科技方面的实际力量，包括科技创新的能力、科技应用的能力等。科技创新需要有创新意识的人。注重生活享受会消磨人的意志，激发不出包括公职人员在内的各行各业的劳动者进行科技创新的积极性和主动性，使之产生科技创新的惰性，影响科技进步。人们对物质消费的过分追求，容易使企业受利益驱动把科技创新和科技应用的侧重点放在更易获得较高回报的产品生产上，影响科技应用的广度。

（二）削弱国家软实力

国家软实力是指国家向心力、文化凝聚力和影响力等以无形的精神力量表现出来的国家力量。软实力以硬实力为基础，是硬实力的延展。它以精神和智力形态存在，不具有具体的物质形态，是无形的。国家向心力、文化对内的凝聚力和对外的影响力是国家软实力的重要内容。铺张浪费、特权消费、奢侈腐败行为的长期存在，会使民众对国家领导核心的认同、归属感减少，影响国家向心力，破坏中华文化把中华儿女黏合在一起的凝聚力，影响中华文化对其他国家已有的影响力。

第一，铺张浪费、特权消费、奢侈腐败等与公权力有关的行为会削弱国家向心力。向心力本是一个物理名词，该处主要指群众对居于领导核心地位的中国共产党的认同、归属形成的力量。这种力量是广大人民群众愿意接受党的领导，和党并肩奋战的源泉。这种力量基于居于核心地位的中国共产党向外产生的吸引力。铺张浪费、特权消费、奢侈腐败行为会对这种吸引力和向心力的形成和巩固形成负面影响。铺张浪费肆行，加大行政成本，会使群众形成和加重对高效政府的质疑；特权消费，会使群众对公共财政收入的合理使用产生怀疑；奢侈腐败泛滥，会使群众对党的领导和执政产生质疑。这些认识必然会削弱群众对党的认同感和归属感，党向群众产生的吸引力就会减弱，国家的向心力就会受到影响。

第二，浪费行为会削弱文化对内产生的凝聚力。凝聚力是把我国各族人民聚合在一起的力量。“文化是民族的血脉，是人民的精神家园。”①中华文化把中华儿女紧紧凝聚在一起。浪费行为破坏了中华传统文化中勤劳、节俭、廉洁等美德的力量，削弱了传统文化对人们的感召力；误导了人民群众对生活享受的盲目推崇，消靡了人们的进取精神和奋发斗志，削弱了中国特色社会主义共同理想对人们的鼓舞作用和激励作用；破坏了社会主义荣辱观的引导力和示范力，削弱了社会主义核心价值体系的信仰教化力量。

第三，奢侈腐败行为会削弱中华文化对外产生的影响力。影响力原指个人在人际交往过程中影响、改变他人的能力，此处指一国影响、

---

① 胡锦涛：《坚定不移沿着中国特色社会主义道路前进　为全面建成小康社会而奋斗——在中国共产党第十八次全国代表大会上的报告》，人民出版社 2012 年版，第 30 页。

改变他国的能力。中华文化因其源远流长的历史和丰硕的现代发展成果在国际社会中具有举足轻重的作用,对其他国家产生了很深的影响。奢侈腐败行为会引起国际社会对中国已树立的国家形象的质疑,会引起国际交流与合作中的不理解与不认同,会引起国际文化交融中他国对中华文化的抵触情绪,削弱中华文化对外产生的影响力。

与公款、公共权力相关的铺张浪费、特权消费、奢侈腐败是一段时间以来消费领域最突出的问题,这些问题背离了党和政府为人民服务的宗旨,背离了党和政府长期以来形成的优良工作作风,直接败坏了党风政风。基于党政机关及其工作人员在社会上的特殊地位,其铺张浪费、特权消费、奢侈腐败行为造成了极其不良的社会影响,误导了社风民风,加剧了群众日常生活中的浪费,影响了人们正确思想认识的形成。这些行为还使国内社会公众和外部国际公众对我国形成不文明、不和谐的国家形象认知,影响了国家硬实力和软实力的健康发展,削弱了我国的综合国力。党风政风和社风民风相互影响、相互作用。党政机关及其工作人员的铺张浪费、特权消费、奢侈腐败与存在于消费领域的其他浪费现象相互推动、相互促进。如果不正视已出现的消费主义倾向,此类现象将会愈演愈烈,直接威胁社会的健康发展。

第七章 发展节俭文化、推进消费转型的基本思路

我国是一个人口众多、资源相对匮乏的发展中国家。消费主义倾向不断冲击着整个社会的神经。从国际和国内的背景来看，国人的消费行为如果不及时加以纠正，极有可能被带入西方消费社会的困境。那样的话，中国社会将会面临生产与消费、人与自然、人与人、人与社会等一系列矛盾的严重冲突。

节俭作为中国消费文化的优秀成果，成为国人可以世代传递的精神财富。这种精神财富的世代传递，需要跟随时代的变化不断注入新鲜的血液，需要不断赋予其鲜活的表现形式。坚持和发展节俭文化是科学发展观的必然要求，是节约型社会的题中应有之义，是建设社会主义和谐社会的内在要求，是回击消费主义倾向的有力武器。我们必须继承和发扬中华民族的传统节俭美德，有选择性地借鉴西方消费文明，与时俱进地创新消费文明建设，为国人的节俭消费提供有益指导。

一、继承中华民族传统节俭消费美德

消费文化是人们在消费领域形成的优秀精神财富的总和。消费文化存在于人类生活的始终,是人们在消费领域形成的一切观念、方式、活动、过程、成果的总和。消费文化中有符合社会发展要求的优秀成果,也有与时代背道而驰的糟粕。消费文化中的优秀成果,随着人类脚步的不断迈进,逐渐在历史中沉淀下来,成为人类文明的重要组成部分。中华民族在生存和发展的探索历程中,在延续和壮大民族血脉的艰难跋涉中,形成了以节俭为核心的消费文化。节俭是中华民族自古以来的美德,是中华民族几千年来的文化积淀和精神财富。古者圣贤从理论上为节俭立论、制定具体的消费指导、注重节俭美德的培养等思路,能为我们今天创新节俭文化提供指导。

(一)从理论上为节俭立论

提倡一种观念或者生活方式,古人往往尝试从不同的侧面为其寻找立论依据。在倡导节俭的消费观念时,古人从论述节俭的必要性和节俭的价值两个方面为节俭立论。节俭的必要性阐明节俭是人们现实生活的必然选择,节俭的价值阐明厉行节俭能给人们生活带来益处。从不同的侧面为节俭寻找理论支撑,是倡导节俭的前提。唯有从理论上说服人们节俭,人们才有可能践行节俭。

1. 论证节俭的必要性

古人对节俭必要性的认识多从历史和现实两个维度进行论述。历史维度意在表明节俭是中华民族的传统美德，后人应该秉承传统；现实维度意在表明节俭是现实生活必然的选择，人们必须为之。

墨家在先秦各学派中论节俭最为突出。墨子从古者圣贤、生活实践、百姓利益三方面为节俭寻找立论依据，论证节俭的必要性。墨子言必有三表，任何言论都必须有三条标准。哪三条标准呢？“有本之者，有原之者，有用之者。于何本之？上本之于古者圣王之事。于何原之？下原察百姓耳目之实。于何用之？废以为刑政，观其中国家百姓人民之利。”[①]上本之于古者圣王之事，为追本溯源，从古者圣贤、历史传统中为节俭寻找依据。古者圣王的饮食“足以充虚继气，强股肱，耳目聪明，则止”[②]，古者圣王的衣服“冬服绀緅之衣，轻且暖；夏服絺绤之衣，轻且清，则止”[③]，古者圣王的安葬“衣三领，足以朽肉；棺三寸，足以朽骸。堀穴深不通于泉，流不发泄则止”[④]。故而节俭有悠久的历史，古者圣贤之言行为其历史依据。下原察百姓耳目之实，为考察实际，从生活实践出发为节俭寻找依据。“时年岁凶，则民吝且恶”[⑤]，“民财不足，冻饿死者不可胜数也”[⑥]，“以其财不足以待凶饥，振孤寡，故国贫而民难治也。”[⑦]故而节俭有其现实必要性，歉年凶岁、横征暴敛、民财不足为其现实依据。废以为刑政，观其中国家百姓人民之利，从百姓的利益看施政的效果为节俭寻找依据。“厚作敛于百姓，暴夺民衣食之财”[⑧]，“其民饥寒并至”[⑨]。故而节俭有其历史现实性，奢靡掠民、民不聊生为

① 方勇译注：《墨子》，中华书局2011年版，第286页。
② 方勇译注：《墨子》，中华书局2011年版，第188页。
③ 方勇译注：《墨子》，中华书局2011年版，第189页。
④ 方勇译注：《墨子》，中华书局2011年版，第190页。
⑤ 方勇译注：《墨子》，中华书局2011年版，第30页。
⑥ 方勇译注：《墨子》，中华书局2011年版，第184页。
⑦ 方勇译注：《墨子》，中华书局2011年版，第35页。
⑧ 方勇译注：《墨子》，中华书局2011年版，第35页。
⑨ 方勇译注：《墨子》，中华书局2011年版，第40页。

其历史现实依据。有古者圣贤的言行为示范、有现实的生活窘困为背景、有民众的利益保护为初衷，墨子系统论证了节俭的必要性。

卒于公元249年的桓范在《世要论》中以古代圣贤帝王的节俭于国家、百姓的福祉为论据为节俭立论。“尧、舜之居，土阶三等，夏日衣葛，冬日鹿裘，禹卑宫室而菲饮食，此数帝者，非其情之不好，乃节俭之至也。故其所取民赋也薄，而使民力也寡，其育物也广，而兴利也厚，故家给人足，国积饶而群术也，以仁义兴而四海安。”①尧舜居室简陋，着葛衣、鹿裘，禹宫室低小、饮食简单。因尧舜禹之节俭而使百姓富足、国家富足，故以史为鉴，帝王应秉承节俭良风。

北宋王禹偁在灾荒之年将蔬食送与兄弟，并附诗《蔬食示舍弟禹圭并嘉祐》，道明节俭美德的必要性：“无故不食珍，礼文明所记。况非膏粱家，左宦乏资费。商山水复旱，谷价方腾贵。更恐到前春，藜藿亦不继。”②诗中表明：第一，无故不食珍，礼文明所记。节俭是中华民族传统美德，根据“礼文”所记的古训，不能无缘无故铺张饮食。第二，况非膏粱家，左宦乏资费。节俭由经济状况决定，自家不是富贵之家，虽然在外做官，但收入微薄、资财匮乏，所以不能胡乱花费。第三，商山水复旱，谷价方腾贵。更恐到前春，藜藿亦不继。节俭是应对灾情的明智之举，大灾面前，谷价上扬，若不节俭，明年春天野菜都可能无以为继。在明确节俭的必要性之后，王禹偁鼓励兄弟“菜茹各须甘，努力度凶岁”③。

2. 论证节俭的价值

古人对节俭价值的论述非常多，但多以零星的言论出现，如：《周

---

① （唐）魏徵等：《群书治要》（6—10册），中华书局1985年版，第832页。
② （北宋）王禹偁：《王禹偁诗文选》，人民文学出版社1996年版，第89页。
③ （北宋）王禹偁：《王禹偁诗文选》，人民文学出版社1996年版，第89页。

易·否》中的“君子以俭德辟难,不可荣以禄”[①],诸葛亮《诫子书》中的“静以修身,俭以养德”[②],《南史·陆慧晓传》中的“俭以养性”[③],《宋史·范纯仁列传》中的“惟俭可以助廉”[④]等。李光、汪辉祖、高拱京、王师晋的论述相对系统。

北宋司马光在理论上理清了节俭与修身之间的逻辑联系,形成了格物(节俭,克制欲望)—致知—诚意—正心—修身的思维范式,明确了俭以修身的观点。熙宁三年司马光的儿子司马康中进士第,司马光书《训俭示康》一文,告诫儿子一定要节俭行事,不可沾染侈靡之气。这篇训言中,司马光对节俭与修身的关系进行了论述。司马光援引《论语·里仁》中孔子的言论“以约失之者鲜矣”[⑤],指出节俭之人因能约束自己,过失自然会减少很多。原因在于“夫俭则寡欲,君子寡欲则不役于物,可以直道而行;小人寡欲,则能谨身节用,远罪丰家”[⑥]。节俭的人能克制自己的心性,不放纵欲望。社会地位高的人欲求少,就不会为外物奴役,可以坦荡正直做事;平民老百姓欲求少,就能勤俭持家度日,避免犯罪,丰裕家室。这里实际上指出了节俭与修身之间的一个非常重要的联系纽带。那就是欲望。节俭的人能克制欲望,逐渐形成克制的品格,将个人的行为控制在社会规范允许的范围内,并以较高的标准要求自己,使个人的身心得到锤炼,达到完美的境界。而反过来,不节俭的人,欲望不被控制,难以修身养性,其结果会让人很痛心。社会地位高的人不节俭,生活奢侈,就会多贪欲。为了满足自己的欲望,

① 杨天才、张善文译注:《周易》,中华书局2011年版,第126页。
② 陆林:《中华家训大观》,安徽人民出版社1994年版,第242页。
③ (唐)李延寿:《南史》(卷38—80),吉林人民出版社1995年版,第677页。
④ 耿相新、康华:《二十五史·宋史》(下),中州古籍出版社1996年版,第1461页。
⑤ 李之亮:《司马温公集编年笺注》(卷五),巴蜀书社2008年版,第257页。
⑥ 李之亮:《司马温公集编年笺注》(卷五),巴蜀书社2008年版,第258页。

就会进入歧途，贪赃枉法，招致祸患。平民老百姓不节俭，随意浪费，最终会导致败家丧身。所以，司马光高度认同御孙的观点："俭，德之共也；侈，恶之大也。"①欲望虽然是人自身表现出的想达到某种目的的主观状态。但这种状态的产生却是外在客观世界诱发的。司马光在元丰六年做了一篇《致知格物论》从更为深刻的角度阐明了节俭对欲望的克制及对修身的重要意义。他指出，从情感上讲，人们都好善而恶恶，慕是而羞非。但是为什么现实生活中喜欢善且能按照正确方向做事的人很少呢？"皆物诱之也，物迫之也。"②桀、纣、盗跖、偷窃之人、失节之臣都不是不知何为善、何为是，却选择了恶和非，是因为他们不能控制自己的心性，不能自觉抵制外界的诱惑，让外物蒙蔽了眼睛。"格，犹扞也，御也。能扞御外物，然后能知至道矣。"③这里司马光对"格物"有他个人非常独特的见解，认为其意为抵御外物。这种见解虽然与今人的观点有很大不同，但并不影响我们对他节俭思想的认识。司马光认为人能抵御外界诱惑，不为外物所扰，才能知道世间至理，而后"诚意以行之，正心以处之，修身以帅之，则天下国家，何为而不治哉"④？因此，格物，抵御外界物质干扰，是修身的起点，于修身治国平天下，极其重要。抵御外界干扰的最基本的表现就是克制欲望，不贪羡奢华，生活节俭。由此见，司马光极为推崇节俭的生活态度，希望人们能抵制骄奢欲望，达到修身的目的。

南宋李光针对少年心性不定、易与人攀比的心理特征，在《示孙文》中明确了俭以励志的观点。"少年欲励志操，见世间膏粱子弟，当以俭素胜之，不起羡慕之心；见居处华洁过度，凉榭温室，洞房窈窕，则

---

① 李之亮：《司马温公集编年笺注》（卷五），巴蜀书社 2008 年版，第 258 页。
② 李之亮：《司马温公集编年笺注》（卷五），巴蜀书社 2008 年版，第 344 页。
③ 李之亮：《司马温公集编年笺注》（卷五），巴蜀书社 2008 年版，第 345 页。
④ 李之亮：《司马温公集编年笺注》（卷五），巴蜀书社 2008 年版，第 345 页。

思颜子陋巷之安；见人之盛馔，甘脆肥浓，则思仲尼饭疏饮水之乐；见人之佩服车舆，犀象珠玉之珍，则思子路衣敝缊袍之温。”①少年唯有以颜回居陋巷为榜样，以俭为美，才能不羡膏粱子弟富贵华丽的住所；少年唯有以孔子饭蔬饮水之乐为榜样，以俭为美，才能不羡膏粱子弟丰盛美味的饮食；少年唯有以子路衣敝缊袍之温为榜样，以俭为美，才能不羡膏粱子弟的美服华车。不羡膏粱子弟浮华奢侈的生活，少年方能勤勉治学，磨炼心性，终成大志。

清人汪辉祖在《双节堂庸训》中提出了“非俭不能惜福”②的观点。“俭之为益，非仅省财而已，惜福必多。”③节俭的目的不只是节省钱财，更重要的是惜福，珍惜来之不易的幸福生活。每个人都要按照个人的身份定位选择合适的服饰器用，不要逾越自己的本分，否则便会招来不必要的麻烦。如果“人皆朴素，我独奢华”④，即使不遭受讥讽嘲笑，也很难得到他人的认同，难以有亲近的朋友。所以从长远计，如果既要保证生活中的财物不致短时间内消失殆尽，又要精神上有愉悦的情感体验，必须节俭。

清朝康熙时人高拱京以“塾铎”警示子孙后代，四举节俭的益处。“俭有四益：人之贪淫，未有不生于奢侈者，俭则不至于贪，何从而淫，是俭可以养德，一益也。人之福禄，只有此数，暴殄靡费，必至短促，撙节爱养，自能长久，是俭可以养寿，二益也。醉浓饱鲜，昏人神志，菜羹蔬食，肠胃清虚，是俭可以养神，三益也。奢则妄取苟求，志气卑辱，一从俭约，则于人无求，于己无愧，是俭可以养气，四益也。”⑤人的贪念和

---

① 陆林：《中华家训大观》，安徽人民出版社1994年版，第328页。

② （清）汪辉祖：《双节堂庸训》，天津古籍出版社1995年版，第66页。

③ （清）汪辉祖：《双节堂庸训》，天津古籍出版社1995年版，第66页。

④ （清）汪辉祖：《双节堂庸训》，天津古籍出版社1995年版，第67页。

⑤ （清）王晫、（清）涨潮编：《檀几丛书》，上海古籍出版社1992年版，第92页。

淫欲都来自于追求奢侈的生活欲求，若节俭便不会贪婪，更不会有淫欲。人的福祉是有定数的，如果奢侈靡费便会生活促狭，不能长久。节俭克制，自然能长久。花天酒地、酩酊大醉，使人神志不清，无益养神静气。唯有菜羹蔬食，才能肠胃清虚，养人精神。奢侈使人妄取苟求，不惜降低人格求全，而节俭使人于人无求、于己无愧。故，节俭可以养德、养寿、养神、养气。

近代王师晋指出："'俭'之一字，诸美毕备，非独钱已也。俭于嗜欲，可以保元育神；俭于言语，可以息是非，养精气；俭于饮食，可以养脾胃；俭于思虑，可以一心静志；俭于郊游，可以省酬应；俭于愤怒，可以免怨尤。"①节制欲望，清心寡欲，可以保持精神抖擞；少言俭语，可以减少与他人的纷争；少饮少食，可以保持脾胃康健；少思少虑，可以专心于志向；少去郊游，可以省去很多应酬；少发愤怒，可以减少怨恨。王师晋从广义的"俭"(即节制)论述"俭"的价值，比我们谈的生活消费中的节俭意义要宽泛。但其对"俭于嗜欲""俭于饮食""俭于郊游"价值的分析，于我们今天谈节俭还是有直接指导作用的。

(二)制定具体的消费指导

如何在社会生活中做到节俭，这是一个涉及实践操作的问题。历史上的圣人贤者、老者家翁曾经提出过一些具体的消费指导。这些消费指导中，分为提倡性的消费指导和反对性的消费指导两大类。这些指导一方面直接给当时的生活以有价值的借鉴，另一方面也给今天的节俭意识培养提供了有益的建设思路，即必须进行具体的消费指导，不

① 陆林:《中华家训大观》，安徽人民出版社1994年版，第523页。

能空谈节俭。

1. 提倡性的消费指导

提倡性的消费指导提出消费的具体建议，直接指出怎样消费才是合理的。

南宋陆九韶的《居家制用》，针对田地多家用足和田地少家用不足两种情况，分别介绍了节俭的具体做法。对于田地多家用足的家庭，农田上的收获，除了交租税和恢复田力所需外，应“以十分均之：留三分为水旱不测之备，一分为祭祀之用，六分分十二月之用，闰月则分作十三月之用。取一月合用之数，约为三十分，日用其一，可余而不可尽”①。把家用根据各自的用途均分为十份，其中三份专门存为米谷，轻易不要卖掉，每年要增加存放的仓廪；一份专门用于祭祀先祖和诸神；剩下的六份再分为十二份（闰年为十三份），为一年所用；把每月的费用分为三十份，每日的饮食之需、迎来送往等一切生活用度都只能从这一天的用度中扣除。对于田地少家用不足的家庭，必须一切节俭，“其田畴不多，日用不能有余，则一味节啬”②。一方面要努力去自给自足，“裘葛取诸蚕绩，墙屋取诸蓄养；杂种蔬果，皆以助用”③；另一方面要尽量减少耗费钱物的应酬，“于接待宾客，吊丧问疾，时节馈送、聚会饮食之事，一切不讲”④。陆九韶还谈到了一个不管是田地多家用足的家庭，还是田地少家用不足的家庭都必须注意的一个节俭原则：不可侵过次日之物。今天把明天的用度提前花费了，明天就有可能把后天的用度提前花费，日积月累，便会有破家的可能。

明末清初朱用纯的《治家格言》有三十六字直接论述节俭，从饮食

① 陆林：《中华家训大观》，安徽人民出版社1994年版，第340页。
② 陆林：《中华家训大观》，安徽人民出版社1994年版，第340页。
③ 陆林：《中华家训大观》，安徽人民出版社1994年版，第340页。
④ 陆林：《中华家训大观》，安徽人民出版社1994年版，第340页。

的器皿、饮食的对象到房屋的建造提出了具体的要求。“自奉必须俭约,宴客切勿流连。器具质而洁,瓦缶胜金玉;饮食约而精,园蔬逾珍馐。勿营华屋”[①]。个人生活必须节约俭省,不要流连于聚会宴客。餐具讲求质朴干净,瓦制器皿胜过金玉制品;饮食要简约而精美,园中种的时鲜蔬菜胜过山珍佳肴。不要建造华丽的房屋。除房屋建造上“勿营华屋”的要求过于笼统外,朱用纯提出的饮食用质朴干净的瓦器、食物选择田园蔬菜的要求非常具体,有很强的实践操作性。

清代李新庵原著,陈彝重订的《重订训学良规》,具体到米谷遗粒和剩菜剩饭的处理上。“弟子须敬惜五谷。地上及水盆中有米谷遗粒,必取食之,饭及小食,不得粒屑遗漏,即浆糊粥汤变味者,亦须与鸡犬食,不可抛弃。”[②]遗谷米粒必须吃完,一粒一屑都不能浪费。变了味的剩菜剩饭可以用来给家畜吃,千万不可丢弃。如此详细的规范,对于接受教育的儿童及少年显然有很强的实践指导性。

2. 反对性的消费指导

反对性的消费指导往往直接针对社会上出现的奢侈现象,指导的目的在于禁止或者反对这种奢侈行为。这种反对性的消费指导由于直接指向标的行为,旗帜鲜明,有极强的操作性。

封建社会的统治者往往以制度的形式禁止某种奢侈行为的继续。唐朝时,这种做法尤为明显。针对社会上大肆食用肉食的行为,唐高祖李渊发布《断屠诏》,下令禁止官民肆意屠杀牲畜,“关内诸州,宜断屠杀。”[③]针对王公贵族中“衣纨履丝”的奢侈之风,唐玄宗发出敕令《慰谕李桀敕书》,禁断锦绣珠玉,“其珠玉锦绣等,自今以后,切令禁断”[④],

① 陆林:《中华家训大观》,安徽人民出版社1994年版,第469页。
② 徐梓、王雪梅:《蒙学要义》,山西教育出版社1991年版,第117页。
③ (清)董诰:《全唐文》,中华书局1983年版,第27页。
④ 李季平、杨蔭楼:《全唐文政治经济资料汇编》,三秦出版社1992年版,第187页。

否则便要追究相关人员的责任。唐玄宗还发出《焚珠玉锦绣敕》，针对珠玉锦绣进行了焚毁："所有服御金银器物，今付有司，令铸为铤，仍别置掌，以供军国，珠玉之货，亡益于时，并即焚于殿前"[①]，所有服装上的金银器物和所有的珠玉之物，都要进行焚毁。针对服装修饰过于浮华的现象，唐代宗发出敕令《禁断织造淫巧诏》，禁断奢华织锦，不仅提出形式各样的绫锦要禁断，"大张锦、硬软瑞锦、透背及大繝锦、竭凿六破已上锦、独窠文纱、四尺幅及独窠吴绫、独窠司马绫等，并宜禁断"[②]，而且绫锦上织绣的各种花色图样也要禁断，"蟠龙对凤、麒麟狮子、天马辟邪、孔雀仙鹤芝草、万字双胜及诸织造差样文字等，亦宜禁断。"[③]

家中长者通常以家书或家训的方式反对子孙沾染某种奢侈行为。其中最为突出的是对厚葬这种奢侈行为的反对。南宋陆游在《放翁家训》中提出应该去掉"作香亭魂亭、寓人寓马之类"[④]的安葬坏习，而且"僧徒引导，尤非敬佛之意；广召乡邻，又无益死者"[⑤]，只是白白增加了花费，也应去掉。另外，家中老者往往以遗言的形式告诫子孙要将其节俭安葬，切不可讲求排场。东汉人赵咨给儿子遗言："但欲制坎，令容棺椁，棺归即葬，平地无坟。勿卜时日，葬无设奠，勿留墓侧，无起封树"[⑥]。墓穴只要能容得下棺材即可，遗体一回故里即要安葬，不要堆小坟头，安葬时不要占卜时日，也不要进行祭奠仪式，不要在墓旁做标记，不要植树。北魏人源贺给儿子名延、思礼留下遗言："吾终之后，所葬时服单椟，足申孝心，刍灵明器，一无用也"[⑦]。安葬时，时人随葬用

---

① 李季平、杨荫楼：《全唐文政治经济资料汇编》，三秦出版社 1992 年版，第 187 页。
② （清）董诰：《全唐文》，中华书局 1983 年版，第 518 页。
③ （清）董诰：《全唐文》，中华书局 1983 年版，第 518 页。
④ （南宋）陆游：《放翁家训》，中华书局 1985 年版，第 3 页。
⑤ （南宋）陆游：《放翁家训》，中华书局 1985 年版，第 3 页。
⑥ （南朝宋）范晔：《后汉书》，团结出版社 1996 年版，第 370 页。
⑦ （北齐）魏收：《魏书》（卷 1—65），吉林人民出版社 1995 年版，第 562 页。

的房屋、田地、家具、灶、井、仓等冥器一律不要，穿平时穿的衣服，用单棺即可。北朝人崔冏（崔逞之玄孙）一生廉俭，在身后事上也一以贯之，临终告诫两个儿子："吾没后，敛以时服，祭无牢饩，棺足周尸，瘗不泄露而已。"①入棺时穿平常的衣服，祭祀时不要用牛羊猪等祭品，棺材只要能装下尸体即可，埋葬时只要不露着棺材就行。北宋名臣王旦告诫子弟，王家以德行清俭而为人知，所以必须时时处处保持这种节俭朴素的家风，不得骄纵奢侈，所以他死后不能厚葬，不能将金银珠宝放在棺材中，"勿为厚葬以金宝置柩中。"②这些要求都非常明确具体，直接反对时下的奢侈之风。

（三）注重节俭美德的培养

一个人身上表现出来的节俭美德不是与生俱来的，而是在后天的社会交往中逐渐养成的。中国古人在认识到节俭对于个人、社会发展所具有的重要价值基础上，不断地在实践中通过说理教育、言传身教、行为导俗等方式培养人们的节俭意识。

1. 说理教育

说理教育通过口头语言或书面语言在理论上为他人讲解节俭的缘由、要求等，希望他人能谨行节俭。这种教育方法观点明确，有助于接受教育的人从思想观念上撇清对节俭的认识误区，接受节俭，从而为节俭美德的形成奠定基础。

北宋江端友在《家训》中言之凿凿，句句恳切，希望子孙能珍惜饮食之用。他通过讲解五谷来之不易教育子弟节俭，"凡饮食知所从来。

---

① （唐）李延寿：《北史》（卷1—45），吉林人民出版社1995年版，第445页。

② 耿相新、康华：《二十五史·宋史》（下），中州古籍出版社1996年版，第1308页。

五谷则人牛稼穑之艰难，天地风雨之顺成，变生作熟，皆不容易”①。五谷粮食均是农人仰仗风调雨顺辛勤耕作所得，从春耕到秋收付出了大量劳动，所以必须珍惜粮食。江端友还充分肯定了说理教育在节俭美德培养中的重要作用。他谈到，一些世家大族子弟们任意挥霍，原因就在于不知道物力艰难。所以应当为他们讲解一衣一食的来历，让他们明白口中食、身上衣皆来之不易，教导他们节俭。

南宋袁采的《袁氏世范》中用大篇幅的文字向袁氏后人灌输“节用有常理”（即：节俭宜持之以恒）的观点。第一，消费要根据经济情况进行，但不宜侈靡，应节俭。“不量财力而为之，或虽财力可办，而过于侈靡，近于不急，皆妄费也。”②不量力而行，或过于侈靡，都是浪费。一定要在饮食、服饰、住房、车马、器具、爱好等方面都“算计较量，支用之甚节”③。第二，节俭要持之以恒。只有一以贯之地节俭，才能保证财力不致耗散。“百事节而一事不节，则一事之费，与百事不节同也。”④只有“百事节而无一事之费，则不至于匮乏”⑤。居家须事事节俭。只要在一件事上不节俭，就可能会将以前节省的财货耗费殆尽，导致生活匮乏。所以必须持之以恒奉行节俭。

我国历史上多有以《家训》性质的文字向家庭成员、子孙后代阐明节俭道理的著述，如司马光的《训俭示康》、杨继盛的《谕应尾应箕两儿》、洪亮吉的《戒子书》、曾国藩的《家书》等，这里不再一一阐述。

2. 言传身教

言传身教将理论引导和行为示范有机统一，引导受教育的人形成

---

① 陆林：《中华家训大观》，安徽人民出版社 1994 年版，第 324 页。
② （南宋）袁采：《袁氏世范》，中华书局 1985 年版，第 39 页。
③ （南宋）袁采：《袁氏世范》，中华书局 1985 年版，第 39 页。
④ （南宋）袁采：《袁氏世范》，中华书局 1985 年版，第 39 页。
⑤ （南宋）袁采：《袁氏世范》，中华书局 1985 年版，第 39 页。

节俭美德。以言语引导他人节俭,但引导者在行动上却反节俭而为之,这样的教育结果会适得其反。只有言传和身教统一起来,受教育者才能既从思想观念上接受节俭,又在榜样力量的感召下习得节俭。

东晋人殷仲堪在荆州做刺史时,恰逢荆州连年水灾、旱灾不断,百姓米谷不足。殷仲堪以身作则,饮食节俭,“食常五椀,盘无余肴,饭粘落席间,辄拾以啖之”①,而且告诫子弟:不管是富有还是贫穷、不管是为官还是为民,都应该保持节俭的品质,“人物见我受任方州,谓我豁平昔时意,今吾处之不易。贫者,士之常,焉得登枝而捐其本? 尔其存之!”②殷仲堪不仅以自己节俭的实际行动教育后辈,而且以言语激励后辈把节俭作为做人之本,带动节俭家风的发扬光大。

唐太宗李世民在位期间一直保持节俭的生活作风,“外绝游观之乐,内却声色之娱”③,在宫外从未享受旅游观光的乐趣,在宫内也从未享受过丝竹歌舞的愉悦。这是其对辛勤劳动珍惜之情的外在表露,“朕每一食,便念稼穑之艰难;每一衣,则思纺绩之辛苦。”④同时,他将节俭的观念和对劳动成果的珍惜传递给生于富贵之家、在深宫中长大的皇室子弟,要求他们“每著一衣,则悯蚕妇;每餐一食,则念耕夫”⑤。正是由于唐太宗能自觉节制自己的用度开销,以身作则,同时又能严格规范皇室子弟的生活标准,才使得李氏家业在一段时期内保持了相对稳固的发展。

北宋司马光的《训俭示康》以自身节俭生活经历和说理的方式相结合教育儿子司马康必须节俭。司马光忆起父亲任群牧判官时,“客

---

① (唐)房玄龄等:《晋书》,吉林人民出版社 1995 年版,第 1321 页。
② (唐)房玄龄等:《晋书》,吉林人民出版社 1995 年版,第 1321 页。
③ 吴敏霞、杨居让、侯蔼奇注释:《治家格言》,三秦出版社 1998 年版,第 7 页。
④ (唐)吴兢:《贞观政要》,中州古籍出版社 2008 年版,第 170 页。
⑤ 吴敏霞、杨居让、侯蔼奇注释:《治家格言》,三秦出版社 1998 年版,第 7 页。

至未尝不置酒，或三行五行，多不过七行。酒沽于市，果止于梨、栗、枣、柿之类，肴止于脯、醢、菜羹，器用瓷漆。”[①]当时俭朴的社会风气给司马光留下了深刻的印象，也深深地影响了司马光。“自为乳儿，长者加以金银华美之服，辄羞赧弃去之。二十忝科名，闻喜宴独不戴花。”[②]司马光一生保持节俭，“衣取蔽寒，食取充腹”[③]，他希望儿子能秉承清白节俭家风。他告诉儿子，“有德者皆由俭来也”[④]，因为俭则寡欲，节俭就会欲望少。有地位的人欲望少，则不会被物质所累，可以依正道而行；普通百姓欲望少，则能够约束自己节省用度，避免犯罪，使家丰裕。司马光自身的节俭和对儿子的谆谆教诲对司马康的影响很大，司马康一生也非常的节俭。

3. 行为导俗

行为导俗，指统治者通过自身的节俭引导整个社会的节俭。“教者效也，上为之，下效之。”[⑤]上位执政者怎么做，下位民众便会怎么做。上位执政者喜欢穿什么样的服装，下位民众便会喜欢什么样的服装；上位执政者喜欢吃什么样的食品，下位民众便会喜欢什么样的食品；上位执政者喜欢什么样的生活方式，下位民众便会喜欢什么样的生活方式。上位执政者的审美取向、服装饰品直接影响整个社会的风气。《韩非子·外储说左上》曰：“齐桓公好服紫，一国尽服紫。”[⑥]齐桓公依管仲建议而行，结果“于是日，郎中莫衣紫；其明日，国中莫衣紫；三日，境内莫

---

① 陆林：《中华家训大观》，安徽人民出版社 1994 年版，第 311 页。
② 陆林：《中华家训大观》，安徽人民出版社 1994 年版，第 311 页。
③ 陆林：《中华家训大观》，安徽人民出版社 1994 年版，第 311 页。
④ 陆林：《中华家训大观》，安徽人民出版社 1994 年版，第 311 页。
⑤ （东汉）班固：《白虎通义》，商务印书馆 1937 年版，第 310 页。
⑥ 高华平、王齐洲、张三夕译注：《韩非子》，中华书局 2010 年版，第 422 页。

衣紫也。”①正是“上有好者,下必有甚焉者矣。”②上位执政者的言行对社会有很大的影响,良好社会风气的形成需要上位执政者的行为示范。“时俗者,以在上之人为心者也。在上好朴素而恶淫侈,则时俗变而从之矣。”③居上能俭,可以导俗。统治阶级生活节俭朴素,整个社会就会盛行节俭之风;反之,统治阶级奢侈华靡,奢华之风便会风行。在中华民族悠久的历史中,一些贤德的统治者确实以自身的行为带动了整个社会节俭风气的形成。

晋国时,流行奢侈的坏习气,“文公以俭矫之,乃衣不重帛,食不兼肉。无几时,人皆大布之衣,脱粟之饭。”④晋文公从自身做起,穿衣不叠穿丝织品的衣服,吃饭不吃两种以上的肉食。正是在晋文公的带领下,晋国人都穿起了粗布衣服,吃起了只去皮壳、不加精制的糙米。

西汉“文景之治”的开拓者汉文帝刘恒“即位二十三年,宫室苑囿车骑服御无所增益”⑤,经常穿着黑色厚重的丝织物,后宫帷帐没有绣花纹饰,制造的陵墓全部都用瓦器装饰。其节俭带动举国以俭为荣,遂致“海内殷富”⑥。

宋武帝刘裕以俭德先天下,“未尝视珠玉舆马之饰,后庭无纨绮丝竹之音。”⑦“床头有土障,壁上挂葛灯笼、麻绳拂”⑧,生活清俭之至。他的这种节俭直接影响了后妃及皇室子弟的生活,“诸主出适,遣送不

① 高华平、王齐洲、张三夕译注:《韩非子》,中华书局 2010 年版,第 422 页。
② 杨伯峻:《孟子译注》,中华书局 1960 年版,第 104 页。
③ 李之亮:《司马温公集编年笺注》(卷三),巴蜀书社 2008 年版,第 185 页。
④ 厉时熙注:《尹文子简注》,上海人民出版社 1977 年版,第 22 页。
⑤ (东汉)班固:《汉书》,中华书局 2007 年版,第页。
⑥ (东汉)班固:《汉书》,中华书局 2007 年版,第 33 页。
⑦ (南朝)沈约:《宋书》(第 1 册),中华书局 1974 年版,第 60 页。
⑧ (南朝)沈约:《宋书》(第 1 册),中华书局 1974 年版,第 60 页。

过二十万,无锦绣金玉。内外奉禁,莫不节俭。”①刘裕以身范物,节俭之行及采取的一系列革除弊政的做法,使整个社会节俭之风盛行。

不过,君主一人的节俭,还不足以直接成就社会的节俭蔚然成风。北宋的司马光在《论财利疏》中,大赞宋仁宗天性恭俭、不好侈靡,宫室苑囿都是旧建筑,即使有破败之处,非必需,一般不修治;服饰饮食、器皿帷帐足用即可,不求精致,即使有毁坏,也不更换。帝王如此节俭,为何奢靡之风依然盛行呢?“左右侍御之人,宗戚贵臣之家,第宅园圃,服食器用,往往穷天下之珍怪,极一时之鲜明,惟意所欲,无复分限。”②原因是,王公大臣不以帝王为榜样、以俭素为美,反以豪华相尚。王公大臣人数众多,社会影响面极广,导致社会上人人以俭陋相訾。司马光认为节俭社会风气的引领者是包括帝王、王公大臣等在内的整个统治阶级。只有王者率群臣知俭,节俭才能蔚然成风,国家的富足才有实现的可能。为此,司马光一直秉持“廉者,吏之首务”③的基本观点,强调王公大臣也应率先垂范,做节俭的表率。司马光提出了举按官吏的八条原则,举荐四条:仁惠、公直、明敏、廉谨,按察四条:苛酷、狡佞、昏懦、贪纵。这里面有两点和节俭的德行密切相关。廉谨之人,安贫守分,能克制自身的欲望,在力所能及的范围内穿衣饮食,生活节俭;贪纵之人,饕餮无厌,放纵自身的欲望,贪赃枉法满足口舌之欲,生活奢靡。廉谨者,举荐进贤;贪纵者,按察退不肖。可见,司马光把生活是否节俭作为选用官员的一条重要标准。这里实际上也指出了官员节俭的一条实现途径,即外在约束。通过对官员的考核,对其形成一种约束力,贪纵之人不用,节俭廉谨之人可根据其功绩获得提拔。

---

① (南朝)沈约:《宋书》(第1册),中华书局1974年版,第60页。
② 李之亮:《司马温公集编年笺注》(卷三),巴蜀书社2008年版,第186页。
③ 李之亮:《司马温公集编年笺注》(卷三),巴蜀书社2008年版,第88页。

二、借鉴国外先进消费文明

他山之石,可以攻玉。虽然各个国家国情不同,人们的思维模式和行为习惯不同,但一些国家在消费方面形成的经验值得我们学习。这些经验可以为我们广泛深入持久地开展节俭消费提供有益借鉴,有助于我们推动国内节俭消费观念及行动的形成和发展。

(一)多学科视角分析节俭

自18世纪以来,杜尔哥、亚当·斯密、大卫·李嘉图等学者从经济学的角度分析了节俭在资本积累和社会发展中的重要作用,曼德维尔、韦伯、斯迈尔斯等学者主要从伦理学的角度对节俭与资本主义道德之间的联系进行了诠释。19世纪末20世纪初,节俭在西方社会经济危机的此起彼伏中受到质疑,消费主义逐步兴起。卢卡奇、马尔库塞、鲍德里亚等人对消费主义进行了批判,对节俭的推崇之意溢于言表。

1. 国外学者对节俭的经济学分析

在国外学者的眼中,节俭更多的是一个经济学概念。杜尔哥、亚当·斯密、大卫·李嘉图、马尔萨斯、西尼尔、萨伊、马歇尔、西斯蒙第、萨缪尔森等经济学家从经济学角度对节俭进行过具体的论述。

安·罗伯特·雅克·杜尔哥(Anne Robert Jacques Turgot,1727-1781)是法国重农学派的主要代表,他在他的著作《关于财富的形成和分配的考察》中阐述了节俭问题。

杜尔哥根据欧洲货币利息一直下降的事实,得出结论:节俭精神比奢侈在欧洲社会更普遍。他认为，节俭和奢侈在资本的积累上起着完全相反的作用。节俭能不断增加储蓄，增加资本的数量，奢侈则在不断消耗它们。每个人都向往过富裕的生活，但在土地（杜尔哥认为，农业劳动是财富的唯一源泉）已被人们瓜分殆尽的情况下，想要致富的唯一方法就是节俭，把收入的一部分储蓄起来形成资本，依靠借贷这些资本获得利润，再把这些收入和利润的一部分节省下来再借贷出去获得更多的利润。[①] 杜尔哥充分看到了节俭在资本主义早期资本积累中的重要作用，对节俭甚为推崇。

杜尔哥的节俭论对英国古典政治经济学家亚当·斯密（Adam Smith，1723-1790）的经济学理论产生了很大影响。他在《国民财富的性质和原因的研究》中将劳动分为两种：生产性劳动和非生产性劳动。生产性劳动（如制造业工人的劳动）除了能生产出劳动者维持自身生活所需的价值外，还能提供以利润的形式出现的增加值，增加国民财富；非生产性劳动（如君主、家仆、演员的劳动）则不能。生产性劳动者、非生产性劳动者以及不劳动者的生活来源除少量自然界天然存在的物品外，都必须从生产性劳动中获得。而生产性劳动产品是有限的，用于维持非生产性劳动者和不劳动者的部分愈少，用于维护生产性劳动者的部分愈多。从事生产性劳动的劳动者愈多，来年劳动产品愈多。节俭的人把自己收入的一部分节省下来，作为资本（自己投入或借给他人投入）供养更多的生产性劳动者，就能增加社会的真实劳动量，创造更多的劳动产品，增加个人财富和社会财富。不断地节俭，不断地增加资本，就能使个人财富和社会财富不断递增。所以，节俭是社会的恩人。

---

① [法]杜尔哥：《关于财富的形成和分配的考察》，唐日松译，华夏出版社2007年版。

亚当·斯密在分析节俭时,谈到了与节俭密切相关的两个概念:勤劳和奢侈。节俭与勤劳正相关。节俭是资本增加的直接原因,但节俭储蓄的资本首先由勤劳得来。勤劳创造财富,财富的节俭(不全部用于生活消费)增加了资本,增加的资本推动了更多的生产性劳动。勤劳、节俭建立了良性互动关系,共同推动勤劳节俭美德的形成和国民财富的增加。节俭与奢侈相对立。奢侈的人不能量入为出,把父辈积攒的财富蚕食殆尽,消耗了资本,减少了这些资本可以带来的社会财富,使奢侈者陷入贫困。如果另一部分人的节俭不足以抵消这部分奢侈人的消耗,那么国家将会陷入穷困。所以,奢侈与节俭完全相反,是公众的敌人。亚当·斯密反对政府的浪费和臃肿的政府。王公大臣、牧师神父、海陆军都是不生产者,他们消费的是生产者的劳动产品。他们的奢侈浪费和人数增加带来的消费,会使来年的生产性劳动减少,进而顺次减少以后各年的生产。所以,英格兰政府必须改变铺张浪费的恶习,养成节俭的特性。①

亚当·斯密从经济学、社会学、管理学、心理学等多个角度分析了节俭的重要性,虽然从今天的视野看有过分注重节俭的经济价值之嫌,但却符合了当时资产阶级发展经济的需要,有着重要的历史意义。

英国古典政治经济学的另一代表大卫·李嘉图(David Ricardo,1772-1823)指出,积累的动机是为了获得利润。人们的需求是无止境的,只要资本能获得利润,资本的需求就是无限制的,节俭就是必然的。资本利润高涨时,人们资本积累的动机增强,节俭的热情就高。在一个国家,生活必需品的价格上涨导致工人工资上涨,使利润下降,就会削弱积累的热情。如果利润下降到几乎没有的程度,积累的动机就会消

① [英]亚当·斯密:《国民财富的性质和原因的研究》,郭大力、王亚南译,商务印书馆2008年版。

失,人们节俭的热情就会消失殆尽。人性中都有希望自己生活过得更好的欲望,要保证这些欲望的实现,唯一的方式就是资产的增加。只有生产能提供资产,进行生产的资金通过节俭获得。但一定要注意,节俭不是要人们不消费,如果不消费,生产也会停止。如果人们不消费,或者远离奢侈品的消费,只专心于资金积累,就会有一部分产品销售不出去,生产的规模就会不断地缩小,生活必需品的消费受阻,社会生产就会一蹶不振。[①] 大卫·李嘉图从获得利润的角度谈积累,涉及节俭的一个重要方面,即通过节俭可以获得更多收益。另外,节俭应该还包括人们通过节俭规避各种灾害带来衣食等生活困难风险的动机。

托马斯·罗伯特·马尔萨斯(Thomas Robert Malthus,1766–1834)在《政治经济学原理》中运用"有效需求"理论对节俭进行了辩证分析。他认为,资本的积累(把原定用于消费的一部分收入节省下来形成能带来利润的资本)是财富不断地、长期地增长的唯一原因。但是在什么样的情况下这种积累能获得最大的效果,真正地推动资本和财富的进一步增长呢?有效需求是马尔萨斯找到的关键因素。如果资本的积累在有效需求的范围内,节俭会带来生产的扩大、产品的增多和社会财富的增加。如果资本的积累超过了有效需求的范围,节俭会带来消费不足、生产过剩、产品价值下降,甚至引发经济危机。当节俭超过一定限度时,可能会导致出现财富和人口的显著减退。节俭,意即资本的积累,要有一个限度。在这个限度范围内,节俭能兼顾到生产能力和消费欲望的均衡增长,以最有效的方式促进财富的增长。如果每个人都把收入全部用于消费,社会会因缺乏再生产的资金而不能向前发展;如果每个人都把收入的一部分用于资本积累,进行扩大再生产,社会产品和

① [英]大卫·李嘉图:《政治经济学及赋税原理》,周洁译,华夏出版社2005年版。

社会财富会不断增加。但资本的积累和财富的增加并不是永恒的,如果资本的积累超过了社会的有效需求,生产的产品超过了人们对这些产品的消费能力,单位产品的价值就会下降,社会财富就不会因资本的积累而增加,而且还会导致劳动阶层的失业。节俭带来的利润就会减少,甚至出现负值,人们节俭的能力和意志就会被削弱。可见,生产并不必然创造消费,积累并不能够保证需求。对消费的异常热情和对积累的异常热情,对社会的发展都是不利的。必须视具体情况分析节俭是否为美德。当一国的资本不能满足人们对它的产品的需求时,节俭是必要的,能带来资本的积累和产品的增多,是美德;当一国的资本已经超过了人们对它的产品的需求时,节俭是极不必要的,会带来产品的贬值,不再是美德。[①] 马尔萨斯没有直接地界定节俭是否为美德,而是通过具体情况的分析给节俭定性。这为我们辩证地认识节俭开启了思路。

19 世纪 30 年代英国资产阶级经济学家纳索·威廉·西尼尔(Nassau William Senior,1790-1864)在《政治经济学大纲》中把以往经济学家提到的三大生产手段中的两种:土地和资本(另一种是劳动),分别用自然要素和节制代替,提出了节制论。劳动和自然要素借助节制的力量使得所生产的产品作为继续生产的工具,实现社会财富的增加。

西尼尔用"节制"直接代替"资本",并明确指出该词含有"克己"的意味,是个人把自己可以自由支配的那部分财富不作为满足个人眼前享受的非生产性消费,而是有计划地从事于其效果在于将来而不在于眼前的生产。采取这样节制行动的是资本家。劳动、自然要素和节

---

① [英]马尔萨斯:《政治经济学原理》,厦门大学经济系翻译组译,商务印书馆 1962 年版。

制三种生产手段结合形成的劳动成果在工资租金和利润的名义下由劳动者、自然要素的所有者和资本家分享。劳动者辛苦劳作，工资是劳动者劳动的报酬；自然要素的所有者发现了自然要素，租金是自然要素所有者基于自然的恩赐获得的收益；资本家牺牲了个人消费和眼前享受，把财富节省下来投入生产，利润是资本家所做牺牲的报酬。①

西尼尔把资本主义社会的发展归结为资本家节欲的结果，认为是资本家放弃个人享受、节制个人消费欲望的节俭促成了社会财富的积累，从而使资本主义生产获得了资金上的支持。他的这种观点迎合了资产阶级为自己辩解的需要，一度成为最受资产阶级欢迎的学说。

让·巴蒂斯特·萨伊（Say Jean Baptiste，1767－1832）分析了由节俭引起的储蓄和消费之间的关系。

他认为，流行一时的认为"储蓄会限制和妨碍消费"的观点是极其错误的。因为储蓄的钱，无论最终花在生产性用途或非生产性用途上，归根到底总是被消耗掉。储蓄的行为不仅不会限制消费，而且如果储蓄的东西被用于投资再生产，会产生更多的消费品和消费能力，引起更多的消费。同时，萨伊也指出了节俭和国民财富增加之间的关系。单靠把财富一点一点积攒起来的方法实现资本的积累是漫长且效果不明显的，只有把节俭获得的财富投入生产性用途，才能不断地获得更多的财富，才能快速有效地实现财富的增长。农业资本家、商业资本家积累了投资的渠道，他们积累的财富投入再生产非常便利，而以自己劳动为生的人需要聚集小额储蓄的银行和组织帮助他们把积累的财富投入再生产。这些银行和组织充当了劳动者节俭和实现劳动者个人和国家财富增加间的中介。② 另外，萨伊把节俭风气的盛行，归功于产业的发

---

① ［英］西尼尔：《政治经济学大纲》，蔡受百译，商务印书馆 2012 年版。

② ［法］萨伊：《政治经济学概论》，陈福生、陈振骅译，商务印书馆 2010 年版。

达。一个社会产业发达、经济繁荣，节俭积累的财富能获得更多、更经济、更便利的投资渠道，而且资本积累带来的利润能获得更多更好的消费而原来投入的资本又没有任何的损耗，人们节俭的热情就高，节俭就会成为社会普遍热衷的行为。萨伊清晰地指出了节俭与消费、国民财富增加、产业发展之间的关系，勾画了以节俭为核心的经济发展图景。

阿弗里德·马歇尔（Alfred Marshall，1842-1924）更多地使用了"等待"这个词来表述人们的节俭行为。

他认为，资本的供给来源于这样一个事实：为了积累资本，人们必须未雨绸缪，必须把用于现在享受的财富节省下来以便在将来获得更多的财富，他们必须"等待"并且"节省"，他们必须为了将来的利益牺牲现在。财富的积累含有满足的延缓或等待的意思。与延缓的满足涉及将来的满足是否可靠的问题相比，现在的满足显得更可靠。所以，现在的满足比延缓的满足更可取。也就是说消费比储蓄更可靠。资本的积累量和供给量远远赶不上资本的需求量，就是因为大部分人只满足于追求现时的快乐，不愿意把收入的大部分储蓄起来投入生产，只喜欢得到现在的满足，不愿意"等待"获得延期的满足。但人性中有趋利的一面，为了满足资本积累的需要，利息成了鼓励人们储蓄的动力。利息是人们牺牲现在的消费，等待将来物质资料享受获得的报酬。通常来讲，报酬越高，也即利息率越高，储蓄会越多。[①] 马歇尔实际上强调了节俭的两层含义：一是节制消费有能力消费的东西，二是节制的目的在于个人资产的增加。

让·沙尔·列奥纳尔·西蒙·德·西斯蒙第（Sismondi，Jean Charles Leonard Simonde de，1773-1842）指出，生产、收入和消费之间必

① ［英］阿弗里德·马歇尔：《经济学原理》，廉运杰译，华夏出版社2012年版。

须保持一个协调的相互比例。不管是富人,还是穷人,都应该使自己的支出控制在收入的范围之内,不能超过收入。富人的支出超过收入,就需要耗费一部分能产生利润的资本,久而久之就会破产;穷人的支出超过收入,就需要用一部分积蓄或借贷来填补差额,生活会日渐陷入贫困。对于国家也是一样的,国家开支必须控制在国家收入范围内,不能超过收入。国家开支超过收入,必然要损失用于扩大再生产的资本,缩减未来的生产。这对国家的发展是非常危险的。① 西斯蒙第谈到的“不应该使自己的开支超过实际收入”,实际上就是要求人们节俭,把生产、收入和消费保持在适当的范围内。

美国经济学家保罗·安东尼·萨缪尔森(Paul Anthony Samuelson,1915-2009)在他的经典著作《经济学》中谈到了两种意义上的节俭,一种是控制消费,使现在的消费不大于现在的收入,以获得数值为正的净储蓄;另一种是在获得数值为正的净储蓄基础上,形成资本投入生产以获得更多的社会产品,满足将来的生活需要。② 这两种意义相加,是对节俭的全面认识,一方面强调要把收入存储一部分,另一方面强调要让这部分储蓄在社会再生产中发挥作用。萨缪尔森对“节俭好还是不好”这个问题给出了他自己的解释,对传统的“节俭永远是一种美德”的观点提出挑战。他认为,对单个人有益的行为,对他人对社会未必是好事,告诫人们必须避免在合成推理中犯逻辑上的错误。节俭使每个人的储蓄和财富增加,但对社会上一切人的生活却未必有益。如果社会处于经济繁荣、充分就业、通货膨胀的状况,节俭意味着较少的消费和较多的投资,对个人和社会都是好事。如果社会处于经济凋敝、不充分就业、通货紧缩的状况,节俭意味着购买力不足,一些消费品销售不

---

① [瑞士]西斯蒙第:《政治经济学新原理》,何钦译,商务印书馆1983年版。
② [美]萨缪尔森:《经济学》(中册),高鸿业译,商务印书馆1981年版。

出去，会导致生产的缩减和失业的增加。在一定时期是社会美德的节俭在另一时期却成了社会的罪恶。

萨缪尔森试图一分为二地分析节俭，但由于他没有从根本上认识资本主义制度才是导致资本主义经济危机爆发的根本原因，所以无论他怎样戴上“客观”的面具辩证地认识节俭，都是舍本求末的做法。不过他通过财政政策和货币政策调节人们的节俭热情以利于经济发展的观点①，在现实的经济运行中确实起到了很好的作用。

2. 国外学者对节俭的伦理学分析

经济学家更多地从经济的角度分析节俭，在他们的观点中也有从道德的角度考量节俭的想法，不过着墨相对较少。而曼德维尔、马克斯·韦伯、斯迈尔斯则主要从伦理学的角度对节俭进行了论述。

18世纪初，荷兰人伯纳德·曼德维尔（Bernard Mandeville，1670-1733）在《蜜蜂的寓言：私人的恶德，公众的利益》一书中讲了一个有趣的故事：一个宽敞的蜂巢中住着众多蜜蜂，这些蜜蜂为了追求享乐，过着豪华、奢侈的生活，整个社会欣欣向荣，一片繁荣景象。这繁荣的景象招来了更多的蜜蜂，更多蜜蜂的加入使得蜂巢更加繁茂。每一只蜜蜂都在贪婪地索取，都想要获得比他应得的更多的财富，不管是富有的还是贫穷的蜜蜂都在尽情享受挥霍财富及生命的生活。他们的酩酊大醉、狂食暴饮、奢侈挥霍、虚伪欺骗、自私自利，满足着他们的虚荣和贪欲。后来这群蜜蜂突然醒悟，想要过诚实节制的生活。他们放弃了放纵的生活习惯，开始节俭度日，酒馆中从此便人迹清静，商业不再兴盛，土地、房屋、殿宇宫墙急剧贬值，建筑工匠、石匠、雕刻匠无人问津，饥饿者和失业者日益增多，蜂群的奢华生活荡然无存。蜜蜂的数量

---

①　[美]萨缪尔森：《经济学》（上册），高鸿业译，商务印书馆1979年版。

急剧下降,蜂群昔日的繁荣变成了无尽的萧条。①

曼德维尔以蜂群隐喻人类社会,以蜂群的兴衰隐喻人类社会的兴衰。奢侈浪费、自私自利等行为因与传统道德观相悖而被认为是恶德,而正是这样的恶德推进了社会的繁荣和发展,造福了公众利益。被奉为美德的节俭最终却导致了社会的衰败,对个人是善行的节俭于社会却是恶行。曼德维尔的蜜蜂寓言以其犀利、讽刺的文笔表达了美德和社会公众利益之间存在着不可调和的矛盾。他对美德的拷问几乎受到当时社会一致的抨击,他的著作(指《蜜蜂的寓言:私人的恶德,公众的利益》)甚至被看做是“一种公害”。理智地讲,曼德维尔的故事发人深省,如何协调节俭这一美德和社会公共利益之间的关系是每一个社会需要视具体情况采取相应引导的现实问题。

德国的马克斯·韦伯(Max Weber,1864-1920)将基督教新教的禁欲与资本主义精神之间的关系进行了详细分析,并指出:勤劳和节俭是禁欲的基督教新教的基本宗教观念。基督教新教推崇勤劳,认为社会道德要拒斥人们基于财产上的安逸享乐。不管是贫穷还是富有的人都必须劳动,劳动是人的天职,是神的旨意。每个人都必须在神预先安排的职业里认真劳作,坚守神为各人设定的劳动岗位,这是每个人在宗教上的义务。唯有劳动,才能增加神的荣光,才能讨得神的喜欢。禁欲的基督教新教不反对通过一些活动(这些活动的基本前提是不花费分文)使肉体获得必要的休息,但反对无拘无束地享受人生。每个人受神的托付掌管财货,钱的花费必须是为了神的荣耀,而不是为了个人的享乐。所以,个人有必要为了神的荣耀保有财产,反对人生享受,奉行

① [荷]伯纳德·曼德维尔:《蜜蜂的寓言:私人的恶德,公众的利益》,肖聿译,中国社会科学出版社2002年版。

节俭。

马克斯·韦伯认为,禁欲的基督教新教抵制消费并不是强迫人们苦行,而是让人们把钱花在必要的、实际有用的事情上。也就是说,基督教新教抵制的消费,实际上是指必要消费之外的奢侈消费。当然,因为生产力水平、宗教观念、消费观念等因素的影响,马克斯·韦伯指的"奢侈消费"和我们今天见到的奢侈消费的具体现象不可同日而语。韦伯以清教式服装、清教式发型和因一个牧师的妻子穿戴流行的帽子和服装而导致阿姆斯特丹的流亡者教团陷入非议为例证形象地描述了当时的"奢侈消费"。在财富的生产上,基督教新教仇视的是为获得财富而劳动的基于纯粹冲动性物欲的贪婪,视之为恶。但对于作为劳动成果性质出现的财富获得,则将其看做是神对人的欣赏和祝福。以获得财富为目的的劳动最终会导致财物的耗费和人生的享乐,导致贪婪和拜金主义;以劳动成果性质出现的财富获得,通过禁欲的强制节约最终会促成财富的积累和资本的形成。禁欲的天职劳动使人们有规律地生活,禁欲的强制节约使人们倾向于理性的经济生活。

禁欲孕育了以立足于职业理念上的理性生活样式为构成要素的资本主义精神,为人与人之间的交往设定了一定的规则,勤劳和节俭构成资本主义道德的基础,勤劳、节俭是宗教和社会认同和推崇的道德范畴。马克斯·韦伯清楚地看到,勤劳和节俭,不可避免地会推动社会财富的增长。随着财富的增加,傲慢、物欲、激情等形形色色的诱惑开始挑战着基督教新教禁欲观念的权威,并最终导致基督教新教的宗教精神迅速消失。虽然宗教的禁欲精神已然不复存在,但由勤劳、节俭等禁欲观念带来的伦理观念、信用标签却牢牢地扎根于信教国家。马克斯·韦伯1906年刊登于《法兰克福通讯》的《新教教派与资本主义精神》用鲜活的例证证明了成为教派一员是一个人伦理上的资格证明,是一个人处理人际交往、商业交往、政治交往时的通行证。[①] 在西方，道德脱胎于宗教。马克斯·韦伯深刻地认识到基督教新教教义给资本主义社会带来的影响，也充分地看到节俭作为一种宗教范畴在资本主义历史上体现的伦理价值。

塞缪尔·斯迈尔斯(Samuel Smiles，1812-1904)把节俭定位为社会的基本道德，在这一道德基础上可以构建独立、幸福、责任、助人、真诚等一系列伦理范畴。

他认为，节俭代表着一种高贵的品德——独立。节俭是一种自我克制，是为了明天的享受对今天欲望的克制。节俭的人依靠坚定不移的意志克制自己的感官享受，培养了个人自主、自觉、自制等优秀品质，形成个人独立的人格；节俭的人依靠节俭可以蓄积足够的财富，满足个人和家庭的生活所需，促成个人和家庭经济的独立。节俭与幸福密切相关。节俭的目的在于创造并促进个人和家庭的幸福。节俭不是为了节省而刻意悭吝，而是要充分利用每一件物品，包括金钱和消费品。充分利用金钱和消费品的人，能使每一件物品都各得其所，能使家庭不致匮乏，能获得个人和家庭的独立，得到社会的认可和稳定的生活，获得幸福。节俭是一种社会责任。每一个社会成员都应该为社会作出贡献，才能从社会获得所需。节俭的人努力工作，自觉克制个人消费欲望，创造财富的同时积累财富，是社会财富的守护者。节俭的人珍惜人类劳动成果，注重储蓄和积累，推动社会文明不断向前发展，实际上履行了发展社会福利和代际文明传承的责任。节俭的人爱人、助人。节俭不是人生的最终目的。节俭从更宽泛的意义上讲，意味着慷慨无私地帮助别人，将节俭的好处辐射到更多的人群和领域。博爱是人们心

---

① [德]韦伯：《新教伦理与资本主义精神》，康乐、简惠美译，广西师范大学出版社 2007 年版。

灵深处美好的品质。节俭的人通过精打细算、节衣缩食,把节省的钱用来做善事,帮助那些生活困难的人们。节俭的人不屑于为了虚假的"面子"追求不适合自己的消费生活,屏蔽了浮华,远离奢侈铺张、挥霍无度,真诚地展示一个真实的自己。① 塞缪尔·斯迈尔斯充分认识到了节俭在整个社会道德体系中的基础性地位,看到了节俭与其他美德之间的密切关系。他的观点对于我们全面地认识节俭有很大启发。

3. 国外学者对节俭的社会学分析

西方资本主义伊始,节俭在整个社会的发展过程中起了非常重要的作用。但到了19世纪末20世纪初,随着经济危机的此起彼伏,大量商品积压、大批工人失业的残酷现实使得西方传统的节俭在社会运行中受到质疑。凯恩斯主义的提出最终使得节俭走向破产,取而代之的是消费主义的逐步兴起。所以,一段时间内,学者们对节俭的研究,更主要的是对与节俭相对的消费主义的研究。

国外关于消费主义的研究,最早可以追溯到托斯丹·邦德·凡勃伦(Thorstein B Veblen,1857-1929)1899年出版的《有闲阶级论》一书。书中并未直接对消费主义的雏形——炫耀性消费置评,只是对这种社会现象进行了表述和分析,所以无法直接推断凡勃伦对节俭的褒贬评价。当然,这和凡勃伦所处的时代有密切的联系。当时的消费主义还处于初步发展阶段,和后来愈演愈烈的消费主义有着天壤之别,对社会的影响还不甚明显。凡勃伦不予评价,是一种客观的学术态度。

法国社会学家让·鲍德里亚(Jean Baudrillard,1929-2007)对消费主义的认识与卢卡奇、马尔库塞相近并有自身鲜明特点。

早在1923年,匈牙利著名哲学家卢卡奇(Ceorg Lukacs,1885-

---

① [英]塞缪尔·斯迈尔斯:《节俭:如何正确地使用金钱》,张历译,中国长安出版社2009年版。

1971)就表达了他对消费主义的隐忧。他认为,以消费主义为核心的消费文化把人的自我认同和价值实现建立在物的消费上,人成为物的奴隶,丧失了精神追求的能力,人被物化了。[①] 德国哲学家马尔库塞(Herbert Marcuse,1898-1979)在《单向度的人——发达工业社会意识形态研究》中指出,消费主义使人成为物的附属品。人生而为消费,不加选择地跟随大众传媒的宣传消费使人成了没有判断意识和批判能力的单向度的人。后来马尔库塞还谈到了"虚假需求"这个概念,消费者在消费主义的文化背景下产生了被媒体激发出来的消费欲望,这种欲望是虚假的,并不是发自消费者自身生理和心理的本真需要,是外界强加给人的。消费者在消费中失去了主体性。[②] 卢卡奇和马尔库塞虽然没有直接地提倡节俭,但其字里行间折射出对节俭的推崇。消费主义使人失去判断能力,失去主体性;但节俭却能使人克制自己,做自己的主人。卢卡奇和马尔库塞从哲学意义上探讨对消费主义的认识,其观点的认同者和追随者不乏其人。让·鲍德里亚便是其中的代表。

让·鲍德里亚系统地提出了消费社会理论,并将"符号"引入他的理论中用以说明消费主义。鲍德里亚指出,第二次世界大战后的资本主义生产力水平极大提高,传统的商品匮乏时代已不存在,取而代之的是产品极大丰富的丰裕社会。在这个丰裕社会中,消费成了社会正常运转的核心,消费决定了商品的生产和再生产,决定了社会生产力的生产和再生产。社会不再是由生产决定一切,而是由消费决定一切,人们开始远离生产社会,进入消费社会。消费社会中,人们消费的不再是商品的使用价值,而是商品代表的意义,也即鲍德里亚所称的"符号价

① [匈]卢卡奇:《历史与阶级意识——关于马克思主义辩证法的研究》,杜章智、任立、燕宏远译,商务印书馆1996年版。

② [美]马尔库塞:《单向度的人——发达工业社会意识形态研究》,刘继译,上海译文出版社2008年版。

值”。商品的这种符号价值不是商品本身固有的,而是广播、新闻、广告等传播媒体赋予的。人们消费某一商品,并不是因为这一商品能满足人某一方面的真实需要,而是因为媒体传递的那些社会象征激起的消费欲望。人成了没有自我的个体,人的消费成了被人牵着鼻子走的活动。鲍德里亚认为在资本主义社会中,消费者对于符号价值的消费是资本主义统治阶级借助媒体一手策划并推动的,消费者只是既定秩序强加给大众的被动身份。[①] 这种被动性无疑是人缺失自我、丧失主体性的体现,是人对自己的欲望失去控制力的表现。而自我和主体性的回归是节俭的消费方式能给予的。所以鲍德里亚对消费主义的批判,实际上也是对适度消费的节俭观的一种肯定。

有一些学者更多地关注到了人们在消费主义指导下的消费行为对人与人、人与自然关系造成的负面影响,其中最有代表性的当属美国学者艾伦·杜宁。他撰写的《多少算够:消费社会与地球的未来》一书,不无痛惜地指出:在拥有全球人口 1/4 的工业化国家,消费着地球上 40%—86%的各种自然资源,严重地影响了人与人之间在大自然面前平等权的实现。他同时看到,消费者对消费品的无节制的消费给大自然带上了沉重的枷锁,资源枯竭、空气污染等生态问题困扰着人类的生存和发展。[②] 艾伦·杜宁提出,一定要引导人们确立一种不以物质满足衡量人生价值的消费观,以缓解人类消费和环境保护间的冲突。消费观念的转变是抵制消费主义、建设人与自然和谐关系的关键点。在全球资源紧张、环境污染严重的今天,重新审视节俭、践行节俭,是解决人与人、人与自然关系的明智选择。

---

① [法]波德里亚:《消费社会》,刘成富、全志钢译,南京大学出版社 2000 年版。

② [美]艾伦·杜宁:《多少算够——消费社会与地球的未来》,毕聿译,吉林人民出版社 1997 年版。

节俭不只是某个人或某个群体的消费观念或消费行为,它是一个能影响人类社会生产力、生产关系的发展模式。西方学者从其对社会经济、社会道德、人与人的相处、人与自然的关系等方面的影响表达了他们的观点,这些观点对我们全面地认识节俭有重要的借鉴价值。

(二)各种力量监督制约公款消费

虽然说美国因其以占世界5%的人口消费了世界上50%的资源而为国际社会所诟病,但美国人对公款消费的制约和监督力度值得我们学习。美国政府的权力受到来自方方面面力量的制约和监督,有效地遏制了利用公款铺张浪费的现象。

首先,国会以权力制约权力。国会控制着政府预算,政府部门运行所需资金的增减必须得到国会的批准,只有参众两院才能最终决定公权力机关对纳税人税款的使用数量及方向。对于铺张浪费、挥霍税款的行为,国会可以进行调查,并依法采取相应的惩罚措施。国会中还设置了专门审计政府财务状况的美国政府问责局,对政府运行中产生的资金使用合理性和有效性进行审查。

其次,法规以制度制约权力。美国在政府财政支出方面有非常详细的规章制度。《联邦公务出行条例》(Federal Travel Regulation)的目的在于使公务支出最小化,从公务人员出行的程序、乘坐的交通工具、住宿标准、出差期间出现的诸如洗衣费、清洁费、服装费、杂项费等进行了严格规定,将公款浪费概率降到最低。《美国联邦管理条例》(Federal Management Regulation)规定,除特殊授权外不得将政府支配或租赁的机动车作为上下班的交通工具,更不允许公车私用。公车私用的行为会受到调查,并据情节严重程度根据《美国法典》采取处罚措施或受到起诉,公车私用者会被停职至少一个月或者被开除。这一规定的实施有效地减少了公车私用带来的财政支出负担和社会负面影响。美国政府还根据《国家能源政策》发布了多项行政令,要求政府机关率先垂范加强节能工作,形成了节能产品政府采购制度、能源统计报告制度、节能奖惩制度等约束政府行为,减少财政和能源的耗费。

再次,公民以权利制约权力。美国公民的纳税人意识非常强。政府支出耗费的是纳税人的钱,公务人员的铺张浪费行为是对纳税人辛苦所得的不尊重,是对公民权利的践踏。公民可以随时对铺张浪费者采取行动,要求进行问讯和罢免。公民对权力的监督和制约往往借助媒体实现。报纸、广播、电视、网络等新闻媒体针对公民一段时间内关注的热点和焦点问题,以强大的新闻舆论力量对权力发挥制约和监督作用。

(三)全社会助推节俭意识形成

在日本,节俭是一种生活方式。每个人都把节俭作为一种习惯,在日常生活中尽可能地节俭。日本人节俭意识的形成,依赖于整个社会对节俭的重视。这些助推力量包括:

第一,父母的言传身教。家庭是日本人接受节俭观念的第一站,父母的言传身教使得人们从孩童起就对节俭情有独钟。比如,父母会教育孩子不能浪费粮食,要吃尽盘子中的食物,否则是一种可耻的行为,并身体力行节约粮食;父母会给自己和孩子买二手衣服,教育孩子衣服只要保暖实用即可,不在乎新旧;父母会指导孩子写家计簿,引导他们管控自己的日常消费。

第二,学校的教育引导。学校开设专门的资源节约和开发课程,结合学生的年龄特点和知识结构进行节俭意识的灌输,从小学开始就对学生进行节水、节电、节油的基本技能培训;学生在学校用餐时必须把拿到的饭菜悉数吃光,否则会受到老师的批评教育;学校倡导家长把学生毕业时还能穿的校服捐给学校,供新生使用;学校要求学生课间休息时熄灭一些灯,以节约资源。

第三,政府的积极倡导。政府除颁布一系列法律法规推动社会节约外,还经常组织一些关于节约的宣传教育和经验交流活动,发行宣传节约理念的小册子,指导市民的消费行为。日本前环境大臣小池百合子做出把政府机关空调温度定在28摄氏度、允许工作人员穿短袖衬衫的决定,更是一度成为政府行为示范、厉行节约的典范。

第四,媒体的大力宣传。日本媒体除配合政府大力宣传节约政策外,还常常通过举办节目引导和强化人们的节俭意识。日本有一档名为《黄金传说》的电视节目,每一期都邀请不同的挑战者挑战极限,缔造"超级黄金传说"。这些挑战中一个重要的内容就是:如何用一万日元拮据地生活一个月。在日本,一百日元可以在超市买一盒特价的鲜鸡蛋,或是一棵生菜或者油菜,也可以是一个苹果。一万日元的购买力实在有限,要维持一个月的生计,挑战者必须想尽一切办法节约。这档节目以人们喜闻乐见的形式向人们传递着节俭的理念和节俭的技巧。日本媒体还会不时向人们介绍一些节俭的具体方法,如怎样洗菜才能更好地节水、怎样煮鸡蛋最省电、怎样延长肥皂使用寿命等。

第五,企业的产品引领。受日本相关法律的制约和政府财政政策的支持,日本企业在设计产品时能严格按照环保和节能标准,竞相开发各种节能产品,如节水洗碗机、节水洗衣机、节水马桶等,用产品本身的节能优势引领消费者节约能源。

第六,民间组织的积极推动。日本民间活跃着一批从事宣传节约理念的非政府组织。他们组织市民参加各种节约活动,指导市民进行能源资源节约实践,推进企业间进行节约能源资源方面的信息和技术交流。这些民间组织常常利用网络介绍节俭技巧,如一些民间组织考虑人们有剩菜的可能性,开发了一系列剩菜食谱,在一家名为 Cookpad 的网站上展示,受到家庭主妇们的欢迎。

在瑞士,节俭已经成为瑞士人的一种特性。几乎所有的瑞士人都对节俭情有独钟,节俭渗透在他们生活的方方面面,人与人之间潜移默化的影响使瑞士人长久以来一直传承节俭精神。

瑞士人不喜欢奢侈的消费,反对浪费,他们在购买和使用物品时更多注重的是物品的实用性。考虑到油耗、保养费和保险费等因素,瑞士人多选择小排量的小型汽车。而且只要车况能保证安全行驶,瑞士人一般不会经常更换汽车。旧汽车和小型汽车是瑞士街头的一道风景线。瑞士虽然盛产名牌手表,但瑞士人却喜欢佩戴价格低廉、经济实用的普通手表或者塑料电子表,因为他们觉得这些表足以满足他们掌握时间的生活需要。

瑞士人的服饰都非常朴素,从服装上根本看不出他们的经济水平,即便是亿万富翁,他的穿着打扮也与普通人无异。

瑞士人不喜欢炫富,不管经济水平如何,人们都本着节俭的原则安排自己的生活。一些亿万富翁个人生活节俭,但却购买大片土地捐做绿地,积极为保护生态环境作贡献,同时也为公众提供了休息和游玩的场所。

瑞士人的饮食也很节俭,从来不讲究排场,食物选择注意营养搭配,但从不过量。瑞士的一些饭店还明文规定不许浪费,否则罚款。

瑞士人的节俭从日常购物的精打细算中也能充分体现。由于瑞士的食品、饮料等生活必需品价格高于法国,所以瑞士人常常选择驱车到法国购物。即使加上汽油费,这种购物花费也是非常划算的。有的瑞士人甚至选择在法国居住和消费，在瑞士工作。这种来回奔波的选择只有一个理由：划算。用最低的成本生活是瑞士人生活的基本思路，也是瑞士境内储蓄率极高的一个重要原因。

瑞士人在用水上也很节俭。他们通过下水管将雨水接进蓄水池，用雨水或净化后的雨水冲洗厕所、洗衣服或擦洗地板。

瑞士人之所以能如此节俭，首先一个最重要的原因是瑞士人对本国国情的清醒认识。瑞士自然资源匮乏，社会财富的创造主要靠辛勤劳动，节俭是人们珍惜资源和珍惜劳动成果的不二选择。同时，瑞士历史上深受新教影响，新教提倡的节俭观念深深地影响着人们的消费。节俭意识在瑞士人观念中的根深蒂固是瑞士节俭成风的重要后盾。

（四）各种方式促进资源节约

一些国家在促进资源节约上，有非常独特的做法。这些做法可以作为我们在全社会推进节俭的直接参考。如，美国中小学循环使用教科书，日本进行详细的资源节约指导，瑞士市镇建设理念朴素节约，等等。

美国公办中小学实行免费教育，不仅不收学费，而且不收课本费。教科书采用免费借用、循环使用制度。

每学期初，学校将教科书借给学生使用，学生使用结束后再还给学校。每本教科书的扉页上都有签名栏，借用者要在相应的位置签上自己的姓名，并承担起爱惜保护这本书的责任。在美国的学生手册中，明确地告知学生借书时要检查书籍是否有破损，以分清责任；学生不允许在书中勾画圈点或做任何读书笔记；如果使用期间将书弄坏，要及时修补，严重的破损或丢失不仅要赔偿还要接受惩罚。每一学期结束时，学生无破损、无涂鸦地将教科书归还学校。学生归还给学校的教科书可以继续提供给新一届的学生使用。由于美国的基础教育大纲和教材内容修订年限间隔较长,教科书内容在3—5年时间里基本保持不变,所以一般来讲,一本教科书可以连续供3—5届学生使用。有些时政性不强的教科书,如数学、物理、化学,甚至可以供10届学生使用。为了更好地保证循环使用,美国中小学教科书的印制、内容设计、装帧也是非常讲究的。整本书看上去是一款硬质封面的精装版,书中的纸张不同于一般的书籍用纸,厚重光滑结实,能很好地减少使用中的磨损。为了便于学生掌握知识点,书本内容都是彩色印刷,而且对于需要学生注意的知识点用了很鲜亮的色彩进行了标注。书籍的装订也非常结实,适合长期使用和保存。

教科书循环使用从多个方面体现了节俭:一是可以省钱。教科书循环使用不仅为学生家长省钱,也为国家财政省钱。学生家长不需要花费大量的金钱为学生购买学习必需的教科书,国家也不需要拨付更多的财政为每一届学生印制教科书。二是可以减少资源的消耗。生产教科书需要耗费大量的木材、水和燃料,教科书循环使用可以把这些资源节省下来。三是可以减少垃圾的产生。如果不循环使用教科书,每一届学生每学期都会产生大量弃置的图书,这些弃置的图书本身就是金钱和资源的浪费,同时又给社会造成了垃圾处理负担。四可以培养学生爱惜公物、勤俭节约的品质。在循环使用教科书的过程中,学生潜移默化中对爱惜公物、勤俭节约有了形象直观的认识,有助于其良好品质的形成。

98%的石油、汽油、煤炭等资源都需要进口的日本是典型的资源匮乏性国家,日本人深刻地认识到自身的资源劣势,节俭已成为他们的一种生活习惯。日本对资源节约的指导可谓详细具体。

根据日本国会2000年通过的《循环型社会形成推进基本法》,政府每年都公开发布《白皮书》,介绍循环社会建设的基本情况。这些《白皮书》中会有一些节约的具体要求。如2002年的《白皮书》要求人们精心使用物品,自备购物袋、购物篮,将有机垃圾自制菜园肥料,以减少垃圾产生;2008年的《白皮书》要求人们减少洗澡次数,缩短家庭成员间洗澡的时间间隔,使用节能型的荧光灯和LED转换照明,以减少能源消耗。

政府机构、社会团体向社会宣传的节约理念都是通过具体而详细的技术指导进行的。对政府机关,明确要求夏天空调温度不能低于28摄氏度,工作人员可着短袖衬衫上班;冬天暖气温度不能超过20摄氏度,工作人员要加穿毛衣上班;不用电脑时尽量关机;非工作时间,办公楼全部关灯;使用再生纸,要双面复印、打印等。对家庭,要求不要总开着电视机,电器不用的时候要拔掉电源,使用节能型家用电器,电饭煲尽量不用保温功能,冰箱不要堆积太多东西,尽量搭乘公共交通工具或骑自行车,少用私家车出行,汽车行驶中不挂高挡、空挡或者急刹车。

日本对垃圾的处理也有着非常详细的指导方案。垃圾处理,变废为宝,很好地体现了日本人不浪费一点资源的节俭作风。从大类来讲,垃圾分为资源类、粗大类,可燃物、不可燃物、有害类。每一大类又具体分为若干小类,如资源类包括塑料饮料瓶、玻璃饮料瓶、报纸、书籍;粗大类包括大家具、电视、冰箱、洗衣机、自行车;可燃类包括不能作为资源的纸、软塑料制品、革制品、橡胶制品、木制品、剩菜剩饭和其他可燃烧物;不可燃类包括金属制品、陶瓷器、玻璃器具、硬塑料制品。有些城市分类更为详尽,将用完的口红和未用完的口红、一只袜子和一双旧但不破的袜子分入不同的类型。这样的指导虽然复杂,但对环境保护极为有益。新住户入住后,会收到具体的垃圾分类指导手册,住户必须根据垃圾箱上相应的标记进行垃圾处理。这些详细而具体的要求使得日本人的节俭有据可循,以外在的约束和内在的自觉不断地传承着节俭之风。

瑞士人的节俭不仅仅体现在消费观念和消费行为上,也体现在整个国家的市镇建设上。瑞士的市镇建设是瑞士人节俭的反映,同时又反过来强化着瑞士人的节俭。

位于日内瓦湖西南角的日内瓦市是国际机构云集的国际化城市,但在这样一座世界闻名的城市中,多是高度不过十几层的办公楼和公寓楼。这些建筑物很少有设计独特的造型,多以中国人眼中的“火柴盒”形状出现,简洁朴实。这些建筑物也很少进行奢华的外部装修,没有在阳光下闪闪发光的玻璃幕墙,多以俭朴的赤、橙、黄、绿、青、蓝、紫搭配出镜或建筑物本色出现。这些建筑物也很少进行精巧的内部装修,有的办公楼竟然只以灰色水泥的脸孔出现,公寓楼的装修也极其简陋,铺简单的地砖、刷一层墙漆即可。

开过多次世界经济论坛的瑞士小镇达沃斯,虽然多次接待世界各国的领袖政要和商业翘楚,但建设也非常朴实,甚至称得上简陋。达沃斯没有专门为世界经济论坛建造的机场,没有为参会的世界500强商业巨人提供装修豪华的酒店,也没有为会议设计专门的标志性场馆。瑞士人的节俭不仅深深镌刻于心,而且在市镇建设中毫无掩饰地表露于外。这种朴实、重实用的市镇建设又反过来强化了瑞士人的节俭观念。他们不求外表的华丽,不注重外界人的眼光,只是朴实地坚守节俭的生活方式。

三、创新节俭文化建设

节俭是中华传统文化的重要组成部分,是中华民族的优良传统。

节俭文化建设要秉承中华传统消费文化的精华，借鉴吸收世界各国消费文化的优秀成果，不断创新，不断发展。创新消费文化建设的过程中，必须高擎节俭旗帜，引导社会节俭消费。

（一）节俭文化的时代解读

新的时代背景要求我们以新的思维方式重新审视中华民族传统的节俭美德，进一步发掘节俭的时代价值。

1. 节俭是以人为本的消费

传统的发展观把经济的快速运行放在极其重要的地位，忽视甚至损害了人的利益和诉求。以人为本的科学发展观把人放在核心地位，围绕人谈发展，重视人的需要和诉求。在科学发展观指导下的社会实践中，节俭必须是以人为本的消费。节俭以其内在的属性为人自由而全面的发展奠定了基础，满足了以人为本的时代要求。

第一，节俭使人在消费中获得自由意志。“人的本质不是单个人所固有的抽象物，在其现实性上，它是一切社会关系的总和。”[①]在人与人之间织就的社会关系大网中，人要保持自身的相对独立性，必须有约束自身心性的勇气和毅力。如果缺乏这种勇气和毅力，就会在茫茫人海中迷失自我，无法获得内心的宁静和个体的自由。当代世界，物质财富膨胀在生活的每一个角落，刺激消费的叫卖声此起彼伏，个体承受外界诱惑的压力越来越大，人们日益沦为广告的俘虏和物质的奴隶，慢慢消解着自身在整个世界中独有的主体性。主体性的逐渐消解会使人类在走向自由的道路上大踏步地倒退。节俭用一种渗透于人们生活中的

---

① 《马克思恩格斯文集》第1卷，人民出版社2009年版，第501页。

消费观念和思维方式挽救着人的主体性。节俭要求人们权衡自己的经济状况、物品的实际效用和自然界的承受能力来确定消费,而不是根据商品销售者的鼓动和宣传来选择商品。节俭是消费主体的自觉主动行为,而不是受面子思想和商家营销等因素驱使的盲目被动行为。节俭是消费主体免于外界奴役的自由意志的实现。节俭使人们学会自觉约束自己的欲望、自觉抵制外界的干扰,使人能自由地控制自己的思想。

第二,节俭为人的全面发展奠定基础。全面发展的人是各方面都有能力的人,即各方面均衡发展的人,既包括人的体力发展,也包括人的智力、品德发展。沉溺于物质消费的行为会使人意志消沉、精神懈怠,甚至身体出现不适,更谈不上各方面的均衡发展了。节俭的消费则能使人养成节制的品格,使人有更多的时间用于充实自身的精神世界。节俭的消费是健康的消费,是充分考虑消费主体的消费需求和消费客体的实际效用基础上进行的消费,是能充分地增强人身体素质的消费。节俭的消费是理性的消费,是不囿于物质享受的消费,是注重物质生活满足和精神生活满足协调发展的消费。节俭使人正确地认识自己的需要,使人努力以较少的物质耗费获得较大的身心满足,能为自身创造更多的时间和条件促进各方面能力的发展。

2. 节俭是可持续的消费

由于人口的激增和消费的异化,地球上的资源遭到残酷的掠夺和无情的耗费,人与自然的矛盾日益突出。大量生产、大量消费的社会运行方式不仅给自然戴上了沉重的枷锁,也给人与自然的关系带来了前所未有的挑战。这种错误的消费方式不仅损害了同一时代人平等地享有物质财富的权利,也损害了后代人均衡地使用地球资源的权利。在全球范围内高呼"可持续发展"口号的今天,节俭这种消费方式以其约束人的消费欲望为起点,在生活实践中必须突出对环境的保护,必须彰显既能满足当代人的需求、又不损害子孙后代利益的可持续理念。

第一,节俭促进人与自然和谐相处。自然环境是人类赖以生存的自然条件的总和,是人类存在的母体。人与自然同呼吸、共命运,人类活动给自然界带去的伤害最终会使人类的生存面临威胁。大排量汽车的使用带来空气污染,大量废水的排放带来水资源污染,大量固体废物的处理带来土壤的污染……人类再不能无节制地任意消费。节俭以一种消费理念和生活方式约束着人们的消费行为。人们要认真分析具体的消费对象,要充分认识这种消费对象可能会给环境带来的负面作用,要尽量选择无污染或环境污染小的消费对象。节俭是一种环保消费。

第二,节俭促进代内公平。公平应该体现在社会生活的每一个层面。生活在同一时代、同一空间中的人们应该拥有平等地享有物质资源和社会财富的权利。由于受家庭情况、教育程度、经济条件等因素的影响,人人完全平等地占有物质资源和社会财富在当前的社会发展状况下是不可能的。节俭以一种明确的姿态要求人们根据个人的实际需要选择消费品,不要因为个人经济状况优越过多地占有物质资源,从而剥夺他人拥有该种消费品的机会。

第三,节俭促进代际公平。地球是人类共同的家园,人类在这里繁衍生息。每一代人都扮演着后代资源的"托管人"角色,受后代人的委托管理着自然资源。每一代人都有义务将自然资源保质保量地交到下一代手中。经济困难时期,节俭是人们谋求生存的无奈选择,在我国经济发展已取得一定成就的今天,节俭更是一种道德责任和神圣义务。节俭使人们尽量减少对资源的浪费,尽量减少对环境的污染,尽量"给子孙后代留下天蓝、地绿、水净的美好家园"①。

---

①《中国共产党第十八次全国代表大会文件汇编》,人民出版社2012年版,第36页。

（二）创新节俭文化的原则

"文化是民族的血脉，是人民的精神家园。"①节俭是中华传统文化的重要组成部分，是中华民族的优良传统。继承传统，并跟随时代要求不断创新，是节俭文化保持长久生命力的保证。创新节俭文化应遵循以下原则：

1. 兼容并蓄

文明的发展不是一个封闭的系统，应该向人类的一切优秀成果开放。创新消费文化，首先我们必须明确当前消费文化的状况。毫不夸张地说，节俭过时论在当代中国有很大市场。人们承认节俭在战争年代、在经济困难时期给人们带来的益处，但在相对富裕了的生活条件下人们更多看重的是个人的生活享受和内心欲望的满足。人们认为自己不再需要节俭，在慢慢淡忘节俭。在这样的社会背景下，创新消费文化最迫切要做的是重新大力倡导中华民族的节俭美德，培养人们的节俭意识。所以创新消费文化必须回望历史，从中华民族悠久的消费文化中汲取营养成分。在中国历史上，节俭与修身、齐家、治国、平天下等人生理想相匹配，与勤劳勇敢、艰苦奋斗、顽强拼搏等美德紧密相连，与事业的兴衰成败、国家的生死存亡息息相关。古者圣贤对节俭的论述值得我们细细品味，需要我们结合时代发展读出新意，创新节俭消费文化。在创新节俭文化的过程中，我们还必须不断地向国外消费文明学习。虽然各国政治体制、经济制度不尽相同，但在争取可持续发展的共同道路上，各国都积累了一些值得他国借鉴学习的消费经验。我们在

---

① 《中国共产党第十八次全国代表大会文件汇编》，人民出版社2012年版，第28页。

创新节俭文化建设时，要充分运用这些有益成果为我们服务。

2. 突出实践

创新消费文明建设的最终目的在于使人们形成节俭消费的行为习惯，落脚点在人们的社会实践上，最终要体现为人们在生活中进行了节俭消费。这要求在创新消费文明过程中必须遵循实践性原则，突出实践。

第一，创新的起点必须着眼于人们的消费实践。由于人们在生活中进行了不合理的消费，导致了大量社会财富和自然资源的浪费，这使得我们不得不重申中华民族传统的节俭美德。创新消费文化必须从现实的浪费行为入手。

第二，提出的对策必须有实践操作性。对策是针对现实中存在问题提出的解决策略，必须有很强的操作性。比如，针对能源资源的浪费，应该有清晰的使用指导、严格的浪费惩罚措施、明确的责任划分；针对奢侈品消费，应该有观点鲜明的建议、严厉的税收制度；针对公款使用中的浪费，应该有严格的审核程序、明确的使用说明、详细的惩戒机制；等等。

第三，创新的始终要充分运用各种传播媒介。报纸、广播、电视、电影、网络、手机等各种各样的传播媒介是人们经常接触的信息传播媒介，节俭的理念、节俭的具体细节可以采取论坛、专栏、辩论、影片、海报等形式，通过这些传播媒介渗透到人们的意识中，营造浓郁的节俭消费氛围。

3. 注重实效

中国人历来对节俭的价值有深刻的认识，不仅看到其在积累财富、扩大生产方面的重要意义，而且看到其对家庭、对国家的奉献，还看到其在个人性情陶冶、品德提升中的作用。在我国生产力水平有了很大提高的今天,节俭作为一种消费文化的重申和创新,我们必须不断地审视其实际效果。这种实际效果的审视要从现实的国情出发,主要关注三个方面:一是对公款浪费的遏制,二是对能源资源的节约,三是对自然环境的保护。公款浪费是当前人民群众最关心和最痛恨的问题。创新节俭文化的过程中必须不断完善公款消费的相关规章制度,严格约束公务人员的公款消费行为,并切实形成长效运行机制,有效遏制公款浪费。能源资源的节约是节约型社会建设的基本目标。创新节俭文化的过程中必须不断完善能源资源的相关规章制度,不断宣传节约能源资源的技术和方法,不断提高人们节约能源资源的意识和能力,尽量以较少的资源耗费取得较高的社会福利水平。自然环境的保护是人类实现永续发展的基本条件。创新节俭文化的过程中必须注入保护生态的理念,不断完善废弃物处理的相关规章制度,约束人们任意抛弃物品的行为,不断宣传废弃物处理的科学知识,切实减少人们的消费行为给自然环境带来的沉重负担。

任何一种文明的发展都不能背弃历史,都不能罔顾外来启示。创新消费文化建设的征程中,我们必须古为今用、洋为中用,秉承中华民族的传统节俭美德,吸收中华消费文化的精华,考察其他国家消费文化,借鉴其有益做法。只有兼容并蓄,并注重节俭文化建设的实践性和实效性,消费文化建设才能结出硕果。

第八章　坚定文化自信、推进节俭传承的消费制度建设

文化自信是一个民族对其历史的高度认同和责任担当。中华民族5000多年的历史，创造了辉煌灿烂的人类文明。2014年12月20日习近平在澳门大学参与大学生座谈会时强调：一定要通过学习树立对五千多年文明的自豪感，树立文化的自信、民族的自豪感。节俭是中华民族的传统美德，自古以来，这一美德得到无数贤者仁人的推崇。力倡节俭，与时俱进创新节俭文化，推进节俭消费是树立文化自信的客观要求，也是实现中华民族伟大复兴"中国梦"的内在要求。

消费具有个人属性，也具有社会属性。消费是个人的事情，消费者根据自己的收入水平和实际需要进行消费行为。消费又不只是个人的事情，消费什么、怎么消费受一定社会规范的约束和限制。人们必须把消费行为控制在社会允许的范围内，否则就要受到谴责和惩罚。创新消费文化建设的过程中，我们必须弘扬节俭传统美德，通过多种渠道建立健全节俭消费体制机制，推动全社会广泛深入持久厉行节俭消费，有效抵制消费主义倾向。消费制度是指要求人们在消费中共同遵守的办事规程和行为准则。节俭消费制度以节俭为基本精神，确立的办事规

程和行为准则必须紧紧围绕节俭消费的基本要求进行。

一、健全公务消费相关制度

公务消费是指党政机关及其工作人员在履行公务过程中产生的消费。公务，即公共事务，指党政机关及其工作人员在人民授权下代表人民行使管理社会职能进行的活动。要有效地遏制公务活动中的铺张浪费、特权消费、奢侈腐败行为，必须健全公务消费制度。

（一）完善预防公款浪费的相关制度

要有效地减少公款浪费，完善预防性制度非常重要。东汉政论家、思想家、史学家荀悦在《申鉴·杂言》中谈道："先其未然谓之防，发而止之谓之救，行而责之谓之戒。防为上，救次之，戒为下。"①其意思是说，在事情没有发生之前采取措施是预防，事情征兆刚出现就及时采取措施加以制止、防止事态扩大是补救，事情发生后再行责罚教育称为惩戒，预防为上策、补救次之、惩戒为下策。预防是减少公款浪费的上上之策。完善预防公款浪费的相关制度，主要从以下方面入手：

第一，完善公务活动审批制度。论证公务活动的可行性和必要性，要实事求是地从现实需要出发，保障正常公务活动的顺利开展，坚决取消不必要的公务活动。科学设定各项公务活动的开支范围和相关标准，明确开列活动预算明细，增强公务活动经费预算的准确性，以便获

① （东汉）荀悦：《申鉴》，中华书局 1954 年版，第 21 页。

批后严格按照预算安排公务活动。确立严格的审批程序,各项公务活动必须严格按照审批程序进行。明确审批的主体,明确对审批进行审查的主体,确立审批和对审批进行审查的责任追究制度。

第二,完善公务消费公开制度。公务消费公开制度以他律约束公职人员行为。“他律即他人约束自己,客观规范主观,形式多样,其中最重要的一项是阳光工程。所谓阳光工程即公开工程,威力最大,效率最高。”①公开公务消费情况无形中给各级各类的公务人员敲响了节俭消费的警钟。自 2011 年 3 月国务院要求 98 个中央部门公开“三公”数据后,公务消费公开已经开始步入轨道。但目前公务消费公开中依然存在一系列问题:一是公开的数据笼统。不同部门由于工作性质、人员数量等在“三公”经费开支上必然有很大的不同,现在公开的数据从公众角度讲是雾里看花,根本搞不清楚多还是少,到底合理还是不合理。二是公开的数据过于粗糙。严格地讲,公务消费公开应该细化到每一办公用品的价格、每一次用车的用途和费用等。显然,我们现行的公务消费公开离这个要求还有很大差距。三是缺乏必要的后续措施。公务消费公开只是满足了公众的知情权,必须配套相关的审计、问责等措施,才能真正起到公开的作用。我们在这方面还没有有力的措施。党政机关及其工作人员的国内差旅、会议活动、办公用品、水电费、装修费用、网络维护等正常公务运行中产生的费用都应该以详尽的数据向公众公开。完善公务消费公开制度还有很长的路要走。我们必须循序渐进地逐步细化公务消费的公开款项,最终成功地展示给公众一份清晰地反映每一项公务活动开销的答卷。

① 段若鹏:《正确理解“八荣八耻”社会主义荣辱观》,《中共珠海市委党校　珠海市行政学院学报》2006 年第 3 期。

（二）推行公款消费全过程监督制度

公款消费全过程监控的目的在于使公款消费在阳光下运行，即时监督公务活动的运行成本，减少公务活动中的经费浪费。进行公款消费全过程监控，“东乡经验”值得在全国范围内推广。江西省抚州市东乡县2008年开始探索公务消费一体化体系，2012年正式运行公务消费电子化监控管理系统。这一监控系统包括公务接待、公务采购、公务用车等平台，将全县的公务接待、公务采购、公务用车等直接纳入纪委监管体系中。东乡县的具体做法是将网络监控系统与各定点消费单位网络连接，实行电子化支付，即时将公务消费的具体情况（如消费时间、地点、对象、金额等）直接反馈回网络监控系统。在网络监控平台可以清晰地看到每一次消费的具体情况。东乡县的实践是公款消费全过程监督的一次有益探索。在推广该经验的过程中，必须形成一整套制度体系。

一是全面落实公务卡制度。公务卡是党政机关工作人员持有的用于公务消费和报销使用的贷记卡，集授信消费和财政财务管理双重属性于一身。除实行财政直接支付或者银行转账的情况外，“党政机关国内发生的公务差旅费、公务接待费、公务用车购置及运行费、会议费、培训费等经费支出”①，都应该强制推行公务卡使用。公务卡的使用是公务消费电子化监控管理系统发挥作用的前提。

二是推广电子化监控。电子化监控的主要任务是对各项消费金额进行严密监控，并对不当消费及时发出预警。目前，有些地方的电子化监控只是把消费的具体情况进行即时反馈，并没有真正达到节俭消费

---

① 《党政机关厉行节约反对浪费条例》，人民出版社2013年版，第4页。

的目的。因此,要在推广电子化监控的基础上,充分发挥电子监控的作用,使各地已经明确的消费标准严格执行到位。

三是定点消费单位的选择。定点消费方便监管,但定点消费单位确定过程中往往容易滋生腐败。所以必须形成公开、公正、公平的定点消费单位确定和淘汰制度。给每一个有资质的竞争者以平等竞争的机会,选择能最好地促进节俭消费的商家为定点消费单位。对于不能很好地促进党政机关节俭消费的定点消费单位应该进行淘汰。如果是涉及较大范围内进行的公务活动,比如到不方便确定定点消费单位的地方出差,主要应以公务卡和明确的消费标准约束公务人员的行为。

(三)完善厉行节约绩效考评制度

"加强厉行节约绩效考评"①是 2013 年 11 月发布的《党政机关厉行节约反对浪费条例》提出的重要观点。厉行节约绩效考评是指根据评价目标,运用一定的考评指标和考评方法,检查和评定党政机关节约办公效果的活动。厉行节约绩效考评制度的建立和健全要考虑以下几个方面:

一是明确评价目标。减少党政机关及其工作人员公务活动中的浪费,最大限度地实现节约办公,是厉行节约绩效考评的目标。

二是确立考评指标体系。将各级各类财政支出分成若干指标,形成考评指标体系。可根据逐年考评的实际情况,适当加入考评权重系数,以引导节约重点。

三是运用达度考评和比较考评相结合的考评方式。达度考评需要

---

① 《党政机关厉行节约反对浪费条例》,人民出版社 2013 年版,第 2 页。

确立一个客观的标准,考评时衡量各机关是否达到这一标准。比较考评通过被考评机关不同阶段支出情况的比较看其节约效果。由于党政机关各部门、各单位情况不一,易将达度评估和比较评估结合使用。当然,也可根据实际情况选择单一考评方式。

四是明确相关责任人问责制度。考评的目的是要进一步推进节约型政府建设,考评的结果要作为下一阶段厉行节约工作的依据。如果考评结果不理想,要对相关责任人进行问责。

二、建立反浪费制度

反浪费不只是一句口号,更多地体现为通过行为规范、措施手段让人们自觉不浪费。建立反浪费制度可从以下方面着手:

(一)确立消费行为规范

消费行为规范要紧紧围绕“节俭”确立,目的在于引导人们认清消费形势,掌握节俭消费的基本知识,号召通过各种形式的社会活动,为节俭消费营造浓厚的社会氛围。

第一,消费行为规范要阐明节俭消费的重要性。可从节约型社会建设、生态文明建设、发展先进文化等方面进行论述,同时必须深刻地揭露消费领域目前存在的浪费问题,以及这些问题给个人、家庭、社会、国家带来的严重危害。

第二,消费行为规范要明确其指导思想和原则。与马列主义、毛泽东思想、邓小平理论、“三个代表”重要思想一脉相承的科学发展观是现阶段消费行为规范的直接指导思想，消费行为规范必须是在科学发展观指导下确立的消费行为规范。消费行为规范的原则要围绕节俭的核心内涵——必需消费、绿色消费、可支付能力消费、物尽其用消费确立，注重指导性和操作性的统一。

第三，消费行为规范要确立具体的消费行为指导。可从节水、节电、节物、垃圾处理等方面进行示范性规定。节水篇中要有改掉不良节水习惯、一水多用、使用节水器具等规定，要举出具体的正确用水方法，比如淘米洗菜的水用来浇花、洗衣服的水用来冲厕所、少用清洁剂、多用淋浴、淋浴喷头上安装限流阀、使用节水马桶等。节电篇中要有随手关电源、使用节电设备等规定，具体的操作方法可根据电视机、电冰箱、洗衣机、空调等提出具体的使用要求。节物篇中可以针对不同的物品提出具体的消费指导。比如，粮食、食用油的节约，商品包装的选择，一次性筷子的使用，教材的循环使用等。需要指出的是，教材的循环使用是一个涉及多部门的系统工程，可考虑形成专门的制度。我国现有的垃圾处理体系操作性差，起不到应有的效果。可参照日本的垃圾处理方法，对可能出现的垃圾进行明确的分类，并加以详细的分类处理指导。可考虑进行专门的垃圾处理立法。2014 年 3 月中共中央办公厅、国务院办公厅印发的《关于厉行节约反对食品浪费的意见》从杜绝公务活动用餐浪费、推进单位食堂节俭用餐、推行科学文明的餐饮消费模式、推进食品废弃物资源化利用等方面进行了规定，为具体消费行为指导开了一个好头。

第四，消费行为规范要对浪费行为提出惩戒要求。任何一种浪费行为都会对社会财富和资源造成耗费，必须提出明确的惩罚措施，或者提出惩罚指导思路，由各行业具体制定惩罚措施。如，消费者在饭店消费时出现的浪费，可由饭店根据浪费食物的多少惩罚消费者。

第五，消费行为规范要明确社会氛围在节俭美德培养中的重要作用。要充分发动个人、家庭、学校、大众传播媒介等力量，采取多种多样的形式，营造以勤俭节约为美的文化气息。

第六，消费行为规范要指出其发挥作用的刚性支持。要从法律规范、规章制度等方面制定消费规则，规范和约束人们的消费行为。

（二）完善能源资源阶梯价格制度

能源资源阶梯价格制度是按照消费者消费能源资源的数量进行定价的制度，能源资源的价格随着消费量的增加逐级递增。能源资源的价格反映能源资源的稀缺程度、供求关系和环境成本，能源资源的阶梯定价能有效引导人们把握消费能源资源的度，进行节俭消费。各地可根据自然条件、生活习惯、经济发展水平，确定能源资源的基本需求量，在基本需求量内实行较低的价格，在基本需求量外实行较高的价格。使用能源资源越少价格越低，使用能源资源越多价格越高。能源资源阶梯价格反映了能源资源供应成本，也体现了号召人们节约使用能源资源的科学发展理念。

与人们生活最为密切的电和水，已经开始在全国范围内推行阶梯价格制度。

阶梯电价把用电需求分为三档，电价分档递增。第一档电价是基本用电量的价格，用以保证居民生活必需用电，第二档电价是正常合理需求用电的价格，适用于居民生活合理范围内的用电，第三档电价为较高生活质量用电需求，价格较高。另外部分省份在实行阶梯电价的过程中加入了峰谷电价，用电高峰期，电价高，用电低峰期，电价低。还有部分省份实行季节电价双轨制，夏冬季用电需求量大，电价高，春秋季用电需求量小,电价低。峰谷电价和季节电价可考虑在全国范围内推行,以引导人们节约用电。

阶梯水价早在20世纪90年代末就已提出。但直到2014年1月3日国家发改委、住建部印发文件《关于加快建立完善城镇居民用水阶梯价格制度的指导意见》,才真正迈出了阶梯水价施行的步伐。2015年全面实行居民生活用水阶梯价格制度的思路形成,为节约用水提供了制度保障。

另外,石油、天然气等也是应该考虑施行阶梯价格的能源资源,实行阶梯价格的目的在于引导人们节约能源资源,减少浪费。

(三)建立节能设备推广制度

节能就是用较少的能源资源消耗获得与原来同样品质的生活水准。此处的节能设备主要指节约水、电、石油、天然气、煤炭等能源资源的满足生活消费的器物。节能设备推广制度主要包括两个方面:一是节能设备的研发;二是节能设备的宣传推广。

节能设备的研发要遵循技术上可行、经济上合理、环境可接受、社会可接受的基本原则。技术上可行指从技术上讲有实现的可能;经济上合理指研发形成的产品有合理的投入产出比;环境可接受指研发、生产和使用节能产品不产生环境污染或者保持在环境允许的范围内;社会可接受指研发出来的节能产品符合社会伦理道德,在人们的经济承受能力范围内,不影响人们的生活水平。节能设备能减少能源资源的消耗,可以有效减少浪费。节能设备的不断推陈出新,是节约型社会建设的需要,也是生态文明建设的需要。国家应该进一步通过政策倾斜、资金扶持等手段加大对节能设备研发部门或企业的支持力度,推进新的更高效能的满足生活消费的节能设备的出现。

节能设备的宣传推广在节能设备的研发和生产基础上进行,目的在于引导人们了解、认同、接受节能理念,更多更好地了解节能设备,并最终选择节能设备。节能设备的宣传推广往往通过报刊、广播、电视、网络等传播媒体进行。这些媒体因受众多,往往能起到非常好的推广效果。因节能设备在研发和生产阶段成本相对较高,所以新推出的节能设备往往价格较高,政府对这些产品进行财政补贴也是宣传推广的一种隐性手段。目前,我国的节能设备涉及节电、节煤、节水、节气、节油等能源资源,这些设备在人们的节能生活消费中已经发挥了很重要的作用。今后我们应该在节能设备的进一步宣传推广上下更大的力气,让更多的节能设备走入千家万户。

三、完善消费税征收制度

消费税是根据国家的消费政策,针对少数消费品征收的税种。虽然消费税的应税人为我国境内生产、委托加工、零售和进口应税消费品的单位和个人,但由于消费税实行价内税,所以消费税的最终承担者是消费者。消费税的征收及税率的调整会反映在商品价格上,直接影响消费者的消费选择。所以通过调整消费税征收的范围和提高某些消费品的税率,能有效地引导人们减少对这些消费品的消费或浪费。

(一)调整消费税征收范围

《中共中央关于全面深化改革若干重大问题的决定》提出:把高耗

能、高污染产品及部分高档消费品纳入消费税征收范围。

高耗能产品是指耗费大量能源的产品，包括两种情况：一是生产该产品的过程中要耗费大量的能源，二是使用该产品的过程中要耗费大量的能源。不管是生产还是使用中耗费大量能源，都会造成能源的过度使用，降低单位能源的产出率，造成能源的浪费。

高污染产品是指对环境污染严重、难以治理的产品，也包括两种情况：一是生产该产品的过程严重污染环境，二是使用该产品的过程严重污染环境。不管是生产还是使用中严重污染环境的产品，都会使消费者的货币付出得不到应有的社会效益，从长远看是对货币财富的浪费，更是对生态的严重破坏。

高档消费品又称为奢侈品，是指具有独特、稀缺、珍奇等特点的非生活必需品。高档消费品的一个重要特点是非生活必需性，不是人生存和发展的必需品，而是为了展示个人的身份和地位，带有炫耀性特点。由于人们对高档消费品的盲目崇拜，导致一些人盲目购买高档消费品，实际上造成了社会财富的浪费。

为了减少能源的浪费，提高消费者货币付出的社会效益，减少社会财富在奢侈品上的盲目使用，必须把这类消费品纳入消费税征收范围，通过加入了消费税的商品价格引导人们的消费倾向。

我国于 2009 年 1 月 1 日起开始施行《中华人民共和国消费税暂行条例》，主要针对烟、酒及酒精、化妆品、鞭炮、焰火、成品油、贵重首饰及珠宝玉石、高尔夫球及球具、高档手表、游艇、木制一次性筷子、实木地板、汽车轮胎、摩托车、小汽车 14 类消费品征收消费税。这些应税消费品中，摩托车、小汽车属于高耗能消费品，鞭炮、焰火属于污染类消费品，贵重首饰及珠宝玉石、高尔夫球及球具、高档手表、游艇属于高档消费品。在调整消费税的过程中，可以考虑将大排量汽车等高耗能、高污染产品,高档眼镜、高档皮包、私人飞机、豪华汽车等高档消费品追加纳入征税范围。

(二)调整消费税税率

我国现行的消费税采用的是比例税率、定额税率,以及比例税率和定额税率复合计税的办法。《2015—2016 年最新消费税税目税率表》显示,除烟和酒及酒精采取复合计税办法外,其他均采用单一计税办法。化妆品的税率为 30%;金银首饰、铂金首饰和钻石及钻石饰品,税率为 5%,其他贵重首饰和珠宝玉石,税率为 10%;鞭炮、焰火的税率为 15%;成品油按汽油(又分为含铅汽油和无铅汽油)、柴油、航空煤油、石脑油、溶剂油、润滑油、燃料油分类按额计税;摩托车按气缸容量(排气量,下同)在 250 毫升(含 250 毫升)以下和气缸容量在 250 毫升以上的分别按比例计税;小汽车按乘用车(根据气缸容量又分若干具体情况)和中轻型商用客车实行比例计税;高尔夫球及球具的税率为 10%;高档手表的税率为 20%;游艇的税率为 10%;木制一次性筷子的税率为 5%;实木地板的税率为 5%。消费税税率通过税收经济杠杆的作用,一方面引导正确的消费方向,另一方面能遏制过度消费。所以可以通过调整消费税税率减少人们对某些商品的消费和浪费。

第一,可以考虑调低化妆品的税率或直接取消化妆品的消费税(仅收取高档化妆品消费税)。因为目前列入消费税应税范围的眉笔、唇笔、香粉、指甲油、胭脂、口红、蓝眼油、眼睫毛、香水、香水精等化妆品已经走入寻常百姓家,成为人们追求美的生活必需品,属于人们经济能力可承受范围内且对能源消耗、环境污染不存在严重威胁、不构成浪费的消费品。

第二,可以考虑提高高档消费品的税率。高尔夫球及球具、高档手表、游艇、贵重首饰及珠宝玉石中的“其他贵重首饰和珠宝玉石”均属奢侈品,可考虑提高其消费税率。其税率的确定要综合考虑多方面的因素,尽量减少国内购买力流失的状况。

第三,可以考虑提高鞭炮、焰火的税率。鞭炮、焰火能增添节日喜庆气氛,但大量鞭炮、焰火的存放存在安全隐患,燃放会导致污染环境,还会造成社会财富的浪费。所以,通过提高鞭炮、焰火的消费税税率,引导人们减少此类消费。

第四,可以考虑提高一次性筷子和实木地板的税率。一次性筷子和实木地板的原料都是木材,其使用会耗费大量的森林资源,所以要提高其消费税,引导消费。

第九章　坚定文化自信、推进节俭传承的社会氛围营造

节俭是中华民族五千年历史沉淀下来的美德文化的重要组成部分。传承节俭文化需要每一个社会成员的共同参与，这也是培育社会成员节俭文化自豪感的基本途径。

一、强化领导干部率先垂范

领导干部是指在政府机关、企事业单位、党派团体中具有一定领导职务、依法从事公务活动的工作人员。他们是一个特殊的群体，是党和国家意志的执行者，是地区、单位、部门工作的计划者、决策者和指挥者。领导干部的作风不是个人的道德操守问题，而是党和政府的形象和权威问题，直接影响人民群众对执政党的信任和支持。领导干部是党和国家形象的代表，领导干部必须在节俭文化建设中起模范带头作用，“以为社会树立一支道德标杆。”①只有领导干部自觉践行节俭，才

① 褚海萍：《意识形态科学性的基本点》，《科学社会主义》2012年第2期。

能带动整个社会的节俭消费。领导干部带头节俭，必须从以下方面着手：

（一）强化公仆意识

马克思、恩格斯在批判地继承资产阶级优秀文化成果的基础上，提出了无产阶级的公仆理论。公仆，即公众的仆人。马克思主义认为，人类历史是人民群众的劳动史，人民群众是历史的创造者。为大多数人谋利益的无产阶级政党是为人民群众利益服务的，无产阶级政党领导下的国家工作人员是人民的“公仆”。他们是人民群众中的一员，不能享有任何超越人民群众之上的特权；他们又是人民群众中的特殊群体，代表人民行使管理国家和社会事务的权力，他们的权力是人民赋予的，他们必须运用手中的权力全心全意为人民服务。中国共产党在长期的革命和建设实践中，继承和发展了马克思主义的公仆理论。1944 年毛泽东在《一九四五的任务》一文中提出：“我们一切工作干部，不论职位高低，都是人民的勤务员”①，强调中国共产党的干部所做的一切都是为人民服务。1985 年邓小平在全国教育工作会议上指出：“什么叫领导？领导就是服务”②，简洁明了地描述了领导干部的职责。1997 年江泽民在中国共产党第十五次全国代表大会的报告中强调：“一切干部都是人民的公仆”③，必须重视和珍惜人民赋予的权力。2007 年胡锦涛在参加十届全国人大五次会议重庆代表团的审议时强调：要进一步增强公仆意识，始终牢记全心全意为人民服务的宗旨。“党的干部必须

① 《毛泽东文集》第 3 卷，人民出版社 1996 年版，第 243 页。
② 《邓小平文选》第 3 卷，人民出版社 1993 年版，第 121 页。
③ 《江泽民文选》第 2 卷，人民出版社 2006 年版，第 31 页。

做人民公仆，忠诚于人民，以人民忧乐为忧乐，以人民甘苦为甘苦，全心全意为人民服务。”①公仆意识是中国共产党全心全意为人民服务的基本要求，是党政干部必须具备的基本素质，也是党政干部自觉践履节俭公务消费的前提。

强化领导干部的公仆意识，必须使领导干部对以下几点形成明确认识：

一是权力的来源。在中国共产党执政的社会主义国家，人民是国家的主人，是国家权力的所有者。为了更好地进行国家和社会事务的管理，人民将权力赋予党政各级领导干部，由他们具体进行国家和社会事务的计划、决策、协调和指挥。党政干部是权力的行使者。权力的行使者必须将权力全部用于为权力所有者谋福利，否则人民有权将权力的使用权收回。领导干部在任何时候都不能滥用权力。

二是权力的目的。权力是一种影响力和支配力，领导干部手中握有的权力能对国家、地区、单位、部门的各项工作形成外在约束力和强制力，影响国家、地区、单位、部门的发展。领导干部作为权力的行使者，必须为权力的所有者负责。领导干部手中的权力是人民赋予的，也必须为人民所用。人民赋权是为了有更好的社会管理以获得更好的生活状态。所以，领导干部要运用手中的权力最大限度地为人民群众谋利益，绝不能违背权力的目的，更不能以权谋私。

三是权力的运用。权为民所赋，权为民所用。领导干部必须正确对待手中的权力，在运用权力的过程中要时时刻刻考虑人民群众的诉求，事事处处把人民群众的利益放在第一位，时刻牢记手中的权力只能为人民谋利益。领导干部绝不能用手中的权力损害人民的利益。

---

① 《习近平谈治国理政》，外文出版社 2014 年版，第 413 页。

只有对权力的来源、目的、运用形成深刻的认识,领导干部才能发自内心地形成公仆意识。只有真正地培养起领导干部的公仆意识,领导干部才能在公务活动中不滥用权力、不肆意挥霍公款,才能时刻想到要把每一分财政都用于最大限度地改善人民生活,才能在公务活动中自觉节俭,才能真真正正地践行全心全意为人民服务的宗旨。

(二)践履规章制度

规章制度以外在他律约束领导干部的公务消费行为,领导干部只要能严格按照规章制度进行公务活动,就可以很好地为党政机关其他工作人员和广大人民群众树立榜样。

2012 年 12 月 4 日中共中央政治局会议通过的改进工作作风、密切联系群众的八项规定,虽然是向中央政治局的全体同志提出的行为要求,但实际上是以中央政治局领导干部的行为榜样向各级领导干部提出了行为要求。这八项规定中,"要轻车简从""简化接待","不张贴悬挂标语横幅""不铺设迎宾地毯,不摆放花草","严格按照规定乘坐交通工具"等直接具有减少公务活动浪费的意义,领导干部必须把自己的行为严格控制在上述规定范围内。

2013 年 12 月 8 日印发的《党政机关国内公务接待管理规定》对国内公务从公务外出计划管理、公款报销、公务接待迎送、住宿用房、工作餐安排、接待用车、机关内部接待场所等方面进行了详细规定。领导干部在国内公务出差和公务接待中能始终如一地严格按照上述规定行事,就能节省大量的行政开支。

2014 年印发的《党政机关办公用房建设标准》对党政机关办公用房的建设等级与面积指标、建筑标准、装修标准、室内环境与建筑设备等做了明确规定。领导干部要长期带头按规定使用办公用房面积，严格按规定进行内部装修和使用照明灯具、空调、供暖设备、卫生设备等，为其他工作人员做出榜样。

虽然从目前看，党和政府对党政机关及其工作人员公务行为的规定还不完善，但领导干部只要能按照不断健全的规章制度规范公务行为，就能节省大量的财政开支，并能在人民群众中树立良好的形象。

（三）自觉节俭消费

领导干部在日常生活中自觉主动地进行节俭消费，可以更好地拉近与群众之间的关系，充分展示其个人魅力，并引导社会消费。领导干部应该在日常生活的方方面面都注重节俭，把消费控制在个人收入许可的范围内，绝不允许用公款为私人消费结算。

第一，饮食方面，坚决杜绝大吃大喝。除了在公务活动中严格按照相关规定用餐外，在日常生活中领导干部也要做到科学消费、适度消费、环保消费、廉洁消费。科学消费，选择最有利于健康的食物，不盲目追求特殊食物的高消费。适度消费，根据个人收入进行消费，根据个人生活需要进行消费。环保消费，拒绝使用一次性餐具，多使用绿色食品及绿色包装食品，不消费生态代价大的食物。廉洁消费，拒绝由公款或企业、他人等非本人收入提供的餐饮消费。

第二，着装方面，以朴素大方为基本标准。领导干部的着装要符合职业要求，不要盲目追求名牌消费，更不能加入奢侈品消费的行列。衣服的基本功能是蔽体遮羞、防寒保暖。领导干部选择服装只要符合着装礼仪要求，穿着舒适即可。与服装相配的背包、服饰、手包、手表等，尽量选择简单大方的大众品牌。

第三，交通工具方面，多乘坐公共交通工具。公交、地铁、出租车等公共交通工具不仅具有代步功能，而且是领导干部了解民情、社情的重要渠道。领导干部经常乘坐公共交通工具体现的是一种执政理念和为政风格。

第四，住房方面，不可追求高消费。领导干部是人民中的一员，是人民推选出来、代表人民行使管理国家和社会事务的工作人员。他们任何一方面的消费都应该和自己的收入水平挂钩，住房同样不例外，要选择适合自己消费的住房及装修。盲目的高消费，只能给自己带来困惑和腐败。

第五，婚丧嫁娶方面，以节俭办事为原则。不大操大办，不接受有业务关系的单位和个人的礼金和礼品，不动用公款公物。领导干部在日常生活中的节俭可以很直观地展现在群众面前，能起到很好的教育效果。

（四）主动接受监督

"现实生活中，出于维护党和人民利益不能公开的事毕竟太少了。"[①]领导干部是人民中的一员，但又不是普通一员，他们与权力紧紧相连。为了保证权力最终为人民服务，权力的行使者必须接受监督。监督，即监察督促。监督的目的在于使监督对象的活动达到预期设定的目标。对领导干部的监督，最终是为了使权力沿着正常的轨道运行，使权力最大限度地为人民利益服务。领导干部要认识到自身的"公仆"身份，自觉接受来自方方面面力量的监督，以外在的敦促力保证廉洁行政。

---

① 段若鹏：《党的十七大对思想政治工作的新启示——思想政治工作三谈》，《学习论坛》2008 年第 8 期。

领导干部要主动将以下内容向社会公示:第一,个人财产。个人财产是个人消费的前提和条件,节俭是在个人财产范围内进行的消费。领导干部的个人财产和日常生活消费水准的对比,是其是否节俭的一个直接例证。当然领导干部的个人财产公示还有一个更深层次的含义就是是否涉及腐败。能抵抗权力的诱惑、能自觉主动地约束自身消费欲望、愿意全心全意为人民服务的领导干部要敢于和乐于公示个人财产。第二,公务消费清单。领导干部应该主动公开国内差旅和因公临时出国(境)、公务接待等涉及公务活动方面的具体消费情况,一方面为其他党政机关工作人员做出节俭消费的榜样,另一方面增加个人公务消费的透明度,同时也能进一步促推自身的节俭消费意识。

二、倡导全体人民身体力行

"节俭不仅是经济匮乏时期的无奈选择,更是物质丰裕时的道德自控能力。"①节俭不是某个人的事,也不是某种情况下的特殊行为,而是全体社会成员的共同责任。每个社会成员都必须深刻认识节俭于个人、家庭、社会、后代的重要意义,不断锤炼自己的节俭思维,努力使节俭成为消费行为的必然选择。

(一)树立节俭意识

树立节俭意识,就是要深刻认识节俭的重要性,把节俭作为一种道

① 褚海萍、王春红:《国内节俭观研究综述》,《山西高等学校社会科学学报》2014年第10期。

德责任和社会义务自觉践行。在生产力水平低下、物质资料匮乏的年代，节俭更多地体现为人们不得不节衣缩食以应对生存和发展的需要。在今天，我国的生产力水平已经有了很大提高，物质资料的种类和数量已经获得长足发展，节俭美德不再是困窘生活的无奈选择，而是赋予了更加高尚的社会意义。节俭是社会成员的一种社会责任。节俭是对自己和家庭负责，也是对他人负责、对社会负责，更是对后代负责。

从个人和家庭的角度来讲，节俭根据个人和家庭的经济实力确立消费计划，在个人和家庭的收入水平范围内进行消费，争取以最少的财富付出获得最好的生活享受，或者以同样的财富付出获得更好的生活享受，实现财富的消费效益最大化，让个人和家庭生活更稳定、更幸福。

从人际关系来讲，在一定时间段内消费品的数量总是一定的，个人不多占有消费品、不浪费消费品，即对消费品的适度、理性消费，就给予了他人同等享有该消费品的机会，使他人也拥有了过更高品质生活的机会。

从社会角度来讲，社会主义国家的人民地位平等、身份平等、权利平等，人人平等地享有拥有社会发展成果的权利，人人平等地享有提高生活水平的权利，人人平等地享有享受消费资料的权利。每个人不铺张、不浪费，就给予了社会成员平等地消费的权利，有利于弱化因消费不公带来的社会心理失衡，有利于社会的安定团结。

从代际关系来讲，地球上的资源是有限的，每一代人都有使用和维持地球资源的权利和义务，前一代人都负有保证自然资源的多样性和丰富性并完好地将地球交给下一代的责任和使命。节俭可以减少对资源的浪费，减少对地球的破坏，可以给后代平等地享有地球资源的机会和权利。

由此可见，节俭，功在自己，利在他人；功在个人，利在社会；功在当下，利在千秋。节俭是对自己、家庭、他人、社会、后代负责任的消费理念，是一个有道德感和责任感的社会成员的不二选择。每个社会成员必须深刻认识自己的社会责任，以责无旁贷的历史使命感树立节俭意识，努力践行节俭。

（二）强化节俭思维

强化节俭思维，就是要把节俭作为目的进行消费选择。以节俭为目的进行消费选择，主要考虑以下五个方面：

一是只进行必需消费。必需消费强调根据个人生活的实际需要，只选择维持个人和家庭生存、发展的物质资料的消费，尽量减少对物质资料的盲目购买和使用，可以不用的尽量不用，可以少用的尽量少用。

二是消费支出要小于货币收入。商品经济条件下，消费者要获得自身需要的消费品，除自给产品外，更多地需要以货币为媒介进行商品交换。消费者一定时期内收入水平是一定的，消费者的消费应该在自身收入水平范围内进行，并应该有所盈余，形成一定储蓄，以便应对突发事件或用于需要大量资金的一次性投入。

三是货币支出的节省。商品价格反映商品价值，是凝结在商品中的无差别人类劳动的外在体现。商品价格围绕商品价值上下波动。同一商品在不同的商品销售者那里可能是不同的价格，消费时要尽量选择价格低的销售渠道。同时，具有同一功用的商品由于生产者不同、生产技术水平不同、流通渠道不同或储存方式不同等，会使商品的价格出现较大差异，消费时要尽量选择功用好、质量好的商品，而不可盲目看商品价格。并不是价格越高，商品越好。因为有些商品生产者由于采用的生产技术低或者生产成本高等因素，导致商品的个别价值高，由此确定的商品价格必然高于社会平均价格。购买这样的商品会导致货币支出的浪费。

四是能源资源的节省。选择消费品从能源资源节省的角度考虑是消费者社会责任感的体现。地球上的资源是有限的,一定时期内的能源数量是一定的。选择能源资源消耗少的消费品可以使单位能源资源有更多的受益者。人人选择能源资源消耗少的消费品就可以从总体上减少资源能源的消耗量,达到节约能源资源的目的。

五是消费品效用的最大化。消费品的使用价值是消费者购买消费品的目的所在。不管是消耗性消费品,还是观赏性消费品,都是为了满足消费者的某种现实需要。消费者购买消费品时一定要充分地认识消费品的功用、使用寿命、保养和维护、报废后的处理等详细情况,要争取在可接受范围内实现消费品功用最大化、消费品使用寿命最长化、消费品保养和维护成本最小化、消费品废弃物处理低污染化。消费品功用最大化可减少多次购买相类似消费品的货币支出,消费品使用寿命最长化可减少多次更换相同消费品的货币支出,消费品保养和维护成本最小化可减少消费品保养和维护时的货币付出,消费品废弃物处理低污染化可减少社会进行污染治理的经济成本。

(三)固化节俭动机

固化节俭动机,就是要把节俭作为直接意愿体现在各种消费行为中。动机是人类行为的起点和推动力。动机来自人自身的内在需要和社会的外在激励两个方面。人的需要以内在驱动力形式驱使人们进行某种行为,社会的激励以外在的评价形式引导人们进行某种行为。按照马斯洛的需要层次理论,人有生理的需要、安全的需要、爱和归属的需要、尊重的需要和自我实现的需要。在人较低层次的需要得到一定满足后,较高层次的需要成为人们行为的激励因素,成为促使人们从事某种活动的动机。在全面建成小康社会的征程中,较高层次的需要成为人们进行行为选择时的主要推动力。获得他人的尊重、实现自我价值成为更多人激励和维持个人行为的内部动因。要获得他人的尊重,必须按照社会公认的价值标准进行个人消费行为。要实现自我价值,必须勇敢地承担起相应的社会责任。当然,这种价值标准和社会责任并不排除个人生活水平的提高。节俭的消费方式能把个人生活水平提高、获得他人尊重、实现自我价值有机地融合在一起,从而使人们的消费行为获得相应的内在持久推动力。

节俭动机体现在以下三方面:一是承担相应的社会责任。人类只有一个地球,人人平等地享有接触和使用地球资源的权利,人人都负有保护环境并将好的环境传递给下一代的责任。减少资源消耗,减少消费浪费,是每一个人的社会责任和历史使命。二是获得社会的肯定性评价。今天的世界已经认识到浪费行为给人类生存和社会发展可能带来的灾难性后果,节约型消费已经成为世界公认的消费模式。虽然国内的消费价值判断标准在过去的一段时间内曾出现过严重扭曲,但以习近平同志为总书记的党中央在全国范围内倡导的厉行节约之风为社会重新树立了消费标准。节俭会成为社会新的生活消费理念,节俭的消费行为必将获得更多的认同。三是以最少的货币支出获得最大的生活享受。投入少、产出多,成本低、收益高是市场经济条件下人们喜闻乐见的交易状态,以较少的货币支出获得令人满意的消费效果是非常理想的消费模式。

承担相应的社会责任、获得社会的肯定性评价、以最少的货币支出获得最大的生活享受,因能获得好的情感体验和生活质量,故有可能持久地成为个体的消费动机。每个人应该努力地使这种消费动机成为自己消费行为的发端。

(四)形成节俭习惯

形成节俭习惯,就是通过多次重复节俭消费行为,逐渐养成不易改变的节俭生活方式。节俭习惯的形成是节俭意识、节俭思维、节俭动机、节俭行为综合作用的结果。节俭意识是节俭习惯形成的观念基础。只有形成对节俭的深刻认识,才有可能一以贯之地践行节俭。节俭思维是节俭习惯形成的思维支撑。只有在进行消费选择时考虑到只进行必需消费、消费支出要小于货币收入、货币支出的节省、能源资源的节省和消费品效用的最大化,才有可能进行节俭消费。节俭动机是节俭习惯形成的内在动力。只有在节俭消费行为得到内在和外在肯定性评价的基础上,人们才能把引起这种行为的动机延续下去,自觉主动地推动自己多次重复该行为,形成习惯。节俭行为是节俭习惯的行为基础。习惯是行为多次重复后的相对固化形态,这种状态除非受到外在强烈的经济或舆论刺激,一般很难改变。

节俭是中华民族的传统美德,是中国共产党的政治本色,也是中国当代社会迫切需要重新树立的生活消费方式。在全社会大力提倡节俭的社会背景下,人人践行节俭、形成节俭消费习惯还是值得憧憬的。但在这个憧憬的过程中,社会的引导和评价切不可操之过急,必须循序渐进地逐步进行。因为任何一种消费习惯的形成都有一个相对较长的过程。新消费习惯和旧消费习惯总有不一样的地方,新消费习惯的形成总是在和旧消费习惯的博弈中实现的。

旧消费习惯的改变和新消费习惯的形成要经历旧消费习惯的解冻

期、新旧消费习惯的交融期和新消费习惯的凝固期三个阶段。解冻期中，旧消费习惯受到人内在的道德选择、情感倾斜、毅力支撑和外在的否定意见、舆论引导等，逐渐地开始改变。交融期中，人的新旧消费习惯并存。旧的消费习惯尚未完全褪去，新的消费习惯已经开始在培养。如果新旧消费习惯的相似处多，那么交融期相对较短，人会较快地适应新消费行为。如果新旧消费习惯的相似处少甚至完全相反，那么交融期相对较长，人要克服心理、生理等方面的痛苦，才能形成新消费习惯。凝固期是新消费行为经过不断重复逐步稳定下来的过程。一次节俭消费并不能真正体现节俭，只有稳固的节俭消费习惯才能展示节俭的价值。节俭消费行为在节俭意识的引导下，在节俭思维的谋划下，在节俭动力的推动下，不断重复，不断强化，逐渐稳固下来，成为一种生活方式，节俭习惯形成。社会成员节俭习惯的形成是内力和外力共同作用的结果。每个人都要努力地培养自己的节俭习惯，社会也必须为每个人的节俭消费创设浓郁的社会氛围。

三、运用现代知识技术开展宣传

节俭这种消费理念在物质条件已经得到极大改善的今天，不再是节衣缩食的代名词，而是更多地体现为一种科学的消费方式。我们必须充分运用现代科学知识传递科学、健康的消费，运用网络媒介宣传节俭消费。

（一）运用现代科学知识宣传节俭消费

消费主义倾向一方面造成了资源的过度耗费，另一方面导致了不健康的生活习惯和不科学的生活方式。减少能源资源的耗费，争取用最少的物质耗费获得最大的生活享受，是节俭的基本要求。运用科学知识普及科学生活方式，不仅能有效提高人们的生活水平，而且可以引导人们减少生活消费中的浪费现象，弘扬中华民族的节俭美德。运用现代科学知识宣传节俭，主要从以下方面着手：

第一，运用现代科学知识说明节俭消费的必要性。能源资源是人类生存和发展的重要物质基础。离人们生活最近的水、电、粮食的产量和储量随着人类开发和利用自然界的脚步日益加快，不可避免地被过度耗费。我们必须不断地向社会成员宣传我国的能源资源发展现状，阐明节俭消费的必要性。

我国虽然水资源总量在世界上排名第 6 位，仅次于巴西、俄罗斯、加拿大、美国、印度尼西亚。但由于我国人口总量大，人均水资源占有量仅为 2500 立方米，大大低于世界人均占水量 10000 立方米的平均水平，在世界上排名第 121 位。所以说，我国是一个人均水资源极度匮乏的国家，每个社会成员都有责任减少水资源的使用和浪费。

我国目前主要采用火力发电（主要以煤为能源来源）、水力发电、风力发电和太阳能发电。受经济条件和技术水平影响，火力发电在总发电量中占很大比例。火力发电不仅大量耗费煤炭资源，还容易造成环境污染。所以我们应该节约用电，减少电的浪费，以减少发电造成的能源耗损。

粮食的生产受土地和水资源制约，受气候变化影响。目前，由于城镇化建设、水土流失和土地沙漠化等因素，我国耕地面积急剧减少。耕地是粮食生产的基本条件，耕地的减少必然影响农作物种植的面积。水是粮食丰收的前提条件，我国人均水资源占有量匮乏的现状使得粮食丰收的难度加大。同时，气候变化导致的旱灾、涝灾等恶劣生产条件也严重地制约了粮食的生产。除上述客观条件外，农民从事农业生产的积极性不高，外出务工人数不断增加，导致从事农业生产的劳动力严重不足，也严重影响了粮食产量。在粮食产量受到严重制约的同时，我国的人口数量不断增加，导致人均粮食占有量不断缩减。如果我们不注意节约粮食，任由浪费粮食的现象恣意发展，我们的生存和社会的稳定将会面临严峻考验。所以，每个社会成员都要从自我做起，掌握科学的节约粮食知识，珍惜粮食。

第二，运用现代科学知识进行节俭消费的技术指导。节俭消费要落实到行动上，掌握节约资源能源、有效利用资源能源的知识是前提和基础。我们在运用现代科学知识进行节俭宣传时，必须进行科学的节水、节电、节粮等知识的宣传。

关于节水的知识。在日常生活消费中，要做到节约用水，一是要养成良好用水习惯。要养成随时关闭水龙头、尽量减少水的使用、不浪费一滴水的节水观念，养成用盐浸泡蔬菜消毒、用洗米水洗碗等无污染清洗方式。二是要使用节水设备。节水设备是指提高水的利用率、减少水浪费的设备。目前节水设备包括节水花洒、节水型洗衣机、节水马桶、节水水龙头、节水水箱等。这些节水设备虽然价格较高，从长时间看能很好地减少水的浪费、有效提高水的利用率，减少个人或家庭的水费支出和地球水资源的耗费。

关于节电的知识。在日常生活中，要做到节约用电，一是要培养好的用电习惯。随手关掉电器，告别电器的待机状态，不用电器时拔掉电源。照明尽量使用自然光。夏季空调温度不低于 26 度，冬天空调温度不超过 20 度。尽量不用洗碗机，尽量不用吸尘器。及时清洗空调过滤网。冰箱存放食物要适量，及时给冰箱除霜、除尘。二是要使用节能电器。节能灯具、节能空调、节能电冰箱、节能洗衣机等都能很好地减少电的消耗。

关于节约粮食的知识。珍惜粮食可以从以下方面做起:平时做饭要适量,尽量不剩余;饭店点餐要适度,剩菜剩饭要打包;剩菜剩饭要及时吃完,尽量不浪费;制止他人浪费粮食,随时宣传浪费粮食的可怕后果。

除了水、电、粮食等资源外,油、汽、森林等其他能源资源也需要源源不断的相关科学知识的普及,以引起人们对珍惜能源资源、进行节俭消费的重视。

(二)运用先进技术手段宣传节俭消费

节俭的宣传需要一定的载体。载体是能承载并传递信息的媒介物。运用由先进技术手段创造出来的传播媒体进行节俭理念的宣传和节俭知识的传播,不仅能创造浓郁的节俭消费氛围,而且能直接为消费者提供健康、科学、理性的消费知识,可以有效推动全民节俭,为节约型社会建设、社会主义和谐社会建设添砖加瓦。

网络是宣传节俭的理想载体,能有效提升宣传效果。随着科学技术的快速发展和社会生产力水平的不断提高,计算机和网络日益成为人们生活中不可或缺的一部分。与传统的报纸、广播、电视等传播媒介相比,网络有以下特点:一是网络覆盖面广。网络通过计算机终端将千家万户连接在一起。根据 2014 年 1 月 16 日中国互联网络信息中心(CNNIC)发布的第 33 次《中国互联网络发展状况统计报告》显示,截至 2013 年 12 月,中国网民规模达 6.18 亿,互联网普及率为 45.8%。二是网络信息容量大。网络是全球最大的信息资源库,网络上的信息内容范围涵盖世界经济走向、国际政治格局、国内方针政策、山川地貌、科技信息、家庭琐事、心情交流、生活资讯等，事无巨细，应有尽有。三是网络传递及时。人们可以随时自主地选择自己喜欢的内容进行浏览、阅读、下载，也可以随时将自己的观点、看法、认识上传到网络，和他人进行互动交流。四是网络信息形象直观。网络信息资料以文字、声音、图像、影像等形式呈现给人们一个丰富多彩的世界，能很好地引起人们浏览和阅读的兴趣。基于以上特点，把网络作为宣传节俭消费的平台是一个非常好的选择。

在运用网络宣传节俭的过程中，需要抓好以下几方面的工作：

一是培养一支专门的网络宣传队伍。这支队伍的组建，可以从已有的思想政治工作队伍中进行人员选调重组，也可以在原有的思想政治工作人员中进行任务安排。进行节俭宣传的工作人员必须有较高的网络技术水平，能充分地利用网络平台进行各种各样的宣传设计，以实现节俭宣传的趣味性和知识性，以增加网民阅读和学习的兴趣。同时，进行节俭宣传的工作人员还必须具有敏锐的信息捕捉能力，能及时地捕捉到网络信息中能促进节俭消费的科学知识和生活窍门，并能有效地引导这些知识的普及。

二是将节俭消费的最新研究成果和网络宣传结合起来。科研人员开发的各种节能产品、研究形成的各种节能知识要及时在网络上进行宣传，可具体开通节粮网、节电网、节水网等，以引导消费。

三是利用网络开展丰富多彩的与节俭消费有关的活动。节俭消费的知识问答、节俭互动游戏、节俭消费征文等都可以作为活动的具体形式。

健全公务消费相关制度、建立反浪费制度、完善消费税征收制度等措施从规章制度的层面为节俭社会风气的形成提供了保证。领导干部带头节俭消费，充分发挥了特殊人群的示范榜样力量。全民节俭意识、节俭思维、节俭动机、节俭习惯的树立和形成，为节俭美德的传承奠定了群众基础。运用现代科学知识和先进技术手段宣传节俭，则能在短时间内高效地推行科学的生活方式。节俭是中华民族的传统美德，也是每个中国人的社会责任和历史使命。每个人都节俭，社会就能保持节俭的风尚，我们就能给后代留下一个山清水秀、资源丰富的生存环境。

结语：节俭与文明发展之路

由于人口激增和消费异化，地球上的资源遭到了残酷的掠夺和无情的耗费，人与自然的矛盾日益突出。大量生产、大量消费的消费主义模式不仅给自然戴上了沉重的枷锁，也给人与自然的关系带来了前所未有的挑战。这种错误的消费方式不仅损害了同一时代人平等地享有物质财富的权利，也损害了后代人均衡地使用地球资源的权利。在全球范围内高呼“可持续发展”口号的今天，节俭这种消费方式以约束人的消费欲望为起点，在生活实践中突出对环境的保护，彰显“既能满足我们现今的需求，又不损害子孙后代能满足他们的需求”的可持续理念。在开拓生产发展、生活富裕、生态良好的文明发展道路的征程中，节俭的消费理念必能为我们保驾护航，与我们共襄盛举。

生产发展以人力、物力的投入为基本前提，以不断满足人民群众日益增长的物质需求为基本目标。生产发展要求有可持续发展理念和创新意识的建设主体，要求有能维系社会生产和再生产的物质资源的持续供给，要求有合理的经济发展结构，要求有稳定增长的经济发展速度。节俭把个人意愿和自然的承受力放在消费的天平上进行衡量，从维持自然界的良性循环、维护生产的持续发展出发决定个人的消费行为,可以培养有可持续发展理念的建设主体。节俭使人在茫无边际的物质海洋中有意识地把控自己的消费行为,掌握自身的主体性,保持认识世界和改造世界的锐气和魄力,保持改革的意志和勇气,培养具有创新意识的建设主体。节俭是人类对资源有限性和欲望无限性矛盾的理性认知,是从资源的有限性和再生周期出发对资源有节制地索取和利用的行为,充分考虑到后期和后代维持生产的物质资源需求,能为生产发展提供物质资源的持续供给。节俭引导人们正确对待奢侈品,减少不合理的奢侈品消费,从而以消费促生产,减少资源在奢侈商品服务领域的配置,促进经济结构的合理调整。节俭可以减少资金的耗费和物质资源的耗费,为生产提供充足的物力和财力投入,推动经济建设投入和产出的相对平稳,促进经济建设效率的稳步推进,促推稳定增长的经济发展速度。

生活富裕以物质生活的富足为基本前提,以不断提高人民群众的物质生活水平和精神生活水平为基本目标。生活富裕体现为社会物质产品日益丰富,社会购买力不断提高,民众有科学合理的生活规划,整个社会精神生活水平不断提高。节俭把生产的物质产品和货币收入不全部用于消费,而是保留一部分进行储存。这些储存的物质产品和货币用于再生产中购置生产设备、劳动力等,为社会再生产提供充足的资金和物质资源支持,推动社会再生产的良性循环,提高社会生产能力,生产更多更丰富的物质产品。节俭倡导科学、合理消费,推动资源在生产领域进行合理配置,促进经济结构的协调发展,为社会创造更多更好的就业机会,不断提高人们的收入水平,提高社会购买力。节俭把消费主体原有的无限大的消费欲望进行限制,要求人们量入为出,根据收入进行适度消费,不使其为自身的物质欲望和外在的物质诱惑俘虏,引导人们在个人收入水平范围内合理分配支出,使人成为有理性地把握自己命运的人,使人能有计划地规划自己的生活乃至人生。节俭以资金和物质耗费的减少为基本消费诉求,提倡人们把更多的时间和精力用于充实自身的精神世界,增加自身的科学知识,提升自身的人文素养,不断推动整个社会精神生活水平的提高。

生态良好以自然环境的保护为基本前提,以人与自然、人与人的和谐相处为基本目标。生态良好体现为:人类对自然资源的使用和耗费保持在自然界可承受的范围内,人类对废弃物的排放控制在自然界容纳和净化污染物的能力范围内,人与人之间基于平等地享有使用自然资源的权利建立起和谐友善的人际关系。物质消费品最终来源于自然界,生产对物质世界的掠夺随着消费需求的增加而加重。当然也不排除随着科学技术的发展,这种掠夺会相对减少。但是肯定的一点是,如果消费少了,或者说消费的行为理性了,人们对物质世界的索取会减少。节俭能相对减少消费,也能使消费品充分发挥效用。消费的减少和消费品的充分利用意味着生产对大自然索取的减少。这种消费是在自然界承受能力范围内的理性消费。节俭倡导人们减少对环境代价大的消费品的消费,要求人们科学合理地处理消费废弃物,从而减少消费对环境造成的污染,减少生产和消费对大自然的破坏。人们的节俭,意味着有节制地进行物质产品的消费,意味着尊重同时代人对自然资源的平等使用权,意味着对后代自然资源拥有权的维护,是和谐人际关系和友善代际关系的基础。

生产发展是社会文明发展之前提,生活富裕是社会文明发展之体现,生态良好是社会文明发展之保障。节俭促进生产发展,助推生活富裕,推动生态良好。节俭是文明发展之路的必然消费选择,是中华儿女敢于直面世界的和谐发展承诺,是当代中国人无愧于后代子孙的明智消费选择。广泛深入持久地践行节俭,是勤劳勇敢的先辈延续给我们的道义,是风景俊美的自然界寄予我们的厚望,是和谐开放的世界期盼的承诺,是代际传承的接力棒给予我们的任务。节俭,是我们的历史责任和使命担当。唯有节俭,我们才能无愧于历史!

参考文献

一、著作

[1]《马克思恩格斯文集》第1、2、4、8、9卷，人民出版社2009年版。

[2]《马克思恩格斯全集》第32卷，人民出版社1998年版。

[3]《马克思恩格斯全集》第34卷，人民出版社1972年版。

[4]《马克思恩格斯全集》第46卷（上、下），人民出版社1980年版。

[5]《列宁专题文集》，人民出版社2009年版。

[6]《毛泽东选集》第1—4卷，人民出版社1991年版。

[7]《毛泽东文集》第1、2卷，人民出版社1993年版。

[8]《毛泽东文集》第3卷，人民出版社1996年版。

[9]《毛泽东文集》第6卷，人民出版社1999年版。

[10]《邓小平文选》第1—2卷，人民出版社1994年版。

[11]《邓小平文选》第3卷，人民出版社1993年版。

[12]《江泽民文选》第1—3卷，人民出版社2006年版。

[13]《习近平谈治国理政》，外文出版社2014年版。

[14]《李大钊文集》第2卷，人民出版社1999年版。

[15]《周恩来选集》上卷，人民出版社1980年版。

[16]《周恩来选集》下卷，人民出版社1984年版。

[17]《周恩来经济文选》，中央文献出版社1993年版。

[18]《刘少奇选集》上卷，人民出版社1981年版。

[19]《刘少奇选集》下卷，人民出版社 1985 年版。

[20]《陈云文选》第 2、3 卷，人民出版社 1995 年版。

[21]《方志敏文集》，人民出版社 1985 年版。

[22]《彭真文选》，人民出版社 1991 年版。

[23]《朱德选集》，人民出版社 1983 年版。

[24]《任弼时选集》，人民出版社 1987 年版。

[25]《李维汉选集》，人民出版社 1987 年版。

[26]《谢觉哉文集》，人民出版社 1989 年版。

[27]《林伯渠文集》，华艺出版社 1996 年版。

[28]《建国以来重要文献选编》第 2 册，中央文献出版社 1992 年版。

[29]《建国以来重要文献选编》第 5、6 册，中央文献出版社 1993 年版。

[30]《建国以来重要文献选编》第 10 册，中央文献出版社 1994 年版。

[31]《建国以来重要文献选编》第 19 册，中央文献出版社 1998 年版。

[32]《十一届三中全会以来重要文献选读》（上），人民出版社 1987 年版。

[33]《十三大以来重要文献选编》（上、中），人民出版社 1991 年版。

[34]《十四大以来重要文献选编》（中），人民出版社 1997 年版。

[35]《十六大以来重要文献选编》（下），中央文献出版社 2008 年版。

[36]《十七大以来重要文献选编》（上），中央文献出版社 2009 年版。

[37]胡锦涛：《坚定不移沿着中国特色社会主义道路前进　为全面建成小康社会而奋斗——在中国共产党第十八次全国代表大会上的报告》，人民出版社 2012 年版。

[38]《中国共产党第十八次全国代表大会文件汇编》，人民出版社 2012 年版。

[39]《邓小平年谱（1975—1997）》（下），中央文献出版社 2004 年版。

[40]中共中央文献研究室：《厉行节约　反对浪费重要论述摘编》，中央文献出版社 2013 年版。

[41]中共中央文献研究室：《论群众路线重要论述摘编》，中央文献出版社党建读物出版社 2013 年版。

[42]《中共中央关于全面深化改革若干重大问题的决定》，人民出版社 2013 年版。

[43]《党政机关厉行节约反对浪费条例》，人民出版社 2013 年版。

[44][法]杜尔哥：《关于财富的形成和分配的考察》，唐日松译，华夏出版社 2007 年版。

[45][英]亚当·斯密：《国民财富的性质和原因的研究》，郭大力、王亚南译，商务印书馆 2008 年版。

[46][英]大卫·李嘉图：《政治经济学及赋税原理》，周洁译，华夏出版社 2005 年版。

[47][英]马尔萨斯：《政治经济学原理》，厦门大学经济系翻译组译，商务印书馆 1962 年版。

[48][英]西尼尔：《政治经济学大纲》，蔡受百译，商务印书馆 2012 年版。

[49][英]阿弗里德·马歇尔：《经济学原理》，廉运杰译，华夏出版社 2012 年版。

[50][法]萨伊：《政治经济学概论》，陈福生，陈振骅译，商务印书馆 2010 年版。

[51][瑞士]西斯蒙第：《政治经济学新原理》，何钦译，商务印书馆 1983 年版。

[52][美]萨缪尔森：《经济学》(中册)，高鸿业译，商务印书馆 1981 年版。

[53][美]萨缪尔森：《经济学》(上册)，高鸿业译，商务印书馆 1979 年版。

[54][荷]伯纳德·曼德维尔：《蜜蜂的寓言：私人的恶德，公众的利益》，肖聿译，中国社会科学出版社 2002 年版。

[55][德]韦伯：《新教伦理与资本主义精神》，康乐、简惠美译，广西师范大学出版社 2007 年版。

[56][英]塞缪尔·斯迈尔斯：《节俭：如何正确地使用金钱》，张历译，中国长安出版社 2009 年版。

[57][匈]卢卡奇：《历史与阶级意识——关于马克思主义辩证法的研究》，杜章智、任立、燕宏远译，商务印书馆 1996 年版。

[58][美]马尔库塞：《单向度的人——发达工业社会意识形态研究》，刘继译，上海译文出版社 2008 年版。

［59］［法］波德里亚:《消费社会》,刘成富、全志钢译,南京大学出版社2000年版。

［60］［美］艾伦·杜宁:《多少算够——消费社会与地球的未来》,毕聿译,吉林人民出版社1997年版。

［61］［美］托斯丹·邦德·凡勃伦:《有闲阶级论》,蔡受百译,商务印书馆2004年版。

［62］［美］诺兰等:《伦理学与现实生活》,姚新中等译,华夏出版社1988年版。

［63］［美］埃德加·斯诺:《西行漫记》,董乐山译,解放军文艺出版社2002年版。

［64］陈桐生译注:《国语》,中华书局2013年版。

［65］冀昀主编:《左传》(上、下),线装书局2007年版。

［66］姚小鸥:《诗经译注》(下册),当代世界出版社2008年版。

［67］杨天宇:《礼记译注》(上、下),上海古籍出版社2004年版。

［68］冀昀主编:《尚书》,线装书局2007年版。

［69］杨伯峻:《论语译注》,中华书局2006年版。

［70］杨天才、张善文译注:《周易》,中华书局2011年版。

［71］杨伯峻:《孟子译注》,中华书局1960年版。

［72］(清)段玉裁:《说文解字注》,成都古籍书店1981年版。

［73］高华平、王齐洲、张三夕译注:《韩非子》,中华书局2010年版。

［74］方勇、李波译注:《荀子》,中华书局2011年版。

［75］方勇译注:《墨子》,中华书局2011年版。

［76］王思平注释:《晏子春秋》,华夏出版社2002年版。

［77］陈鼓应:《老子今注今译》,商务印书馆2003年版。

［78］孙波:《管子:注释本》,华夏出版社2000年版。

［79］黄怀信、张懋镕、田旭东:《逸周书汇校集注》(上册),上海古籍出版社2007年版。

［80］厉时熙:《尹文子简注》,上海人民出版社1977年版。

［81］叶葱奇:《李商隐诗集疏注》(上、下),人民文学出版社1985年版。

［82］陈剑注译:《孔子家语》,湖南人民出版社2011年版。

[83]《周礼》,辽宁教育出版社 2000 年版。

[84]黄得时:《孝经今注今译》,台湾商务印书馆 1972 年版。

[85](西汉)贾谊:《贾谊集》,上海人民出版社 1976 年版。

[86](西汉)刘安:《淮南子》,中州古籍出版社 2010 年版。

[87](西汉)司马迁:《史记》,中华书局 2006 年版。

[88](西汉)司马迁:《全本史记》(第 1—4 卷),中国华侨出版社 2011 年版。

[89](西汉)桓宽:《盐铁论》,上海人民出版社 1974 年版。

[90](东汉)王充:《论衡》,上海人民出版社 1974 年版。

[91](东汉)班固:《汉书》,中华书局 2007 年版。

[92](东汉)班固:《白虎通义》,商务印书馆 1937 年版。

[93](东汉)荀悦:《申鉴》,中华书局 1954 年版。

[94](东汉)高诱注:《吕氏春秋》,上海古籍出版社 1996 年版。

[95](魏)王弼,(唐)孔颖达:《周易正义》,中国致公出版社 2009 年版。

[96](西晋)郭象注;(唐)成玄英疏;曹础基、黄兰发点校:《庄子注疏》,中华书局 2011 年版。

[97](晋)郭璞:《尔雅注疏》,山东画报出版社 2004 年版。

[98](东晋)葛洪:《抱朴子》,上海古籍出版社 1990 年版。

[99](南朝宋)范晔:《后汉书》,团结出版社 1996 年版。

[100](南朝宋)刘义庆:《世说新语》,浙江古籍出版社 1998 年版。

[101](南朝)沈约:《宋书》(第 1 册),中华书局 1974 年版。

[102](北齐)魏收:《魏书》(卷 1—65),吉林人民出版社 1995 年版。

[103](南北朝)颜之推:《颜氏家训》,中国文史出版社 2003 年版。

[104](北魏)贾思勰:《齐民要术》,团结出版社 1996 年版。

[105](隋)王通:《中说》,中华书局 1985 年版。

[106](唐)欧阳询:《艺文类聚》(下),中华书局 1965 年版。

[107](唐)房玄龄等:《晋书》,吉林人民出版社 1995 年版。

[108](唐)魏徵等:《隋书》,吉林人民出版社 1995 年版。

[109](唐)李延寿:《北史(卷 1—45)》,吉林人民出版社 1995 年版。

[110](唐)李延寿:《南史(卷 38—80)》,吉林人民出版社 1995 年版。

[111]（唐）吴兢:《贞观政要》,中州古籍出版社 2008 年版。

[112]（唐）白居易:《白居易集》,岳麓书社 1992 年版。

[113]（五代）谭峭:《化书》,中华书局 1996 年版。

[114]（北宋）王禹偁:《王禹偁诗文选》,人民文学出版社 1996 年版。

[115]（北宋）欧阳修:《新唐书》（第 1 册）,岳麓书社 1997 年版。

[116]（北宋）欧阳修:《新五代史》（卷 1—74）,吉林人民出版社 1995 年版。

[117]（北宋）欧阳永叔:《欧阳修全集》（下册）,中国书店 1986 年版。

[118]（北宋）司马光:《资治通鉴》（第 4 卷）,当代中国出版社 2000 年版。

[119]（南宋）朱熹:《周易本义》,中央编译出版社 2010 年版。

[120]（南宋）朱熹:《四书章句集注》,中华书局 2011 年版。

[121]（宋）陈录:《善诱文》,中华书局 1985 年版。

[122]（南宋）陆游:《放翁家训》,中华书局 1985 年版。

[123]（南宋）袁采:《袁氏世范》,中华书局 1985 年版。

[124]（元）脱脱等:《金史》（卷 1—61）,吉林人民出版社 1995 年版。

[125]（元）脱脱等:《辽史》（卷 1—116）,吉林人民出版社 1995 年版。

[126]（明）洪楩:《清平山堂话本》,上海古籍出版社 1992 年版。

[127]（明）冯梦龙:《喻世明言》,上海古籍出版社 1996 年版。

[128]（明）冯梦龙:《警世通言》,上海古籍出版社 1996 年版。

[129]（明）冯梦龙:《醒世恒言》,上海古籍出版社 1996 年版。

[130]（明）郑太和:《郑氏规范》,中华书局 1985 年版。

[131]（明）洪应明:《菜根谭》,中央民族大学出版社 2004 年版。

[132]（明末清初）唐甄:《潜书》,中华书局 1963 年版。

[133]（清）蒋伊:《蒋氏家训》,中华书局 1985 年版。

[134]（清）王晫、（清）涨潮:《檀几丛书》,上海古籍出版社 1992 年版。

[135]（清）张英、（清）张廷玉:《父子宰相家训》,安徽大学出版社 1999 年版。

[136]（清）张廷玉等:《明史》（卷 278—332）,吉林人民出版社 1995 年版。

[137]（清）张廷玉等:《明史》（卷1—50），吉林人民出版社1995年版。

[138]（清）毕沅:《续资治通鉴》（第3册），岳麓书社1992年版。

[139]（清）董诰:《全唐文》，中华书局1983年版。

[140]（清）钱泳:《履园丛话》，中华书局1979年版。

[141]（清）严可均辑:《全汉文》，商务印书馆1999年版。

[142]（清）金缨:《格言联璧》，延边大学出版社2003年版。

[143]（清）周希陶:《增广贤文》，安徽文艺出版社2004年版。

[144]（清）王文浩辑注:《苏轼诗集》，中华书局1982年版。

[145]（清）石成金:《传家宝》，天津社会科学院出版社1992年版。

[146]耿相新、康华:《二十五史·宋史》（上、下），中州古籍出版社1996年版。

[147]《二十五史·清史稿》（下），中州古籍出版社1996年版。

[148]北京师联教育科学研究所:《中国教育名家名作精读丛书》（第四辑），中国环境科学出版社2006年版。

[149]陈友冰等:《国策论辩》，安徽人民出版社2000年版。

[150]成晓军:《名臣名儒家训》（下册），重庆出版社2008年版。

[151]邓楚栋、邓亚文:《五朝千家诗》（中），中国广播电视出版社2008年版。

[152]黄进、郭豫庆:《名臣奏表八十八篇》（上册），华艺出版社1992年版。

[153]李季平、杨荫楼:《全唐文政治经济资料汇编》，三秦出版社1992年版。

[154]李振林、马凯:《中国古代女子全书·女儿规》，甘肃文化出版社2003年版。

[155]刘大杰编:《明人小品集》，北新书局1934年版。

[156]陆林:《中华家训大观》，安徽人民出版社1994年版。

[157]《儒林公议》，中华书局1985年版。

[158]（唐）魏徵等:《群书治要》（6—10册），中华书局1985年版。

[159]吴敏霞、杨居让、侯蔼奇注释:《治家格言》，三秦出版社1998年版。

[160]徐梓、王雪梅:《蒙学要义》，山西教育出版社1991年版。

[161]（明）薛应旂：《薛方山纪述》，中华书局1985年版。

[162]杨知秋：《历代家训选》，广西人民出版社1988年版。

[163]殷正林等：《中国书信精典》，山东大学出版社1997年版。

[164]于学仁：《于湜之小楷书三都赋》，天津杨柳青画社2007年版。

[165]张惠民、李远、周树德：《曾国藩家书》，中州古籍出版社1994年版。

[166]张霆：《历代家教宝典》，中州古籍出版社2006年版。

[167]张志英：《唐诗宋词全鉴》，中国纺织出版社2011年版。

[168]《"三种意识"学习读本：学习胡锦涛关于进一步增强忧患意识、公仆意识、节俭意识的重要讲话精神》，中共中央党校出版社2007年版。

[169]傅克诚：《苏区干部好作风》，中国方正出版社2007年版。

[170]傅永聚：《中华伦理范畴丛书》，中国社会科学出版社2006年版。

[171]何昀：《节约型社会背景下的奢俭消费研究》，湖南师范大学出版社2012年版。

[172]黄平、莫少群：《迈向和谐——当代中国人生活方式的反思与重构》，天津科学技术出版社2004年版。

[173]黄铁苗等：《节约型社会论》，人民出版社2009年版。

[174]李琦：《毛泽东与联系群众》，中央文献出版社2004年版。

[175]厉以宁：《经济学的伦理问题》，生活·读书·新知三联书店1995年版。

[176]刘日新：《新中国经济建设简史》，中央文献出版社2006年版。

[177]罗国杰：《中国革命道德》（德行卷），中共中央党校出版社1999年版。

[178]罗国杰：《中国革命道德》（规范卷），中共中央党校出版社1999年版。

[179]罗国杰：《中国革命道德》（教育修养卷），中共中央党校出版社1999年版。

[180]罗国杰：《中国革命道德》（理论卷上），中共中央党校出版社1999年版。

[181]罗国杰：《中国革命道德》（理论卷下），中共中央党校出版社1999年版。

[182]罗国杰:《中国革命道德》(名言卷),中共中央党校出版社 1999 年版。

[183]倪瑞华:《可持续发展的伦理精神》,中国社会科学出版社 2004 年版。

[184]农业部农业局:《勤俭办社　增产增收》,农业出版社 1978 年版。

[185]欧阳卫民:《中国消费经济思想史》,中共中央党校出版社 1994 年版。

[186]史全伟:《毛泽东与艰苦奋斗》,中央文献出版社 2004 年版。

[187]苏洪涛:《走出节俭的误区:一种全新的观念、一个大胆的质疑》,中国城市出版社 1999 年版。

[188]王宁:《消费社会学》,社会科学文献出版社 2001 年版。

[189]王寿林:《权力制约和监督研究》,中共中央党校出版社 2007 年版。

[190]许新芝、罗朋、李清霞:《舆论监督研究》,知识产权出版社 2008 年版。

[191]严艳:《陕甘宁边区经济发展与产业布局研究:1937—1950》,中国社会科学出版社 2007 年版。

[192]尹世杰:《构建社会主义和谐社会之中的消费经济问题研究》,西南财经大学出版社 2005 年版。

[193]俞海山:《可持续消费模式论》,经济科学出版社 2001 年版。

[194]张富良、殷安阳、洪向华:《建设节约型社会学习读本》,红旗出版社 2005 年版。

[195]张侃、徐长春:《中央苏区财政经济史》,厦门大学出版社 1999 年版。

[196]张穹、张智辉:《权力制约与反腐倡廉》,中国方正出版社 2009 年版。

[197]赵玲:《消费合宜性的伦理意蕴》,社会科学文献出版社 2007 年版。

[198]郑红娥:《社会转型与消费革命》,北京大学出版社 2006 年版。

[199]中共中央宣传部理论局:《理性看　齐心办:理论热点面对面·2013》,学习出版社、人民出版社 2013 年版。

[200]中共中央组织部党建研究所:《中国共产党 90 年主要成就与经

验》,党建读物出版社 2011 年版。

[201]《中国党史人物传》(第 57 卷),陕西人民出版社 1996 年版。

[202]中央财经领导小组办公室:《中国经济发展五十年大事记》,人民出版社、中共中央党校出版社 1999 年版。

二、期刊论文

[1]晏辉:《作为生活方式的消费与消费主义》,《求是学刊》2007 年第 2 期。

[2]班华:《勤俭教育的反思与建构》,《教育研究与实验》1999 年第 3 期。

[3]本刊编辑部:《革命领袖论勤俭节约》,《消费经济》1989 年第 5 期。

[4]曹前发:《学习毛泽东勤俭节约的思想与风范》,《求是》2013 年第 12 期。

[5]晁瑞峰:《厉行节约反对浪费——重温毛泽东勤俭建国的思想》,《首都师范大学学报》(社会科学版)1993 年第 6 期。

[6]车耳:《像瑞士人那样节俭》,《经济导刊》2010 年第 1 期。

[7]陈博东:《勤俭是立业之本》,《中国统计》1989 年第 8 期。

[8]陈莉:《消费主义与可持续消费的困境》,《青年研究》2001 年第 5 期。

[9]陈湘舸、解仁美:《节俭生活方式与资源节约活动》,《经济学家》2005 年第 1 期。

[10]邓志伟、成海鹰:《论节俭的消费伦理观》,《消费经济》2002 年第 3 期。

[11]董焱:《成由勤俭败由奢——“新教伦理 · 犹太商法 · 徽商传统”杂谈》,《未来与发展》1996 年第 5 期。

[12]段若鹏:《党的十七大对思想政治工作的新启示——思想政治工作三谈》,《学习论坛》2008 年第 8 期。

[13]段若鹏:《改革开放正当时》,《江淮》2008 年第 2 期。

[14]段若鹏:《三问:中国共产党没有自己的特殊利益》,《学习论坛》2012 年第 6 期。

[15]段若鹏:《正确理解“八荣八耻”社会主义荣辱观》,《中共珠海市委党校　珠海市行政学院学报》2006 年第 3 期。

[16]高德胜:《节俭·人性·教育》,《高等教育研究》2010年第1期。

[17]高远:《20世纪50年代勤俭节约社会风尚探析》,《江西社会科学》2007年第5期。

[18]郭代模、杨舜娥、吴曙明:《坚定不移地贯彻执行艰苦奋斗勤俭建国方针——纪念敬爱的周总理百年诞辰》,《财政研究》1998年第3期。

[19]何静:《消费主义:一种异化的生活方式》,《学术交流》2005年第11期。

[20]洪家宁:《愿勤俭之树常青》,《求是》1997年第20期。

[21]胡建:《消费消费主义在中国的传播原因分析》,《理论与改革》2005年第4期。

[22]胡相峰、陈延斌:《略论传统节俭思想的现代伦理价值》,《江苏社会科学》2005年第6期。

[23]黄志贵:《广告传播对传统节俭观的解构》,《当代传播》2005年第6期。

[24]焦焕成:《以节俭效能的机关事务文化引领节约型机关建设》,《求是》2012年第6期。

[25]荆惠民、李燕:《古贤论"节俭"》,《道德与文明》1992年第1期。

[26]《艰苦奋斗勤俭节约是机关后勤工作的基本原则——国务院机关事务管理局局长、党组书记焦焕成访谈录》,《中国行政管理》1997年第10期。

[27]康达华、黄铁苗:《论继续发扬勤劳节俭、艰苦奋斗精神》,《毛泽东邓小平理论研究》2012年第11期。

[28]寇宗来、石磊:《互补研发、有限专利宽度和"节俭悖论"》,《经济研究》2010年第6期。

[29]李成远:《论传统美德与优良传统作风对当代的促进作用——以节俭意识、艰苦奋斗为视角》,《社会科学家》2008年第1期。

[30]李丛昕:《大节须从细处看——范仲淹的节俭清廉作风》,《江淮论坛》2006年第1期。

[31]李孝纯:《荣自节俭耻由奢》,《求是》2006年第11期。

[32]李卓:《从家训看日本人的节俭传统》,《日本学刊》2006年第4期。

[33]梁从诫:《用节俭的方式来创造小康社会》,《群言》2005年第7期。

[34]林友华:《林森勤俭救国思想初探》,《福建论坛》(文史哲版)1998年第1期。

[35]刘宏森:《走出青少年“节俭教育”的困境》,《中国青年政治学院学报》2013年第5期。

[36]刘玮玮、苏煜、吕耀怀:《节俭应成为大学生活的道德准则——简论当代大学生应有的基本德性之一》,《有色金属高教研究》2001年第1期。

[37]刘永斌:《西方人的节俭及其启示》,《道德与文明》1994年第3期。

[38]刘振英:《要提倡节俭型消费方式》,《理论前沿》1996年第17期。

[39]刘志辉:《“勤俭建国家,永久是真言”——朱德的勤俭节约之风》,《党的文献》2013年第4期。

[40]卢风:《论消费主义价值观》,《道德与文明》2002年第6期。

[41]罗丽艳、姚芊:《从节俭悖论到消费悖论:幸福指数下降与宏观经济面临的挑战——警惕凯恩斯主义再次大行其道》,《现代财经》2009年第11期。

[42]马伯钧:《节俭是非初论》,《湖南师范大学社会科学学报》1986年第2期。

[43]马林芳、王建平:《节俭与奢侈:社会发展的经典对决及其现代诠释》,《江淮论坛》2008年第1期。

[44]米·格洛莫夫、史立人:《节俭》,《苏联文学联刊》1991年第5期。

[45]莫亚:《“天价烟”局长周久耕落马记》,《检察风云》2009年第22期。

[46]牛兆勋:《提高工作质量认真贯彻勤俭办科学的方针》,《考古》1959年第9期。

[47]潘胜文:《由“节俭悖论”论及当前扩大内需的政策选择》,《现代财经》2000年第1期。

[48]漆子扬:《中国传统文化中勤俭廉正的道德取向》,《科学·经济·社会》2005年第4期。

[49]沈端民:《简析古代“节俭”消费文化抑制消费的实质》,《消费经济》1999年第5期。

[50]石成林:《发展商品经济也应当坚持勤俭节约的原则——兼谈消费的适度性》,《经济科学》1987年第4期。

[51]施端宁:《市场经济伦理与适度节俭观》,《求索》2000年第3期。

[52]苏守波:《论〈管子〉以节俭为主、适时侈靡的消费观》,《管子学刊》2011年第4期。

[53]孙大德:《论勤俭建国方针》,《经济科学》1984年第3期。

[54]孙炜:《"节俭为美"何以不再美:传媒在消费文化革命中的作用》,《新闻界》2004年第6期。

[55]孙晓娟:《毛泽东关于勤俭节约、反对贪污和浪费的思想及其意义》,《社会科学战线》2011年第4期。

[56]唐凯麟:《对消费的伦理追问》,《伦理学研究》2002年第1期。

[57]田成平:《成由勤俭败由奢——谈坚持艰苦奋斗反对享乐主义》,《求是》2002年第2期。

[58]王丙乾:《牢固树立勤俭建国思想大力弘扬艰苦奋斗精神》,《求是》1997年第8期。

[59]王楚光:《小康社会还要不要提倡勤俭节约》,《中国行政管理》2002年第5期。

[60]王克:《勤俭建军是我军长期的指导方针》,《求是》1998年第2期。

[61]王宁:《从节俭主义到消费主义转型的文化逻辑》,《兰州大学学报》(社会科学版)2010年第3期。

[62]王向清、马文胜:《节俭:并非过时的美德》,《学海》2000年第1期。

[63]王雪萍:《儒家的节俭知足消费观及其现代价值》,《社会科学家》2010年第2期。

[64]王贻军:《坚持勤俭节约　提倡适度消费》,《消费经济》1987年第2期。

[65]王永平:《宋武帝刘裕对节俭的倡导及影响》,《河北学刊》2010年第5期。

[66]王玉川:《让我们养成节俭生活方式——写在世界勤俭日到来之际》,《江淮》2007年第10期。

[67]王玉生、陈剑旄:《关于节俭与消费的道德思考》,《道德与文明》2003年第1期。

[68]魏礼群:《贯彻执行自力更生、艰苦奋斗、勤俭建国的方针》,《中国计

划管理》1991 年第 2 期。

[69]吴晨映:《“节俭悖论”与建设资源节约型社会》,《中国特色社会主义研究》2011 年第 5 期。

[70]吴慧颖:《农村商品生产与新勤俭观——从〈田家〉和〈水东流〉说起》,《伦理学与精神文明》1984 年第 4 期。

[71]吴祖明:《提倡节俭与鼓励消费》,《求是》2003 年第 20 期。

[72]武瑞娟、王承璐、杜立婷:《沉没成本、节俭消费观和控制动机对积极消费行为影响效应研究》,《南开管理评论》2012 年第 5 期。

[73]武振:《从节俭悖论到适度节俭——一个循环经济的视角》,《当代经济研究》2007 年第 2 期。

[74]夏伟东:《略论中国古代的勤俭美德及其现实意义》,《郑州大学学报》(哲学社会科学版)1997 年第 5 期。

[75]夏伟东:《墨子的节俭思想及其现代价值》,《郑州大学学报》(哲学社会科学版)1999 年第 3 期。

[76]向东:《高举毛泽东思想伟大红旗艰苦奋斗勤俭办企业——潞安矿务局石圪节煤矿红旗越举越高》,《经济研究》1966 年第 4 期。

[77]肖黎明:《凯恩斯节俭悖论之悖论——可持续发展模式中的消费观》,《生产力研究》2004 年第 1 期。

[78]杨魁:《现代消费主义文化形成中的媒体及其作用》,《兰州大学学报》(哲学社会科学版)2004 年第 1 期。

[79]杨明辉:《中国古代勤俭思想的发展》,《学海》2009 年第 6 期。

[80]杨艳琳、陈银娥:《西方节俭理论述评》,《消费经济》1996 年第 12 期。

[81]易培强:《关于节俭消费的几点思考》,《消费经济》2013 年第 5 期。

[82]禹建柏:《对当代弘扬艰苦奋斗精神的理性思考》,《湖湘论坛》2007 年第 1 期。

[83]曾广、李季山:《论节俭》,《中国文化研究》2013 年第 3 期。

[84]张广林:《勤俭节约是穆斯林的美德》,《中国宗教》2005 年第 12 期。

[85]张丽萍:《大学生要增强节俭意识》,《高校理论战线》2007 年第 7 期。

[86]张容南:《消费主义与消费伦理》,《思想战线》2006 年第 2 期。

[87]张筱薏:《消费 · 消费文化 · 消费主义——从使用价值到符号消费的演变逻辑》,《学术论坛》2006 年第 9 期。

[88]张雁南:《唐代上层社会节俭消费方式的倡导及实践》,《郑州大学学报》(哲学社会科学版)2011 年第 2 期。

[89]章益国:《"'勤俭'伦理与东亚发展"辨析——儒家资本主义学说与韦伯理论的纠缠》,《华东师范大学学报》(哲学社会科学版)2003 年第 3 期。

[90]赵玲:《节俭还是奢侈——资本主义起源的消费精神透析》,《学海》2005 年第 5 期。

[91]赵麦茹:《老子节俭消费思想解读:基于生态伦理视角》,《消费经济》2012 年第 5 期。

[92]赵麦茹:《生态伦理视角下的庄子节俭消费思想探析》,《消费经济》2013 年第 2 期。

[93]赵修义:《试论节俭之德及其现代意义》,《毛泽东邓小平理论研究》1996 年第 4 期。

[94]征勇:《勤俭篇》,《江淮学刊》1963 年第 2 期。

[95]翟玉章、罗素:《对节俭本体论的追求及其局限性》,《哲学研究》2011 年第 7 期。

[96]周福益、袁隆平:《政府应将浪费当成犯罪行为加以限制》,《大江周刊(焦点)》2013 年第 1 期。

[97]邹恒甫:《积累欲、节俭与经济增长》,《经济研究》1993 年第 2 期。

[98]邹恒甫:《积累欲、节俭与经济增长关系的四个例证》,《中国物资》1993 年第 4 期。

[99]祖群英:《媒体发展语境下的消费文化分析》,《中共福建省委党校学报》2005 年第 11 期。

[100]蒋亚莉:《学校中反节俭现象的案例分析》,《思想理论教育》2012 年第 12 期。

[101]周琼等:《瑞士人的节俭观给我国当代青年学生消费观教育的启迪》,《广西大学学报》2005 年第 1 期。

[102]钟起煌:《崇尚节俭　厉行节约　领导带头　点滴做起——对建设

节约型社会的几点思考》,《求实》2005 年第 12 期。

[102]张艳红:《重拾节俭教育》,《思想理论教育》2012 年第 12 期。

[104]褚海萍:《意识形态科学性的基本点》,《科学社会主义》2012 年第 2 期。

[105]褚海萍:《理论与实践:马克思主义生态观研究在中国》,《华北电力大学学报》2013 年第 5 期。

[106]褚海萍、王春红:《国内节俭观研究综述》,《山西高等学校社会科学学报》2014 年第 10 期。

[107]褚海萍:《无产阶级政党的理论自觉——读列宁的〈怎么办?〉》,《科学社会主义》2013 年第 1 期。

[108]褚海萍:《节俭:生态文明建设的基本消费理念》,《牡丹江师范学院学报》2015 年第 5 期。

[109]褚海萍:《司马光节俭思想探赜》,《运城学院学报》2017 年第 4 期。

[110]褚海萍:《消费主义的动力机制分析》,《铜陵学院学报》2017 年第 5 期。

三、报纸文章

[1]新华社、人民日报、西藏日报、大众日报四家记者专稿:《领导干部的楷模——孔繁森》,《人民日报》1995 年 4 月 7 日。

[2]《四面镜子照贪官》,《重庆商报》2001 年 6 月 22 日,第 7 版。

[3]徐扬、邓卫华:《室外天寒地冻,室内食冰解热》,《中国审计报》2006 年 1 月 18 日,第 5 版。

[4]《安徽阜阳市颍泉区政府大楼俨然白宫》,《深圳晚报》2007 年 1 月 19 日,第 A19 版。

[5]宋玲:《政府机关会议频繁浪费严重》,《人民政协报》2007 年 8 月 21 日,第 A03 版。

[6]叶铁桥:《一个 11 人"北美考察团"的 35 万元之旅》,《中国青年报》2008 年 11 月 30 日。

[7]沈锡权、张和平:《温州查办公款出国游,处分 4 官员》,《新华每日电讯》2008 年 12 月 5 日,第 1 版。

[8]余虎:《贪官家中搜出200多双名牌皮鞋》,《重庆日报》2009年1月16日,第15版。

[9]姜琳:《“区长公款出国游”需深度问责》,《中国财经报》2009年2月26日,第2版。

[10]陈岑、萧慕寒:《公款出国游又“露馅”》,《第一财经日报》2009年6月17日,第A01版。

[11]斯传:《不择手段公款出国游只违纪不违法?》,《检察日报》2010年3月24日,第6版。

[12]曾火伦、梁培、唐亮、彭亮:《缅怀为国捐躯的英烈》,《解放军报》2010年9月3日,第7版。

[13]黄河、刘键:《一个监督失效的贪腐典型》,《中国国土资源报》2010年9月16日,第6版。

[14]任炽越:《每天两个国际会议多还是少?》,《杭州日报》2011年9月19日,第B04版。

[15]《关于对国庆节期间公车私用问题检查情况的通报》,《安阳日报》2011年10月19日,第3版。

[16]刘志强:《重庆治公车　先刹攀比风》,《人民日报》2011年12月20日,第11版。

[17]刘宇鑫:《会议瓶装水请您签名减少浪费》,《北京日报》2011年12月24日,第5版。

[18]姜峰:《榆林拍卖超标公车　曲靖公车贴标上路》,《人民日报》2012年6月4日,第11版。

[19]张培元:《女贪官公款美容尽显权力滥用之丑》,《检察日报》2012年7月17日,第7版。

[20]杨昌平:《公款美容女贪官获刑9年》,《北京晚报》2012年8月25日,第3版。

[21]权义:《陕西“微笑局长”杨达才被撤职》,《东方早报》2012年9月22日,第6版。

[22]侯文昌:《27天:“微笑表哥”落马舆情还原》,《检察日报》2012年9月25日,第5版。

[23]高斌:《“螃蟹门”事件再现舌尖上的腐败》,《检察日报》2012 年 10 月 23 日,第 5 版。

[24]高小茹、王成果:《年底会议多　谁在讲排场》,《河北日报》2013 年 1 月 11 日,第 2 版。

[25]陈实:《向舌尖上的腐败宣战》,《海南日报》2013 年 1 月 23 日,第 B02 版。

[26]张玉玲、杨君:《专家分析:餐饮业一年浪费两亿多人口粮——透过京城高档餐厅“最低消费”看奢靡之风》,《光明日报》2013 年 1 月 23 日,第 1 版。

[27]《厉行节约　反对浪费》,《人民日报》2013 年 1 月 29 日,第 1 版。

[28]吴秋余:《严控公车,有办法更要有决心》,《人民日报》2013 年 4 月 15 日,第 18 版。

[29]《关于“五一”期间公车私用情况的通报》,《许昌日报》2013 年 5 月 7 日,第 2 版。

[30]高淑英:《环保局“晒”曝光者姓名引争议》,《北京青年报》2014 年 1 月 11 日,第 A10 版。

[31]张娜:《我市首批 20 辆奥迪车公开拍卖》,《呼和浩特晚报》2014 年 1 月 27 日,第 3 版。

[32]马龙等:《有些会议太浪费》,《人民日报》2014 年 1 月 28 日,第 1 版。

[33]叶青:《沈北百余辆公务车下周拍卖》,《沈阳日报》2014 年 2 月 12 日,第 A05 版。

[34]胡茂君:《三亚部分高校存在舌尖上的浪费——学生食堂餐盘里剩菜剩饭随处可见》,《三亚日报》2014 年 6 月 12 日,第 4 版。

[35]宋佳楠、王雪、迟竞新:《大学生浪费粮食现象挺常见》,《牡丹江晨报》2015 年 10 月 17 日,第 A3 版。

[36]杨文明、朱磊、张志锋:《有些会议太折腾》,《人民日报》2015 年 11 月 14 日,第 1 版。

[37]熊晓艳:《鹤山首批 76 辆超标公车拍卖》,《南方都市报》2014 年 4 月 8 日,第 AA09 版。

[38]陈金来:《对违规公款吃喝露头就打》,《中国纪检监察报》2015 年 8

月 10 日,第 4 版。

[39]陈月飞:《阜宁公职人员单位食堂公款吃喝被查》,《新华日报》2015 年 10 月 14 日,第 2 版。

四、电子文献

[1]《经济半小时:呼和浩特政府办公大楼赊账三千万》,2004 年 1 月 7 日,见 http://news.sina.com.cn/c/2004-01-07/21262572016.shtml。

[2]《成都拍卖新行政中心赈灾幕后　曾因豪华引争议》,2008 年 7 月 17 日,见 http://news.xinhuanet.com/local/2008-07/17/content_8558392.htm。

[3]《黑龙江海伦哭穷求来贫困帽子　花亿元建政府大楼》,2013 年 12 月 25 日,见 http://news.qq.com/a/20131225/009518.htm? pgv_ref=aio2012&ptlang=2052。

[4]《九三学社中央:关于遏制公款吃喝的建议》,2012 年 3 月 9 日,见 http://www.zjjs.org/news_show.php? ShowId=24655。

[5]中华人民共和国统计数据,见 http://data.stats.gov.cn/。

后　记

2013年年末，网络曾以“如果没有2013”为题引发网友无数次地回望过去的一年。那一年的那一段时间，我也在想：如果没有2013，我会是什么样子？那一年，我经历了博士毕业论文的选题、开题、写作的艰难历程。选题中的万般纠结，导师的悉心引导，开题时老师们中肯的建议，和同学交流时碰撞的各种思想火花，写作顺利时的欢欣鼓舞，写作不顺时刻骨铭心的痛苦和煎熬……所有这一切，时态虽已成为过去时，但都是难得的人生体验。这一过程中沉积的学术概念、学术思维、学术品格已深深印入我的生命。在此，我首先想向我的两位恩师表达我的感激、感谢之情。

我的硕士生导师李培湘教授为我开启了学术研究的大门。我拜入老师门下时，他已是花甲之年，但他对学术研究的热情丝毫不减。他常和学生谈起少年时代一篇介绍古希腊神话“斯芬克斯之谜”的文章和一个“人为什么是一个不解之谜？”的疑问，激发了他对人的哲学思考。这一思考随着学术背景的不断浑厚成为他进行科学研究的驱动力。他对学术研究的执着深深地影响了我。虽然我的学术能力差强人意，但我一直在追求，从不曾放弃。

我的博士生导师段若鹏教授在我的学术道路上引导我不断前行。老师用“鱼”和“网”的形象认知告诉我论文写作中网式构建和鱼式构建的两种境界,用三个“最”(最基本原理、最新理论、最新形势)对论文写作维度进行了高度概括,用简单的读、写、想三个字让我对读文献有了更深刻的体会。他说学术研究要关注有价值的选题,要写熟悉的题材,要写有创作冲动的内容,要写能驾驭的东西,写作论证时要讲逻辑、讲语法、讲修辞。老师不仅仅从理论上讲述学术研究,而且倾心尽力地指导我的论文写作。他选取了经典论文,抽丝剥茧式地讲解选题、论点、论据、论证;认真阅读我的习作论文,从写作方式、逻辑理路、框架构建、语言表述等方面细心指导;对我的毕业论文选题进行了反反复复的论证,对写作提纲进行了字斟句酌的推敲,对毕业论文内容进行了一字一句的修改。以敬畏之心待学术,以一腔热诚搞科研,是老师的学术品格。作为学生,虽不一定能硕果累累,但我一定会努力。

本书在我博士学位论文的基础上修改充实而成,是我近几年学术研究的最终成果。中共中央党校的戴焰军教授、张晓燕教授、宋福范教授、李俊伟教授从专业知识、科研思路方面给了我很多的启迪和智慧,从选题到写作给了我很多宝贵的意见和建议。我的同学郭炜、赵秀娥、全家悦、王延华、刘贺、邹丽萍等在生活上给了我无微不至的关心,学术上给了我诸多点拨。虽然现在我们天各一方,奋斗在不同的工作岗位上,但忆往昔,那份真诚,那份情谊,终生难忘。我的同事刘宽亮教授、李永康主任、王春红老师无论在学术上、还是工作上都给了我很大的支持和鼓励,这份支持和鼓励是鞭策、是动力,是我职业生涯中最宝贵的财富。感谢你们!

我的家人一直是我最坚强的后盾。离家求学时孩子不舍的眼神,是我心中最不忍触碰的痛。首次返家,孩子第一眼看我时流露出的陌生差点让我落泪，好在孩子很快扑进了妈妈的怀抱。我感谢这个时代，感谢腾讯QQ，因为我可以在QQ视频里和孩子交流。孩子曾对着视频里的我说："我最爱的人在视频里。"每每想及此情此景，我都有欲哭的冲动。孩子是懂事的，他知道和爷爷、奶奶、爸爸开心地生活在一起，妈妈就可以安心地学习。这样的想法，从孩子的言语间流露出来，除了歉疚和感动，我不知如何表达我的心情。现在的我，天天和孩子在一起，一起学习，一起玩，一起闹，虽然过去的时光不能倒流，不能补偿，但我可以珍惜现在和孩子在一起的分分秒秒，陪着孩子慢慢长大。我的爱人李腾先生为了我能安心学习，家里的大事小情都自己一手操持，从不让我操心费神。家是和煦的阳光，家是停泊的港湾，家是世界上最美丽的地方。感谢家人！

如梭时光，带走了岁月，带不走的是岁月的回忆。回忆中，有人、有事、有物，有喜、有忧、有苦，有知识、有思想、有成果，有努力、有付出、有收获。带着岁月的痕迹，我将努力前行！

褚海萍

2017年10月

责任编辑：吴广庆
封面设计：姚　菲

图书在版编目（CIP）数据

节俭文化与消费转型研究/褚海萍 著. —北京：人民出版社，2018.3
ISBN 978－7－01－018559－0

Ⅰ.①节…　Ⅱ.①褚…　Ⅲ.①艰苦朴素-研究-中国　Ⅳ.①B825

中国版本图书馆 CIP 数据核字（2017）第 281486 号

节俭文化与消费转型研究
JIEJIAN WENHUA YU XIAOFEI ZHUANXING YANJIU

褚海萍　著

人民出版社 出版发行
（100706　北京市东城区隆福寺街 99 号）

北京市文林印务有限公司印刷　新华书店经销

2018 年 3 月第 1 版　2018 年 3 月北京第 1 次印刷
开本：710 毫米×1000 毫米 1/16　印张：19
字数：240 千字

ISBN 978－7－01－018559－0　定价：58.00 元

邮购地址 100706　北京市东城区隆福寺街 99 号
人民东方图书销售中心　电话（010）65250042　65289539